职业教育信息技术系列教材

Jisuanji Wenhua Jichu
Win10+Office2016

计算机文化基础
（Win10+Office2016）

主　编◎詹培军　汪　信

京师职教

zjfs.bnup.com | www.bnupg.com

北京师范大学出版集团
BEIJING NORMAL UNIVERSITY PUBLISHING GROUP
北京师范大学出版社

图书在版编目(CIP)数据

计算机文化基础：Win10＋Office 2016/詹培军，汪信主编．—北京：北京师范大学出版社，2021.9

ISBN 978-7-303-27191-7

Ⅰ.①计… Ⅱ.①詹… ②汪… Ⅲ.①Windows 操作系统—中等专业学校—教材 ②办公自动化—应用软件—中等专业学校—教材 Ⅳ.①TP316.7 ②TP317.1

中国版本图书馆 CIP 数据核字(2021)第 171014 号

营销中心电话 010-58805530 58808064
北师大出版社职业教育分社网 http://zjfs.bnup.com
电子信箱 zhijiao@bnupg.com

出版发行：北京师范大学出版社 www.bnupg.com
北京市西城区新街口外大街 12-3 号
邮政编码：100088
印　　刷：天津旭非印刷有限公司
经　　销：全国新华书店
开　　本：787 mm×1092 mm 1/16
印　　张：15.75
字　　数：369 千字
版　　次：2021 年 9 月第 1 版
印　　次：2021 年 9 月第 1 次印刷
定　　价：45.80 元

策划编辑：林　子　庞海龙　　责任编辑：马力敏
美术编辑：焦　丽　　装帧设计：焦　丽
责任校对：陈　民　　责任印制：陈　涛

前言

随着信息化的深入发展，以计算机技术为代表的信息技术已经成为拓展人类能力不可缺少的工具。职业院校是为培养高素质劳动者和社会紧缺型技能人才奠定基础的摇篮。作为职业院校学生，掌握必备的计算机技术知识和基本技能，不仅可以提高应用计算机解决工作、生活中设计问题的能力，还可以为职业生涯发展和终身学习奠定坚实的基础。

本教材内容围绕计算机基础课程教学目标，强调运用计算机技术获取、加工、表达与交流信息的能力，培养学生的信息素养，增强学生的计算机文化意识，内化学生的信息道德规范。

本教材以 Windows 10 操作系统平台和 Office 2016 办公软件安排内容，全书共分 6 大项目，具体如下。

项目 1：计算机初步，介绍信息及计算机的基本概念。

项目 2：操作系统，介绍 Windows 10 的基本概念和使用方法。

项目 3：文字处理，介绍 Word 2016 的基本概念和使用方法。

项目 4：电子表格，介绍 Excel 2016 的基本概念和使用方法。

项目 5：演示文稿，介绍 PowerPoint 2016 的基本概念和使用方法。

项目 6：网络基础，介绍获取信息和收发电子邮件的方法(扫码学习)。

本教材由兰州现代职业学院詹培军、汪信担任主编，詹培军负责编写项目 1、项目 2、项目 5，汪信负责编写项目 3、项目 4、项目 6。

本教材从强调实用性和操作性出发，采用项目引导、任务驱动等编排方式。每一个项目都有学习目标，每一个项目被分成若干任务，每一个任务中又由任务说明、操作步骤等多个模块组成，充分体现“做中学，做中教”的教学理念。

由于时间仓促，个人知识有限，笔者迫切期望使用本教材的广大师生和社会人士对教材中的问题提出批评、建议和意见，以便进一步完善本教材！

目录

项目 1

计算机初步

计算机是一种能够按照事先存储的程序，自动、高速地进行大量数值计算和各种信息处理的现代化智能电子设备。计算机是 20 世纪人类最伟大的发明之一，它对人类的生产活动和社会活动产生了极其重要的影响，并以强大的生命力飞速发展。

主要学习目标

- 了解计算机的发展及应用。
- 熟悉计算机系统的组成。
- 了解计算机安全隐患与计算机病毒防治方法。

任务 1 漫游计算机发展史

内容导读

计算机的出现和发展已有70多年的历史，了解计算机的发展史有利于我们对计算机知识的学习和理解。本任务主要学习计算机的发展史、计算机的特点和计算机应用等知识。在知识拓展板块，还将学到常用数制和信息单位。

实例详解：调查计算机的发展史

任务说明

在网上查询相关资料，或者去图书馆查阅相关书籍都可以了解计算机的发展史。通过本例学习，你将了解计算机的发展历史、微型计算机的发展、计算机的分类、计算机的特点和计算机的应用等。

操作步骤

1. 调查第一台计算机简况

调查从第一台计算机的名称、大小、发明地、计算速度、主要元器件等入手。

2. 调查计算机的发展

调查内容包括电子计算机按采用的元器件可以分为几代，它们分别有哪些特征；微型计算机在发展过程中，大约经历了几代，每一代分别有什么特点。

3. 调查计算机在生产生活中的应用

可以从金融、商业、行政、教育、医疗、交通、外贸、汽车、物流、餐饮、电子商务等不同行业选择调查对象，也可以从各个行业人员对计算机水平的要求进行调查。了解亲戚、朋友、同学等对计算机应用的现状和趋势的看法与预测。

4. 调查计算机在学校的应用

调查学校使用了计算机的哪些教学辅助软件、机房配置信息、同学和老师使用计算机的现状以及同学和老师在使用哪些学习工具、学习软件和学习网站等。

5. 撰写调查报告

通过撰写调查报告，把自己调查所见、所闻梳理出来，了解计算机的发展历史和现状，找到自己所学专业在计算机方面的要求，整理出提升自己计算机水平的学习工具、学习软件和学习网站。

要点精讲

一、计算机的发展

1. 电子计算机的发展

计算工具的演化经历了由简单到复杂、从低级到高级的不同阶段，例如，从“结绳记事”中的绳结到算筹、算盘、机械计算机等。它们在不同的历史时期发挥了各自的历史作用，同时也孕育了电子计算机的雏形和设计思路。

1946 年 2 月 14 日，世界上第一台电子计算机“电子数字积分计算机”(Electronic Numerical Integrator And Computer，ENIAC)在美国宾夕法尼亚大学问世了。ENIAC(中文名：埃尼阿克)是美国奥伯丁武器试验场为了满足计算弹道需要而研制的，这台计算机使用了 17 840 支电子管，长 30.48 m，宽 1 m，重达 28 t，功耗为 150 kW，其运算速度为每秒 5 000 次的加法运算。ENIAC 的问世具有划时代的意义，标志着电子计算机时代的到来。在以后 70 多年里，计算机技术以惊人的速度发展，没有任何其他一门技术的性能价格比能在 30 年内增长 6 个数量级。图 1-1-1 所示是第一台电子计算机 ENIAC。

图 1-1-1

自从 ENIAC 诞生以后，人们不断将最新的科学技术成果应用在计算机上。在短短的 70 多年中，计算机有了突飞猛进的发展，其体积越来越小，功能越来越强，价格越来越低，应用越来越广。通常人们按电子计算机所采用的元器件将其划分为四代。

(1)第 1 代：电子管数字计算机

硬件方面，逻辑元件采用真空电子管，主存储器采用汞延迟线、阴极射线示波管静电存储器、磁鼓、磁芯，外存储器采用磁带。软件方面，采用机器语言、汇编语言。应用领域以军事和科学计算为主。特点是体积大、功耗高、可靠性差、速度慢(一般为每秒数千次至数万次)、价格昂贵，但为以后的计算机发展奠定了基础。

(2)第 2 代：晶体管数字计算机

硬件方面，逻辑元件采用晶体管，主存储器采用磁芯，外存储器采用磁盘。软件方面，出现了以批处理为主的操作系统、高级语言及其编译程序。应用领域以科学计算和事务处理为主，并开始进入工业控制领域。特点是体积缩小、能耗降低、可靠性提高、运算速度提高(一般为每秒数十万次，最高可达 300 万次)、性能比第 1 代计算机有了很大的提高。

(3)第 3 代：集成电路数字计算机

硬件方面，逻辑元件采用中、小规模集成电路(MSI、SSI)，主存储器仍采用磁芯。软件方面，出现了分时操作系统以及结构化、规模化程序设计方法。特点是速度更快(一般为每秒数百万次至数千万次)，而且可靠性有了显著提高，价格进一步下降，产品走向了通用化、系列化和标准化。应用领域开始进入文字处理和图形图像处理领域。

(4)第 4 代：大规模集成电路计算机

硬件方面，逻辑元件采用大规模和超大规模集成电路(LSI 和 VLSI)。软件方面，出现了数据库管理系统、网络管理系统和面向对象语言等。1971 年世界上第一台微处理器在美国硅谷诞生，开创了微型计算机的新时代。应用领域从科学计算、事务管理、过程控制逐步走向家庭。

(5)第 5 代：人工智能计算机(也叫新一代计算机)

第 5 代计算机是将信息采集、存储、处理、通信同人工智能结合在一起的智能计算机系统。它具有形式化推理、联想、学习和解释的能力，能够帮助人们进行判断、决策、开拓未知领域和获得新的知识。

2. 微型计算机的发展

在第 4 代计算机发展过程中，人们采用超大规模集成电路技术，把计算机的中央处理器(CPU)制作在一块集成电路芯片内，这就是微处理器。由微处理器、存储器、输入输出接口等部件构成的计算机称为微型计算机。微型计算机的发展主要表现在其核心部件——微处理器的发展上，每当一款新型的微处理器出现时，就会带动微机系统的其他部件的相应发展，如微机体系结构的进一步优化，存储器存取容量的不断增大、存取速度的不断提高，外围设备的不断改进以及新设备的不断出现等。

微处理器一次能处理二进制数的位数称为微处理器的字长，如 8 位微处理器是指微处理器的字长是 8 位，字长是微处理器最重要的性能指标之一。微处理器发展极为迅速，每几年就换代一次。根据微处理器的字长和功能，可将微型计算机的发展划分为以下几个阶段。

(1)第 1 阶段

第 1 阶段(1971—1973 年)是 4 位和 8 位低档微处理器时代，通常称为第 1 代，其典型产品是 Intel 4004、Intel 8008 微处理器和分别由它们组成的 MCS-4、MCS-8 微机。其基本特点是采用 PMOS 工艺，集成度低(4000 个晶体管/片)，系统结构和指令系统都比较简单，主要采用机器语言或简单的汇编语言，指令数目较少(20 多条指令)，基本指令周期为 20～50 s，用于简单的控制场合。图 1-1-2 所示是一款 Intel 8008 微处理器。

图 1-1-2

(2)第 2 阶段

第 2 阶段(1974—1977 年)是 8 位中高档微处理器时代，通常称为第 2 代，其典型产品是 Intel 公司的 8080/8085、Motorola 公司的 M6800、Zilog 公司的 Z80 等。它们的特点是采用 NMOS 工艺，集成度提高约 4 倍，运算速度提高 10～15 倍(基本指令执行时间 1～2 μs)，指令系统比较完善，具有典型的计算机体系结构和中断、DMA 等控制功能。软件方面，除了汇编语言外，还有 BASIC、FORTRAN 等高级语言和相应的解释程序和编译程序，在后期还出现了操作系统。图 1-1-3 所示是一款 Z80 微处理器。

图 1-1-3

(3)第 3 阶段

第 3 阶段(1978—1984 年)是 16 位微处理器时代，通常称为第 3 代，其典型产品是 Intel 公司的 8086/8088、Motorola 公司的 M68000、Zilog 公司的 Z8000 等微处理器。其特点是采用 HMOS 工艺，集成度(20000～70000 晶体管/片)和运算速度(基本指令执行时间是 0. 5 s)都比第 2 代提高了一个数量级。指令系统更加丰富、完善，采用多级中断、多种寻址方式、段式存储机构、硬件乘除部件，并配置了软件系统。这一时期著名微机产品是 IBM 公司的个人计算机。1981 年 IBM 公司推出的个人计算机采用 8088 处理器。1982 年又推出了扩展型的个人计算机 IBM PC/XT，它对内存进行了扩充，并增加了一个硬磁盘驱动器。1984 年，IBM 公司推出了以 80286 处理器为核心的 16 位增强型个人计算机 IBM PC/AT。IBM 公司在发展个人计算机时采用了技术开放的策

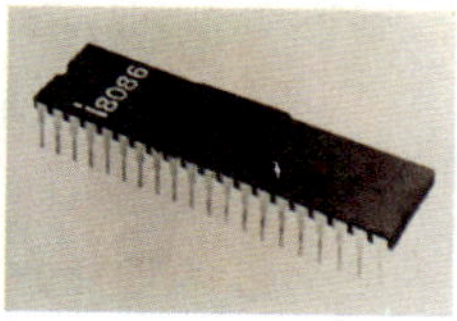

图 1-1-4

略，使个人计算机风靡世界。图 1-1-4 所示是一款 Intel 8086 微处理器。

(4)第 4 阶段

第 4 阶段(1985—1992 年)是 32 位微处理器时代，通常称为第 4 代。其典型产品是 Intel 公司的 80386/80486、Motorola 公司的 M69030/68040 等。其特点是采用 HMOS 或 CMOS 工艺，集成度高达 100 万个晶体管/片，具有 32 位地址线和 32 位数据总线，每秒可完成 600 万条指令。微型计算机的功能已经达到甚至超过超级小型计算机，完全可以胜任多任务、多用户的作业。同期，其他一些微处理器生产厂商(如 AMD、TEXAS 等)也推出了 80386/80486 系列的芯片。图 1-1-5 所示是一款 Intel 80386 微处理器。

图 1-1-5

(5)第 5 阶段

第 5 阶段(1993—2005 年)是奔腾(Pentium)系列微处理器时代，通常称为第 5 代。其典型产品是 Intel 公司的奔腾系列芯片及与之兼容的 AMD 的 K6 系列微处理器芯片。内部采用了超标量指令流水线结构，并具有相互独立的指令和数据高速缓存。随着微处理器(MMX)的出现，微机的发展在网络化、多媒体化和智能化等方面跨上了更高的台阶。2000 年 3 月，AMD 与 Intel 分别推出时钟频率达 1 GHz 的 Athlon 和 Pentium Ⅲ。2000 年 11 月，Intel 又推出了 Pentium 4 微处理器，集成度高达每片 4200 万个晶体管，主频为 1.5 GHz。2002 年 11 月，Intel 推出的 Pentium 4 微处理器，时钟频率达到 3.06 GHz。对于个人计算机用户而言，多任务处理一直是难题，因为单处理器的多任务以分割时间段的方式来实现，此时的性能损失相当巨大。而在双内核处理器的支持下，真正的多任务得以应用，而且越来越多的应用程序甚至会为之优化，进而奠定扎实的应用基础。图 1-1-6 所示是一款 Pentium 4 微处理器。

图 1-1-6

(6)第 6 阶段

第 6 阶段(2006 年至今)是酷睿(Core)系列微处理器时代，通常称为第 6 代。"酷睿"是一款领先节能的新型微架构，设计的出发点是提供卓越出众的性能和能效，提高每瓦特的性能，也就是所谓能效比。早期的酷睿是基于笔记本处理器的。Core 2 是 Intel 在 2006 年推出的新一代基于 Core 微架构的产品体系统称。Core 2 是一个跨平台的构架体系，包括服务器版、桌面版、移动版三大领域。为了提高两个核心的内部数据交换效率，采取共享式二级缓存设计，两个核心共享高达 4 MB 的二级缓存。图 1-1-7 所示是一款 Core i7 微处理器。微型计算机是计算机中的突出代表，通常我们所讨论的计算机很多时候就特指微型计算机。

图 1-1-7

3. 计算机的发展方向

计算机从出现至今，其运行速度得到了极大的提升，第 4 代计算机的运算速度已经达到了每秒几十亿次。计算机也由原来的仅供军事科研使用发展到广泛拥有计算机强大的应用功能，产生了巨大的市场需要，未来计算机性能正向着巨型化、微型化、网络化、人工智能化和多媒体化的方向发展。

(1)巨型化

巨型化是指为了适应尖端科学技术的需要，发展高速度、大存储容量和功能强大的超级计算机。随着人们对计算机的依赖性越来越强，特别是在军事和科研教育方面对计算机的存储空间和运行速度等要求会越来越高。此外，计算机的功能更加多元化。图 1-1-8 所示是天河 2 号超级计算机。

图 1-1-8

(2)微型化

随着微型处理器(CPU)的产生，计算机中开始使用微型处理器，使计算机体积缩小了、成本降低了。另外，软件行业的飞速发展提高了计算机内部操作系统的便捷度，使计算机外部设备也趋于完善。计算机理论和技术上的不断完善促使微型计算机很快渗透到全社会的各个行业和部门中，并成为人们生活和学习的必需品。70 多年来，计算机的体积不断缩小，台式电脑、笔记本电脑、掌上电脑、平板电脑体积逐步微型化，为人们提供了便捷的服务。因此，未来计算机仍会不断趋于微型化，体积将越来越小。图 1-1-9 所示是一款当前流行的平板电脑 iPad mini。

图 1-1-9

(3)网络化

互联网将世界各地的计算机连接在一起，从此进入了互联网时代。计算机网络化彻底改变了人类世界，使人们通过互联网进行沟通、交流(QQ、微博等)，教育资源共享(文献查阅、远程教育等)，信息查阅共享(百度、谷歌)等，特别是无线网络的出现，极大地提高了人们使用网络的便捷性，未来计算机将会进一步向网络化方面发展。图 1-1-10 反映出互联网拉近了人们的距离。

图 1-1-10

(4)人工智能化

计算机人工智能化是未来发展的必然趋势。现代计算机具有强大的功能和运行速度，但与人脑相比，其智能化和逻辑能力仍有待提高。人类不断在探索如何让计算机能够更好地反映人类思维，使计算机能够具有人类的逻辑思维判断能力，可以通过思考与人类沟通交流，抛弃以往的通过编码程序来运行计算机的方法，直接对计算机发出指令。图 1-1-11 所示是一款侧卧的智能机器人。

图 1-1-11

(5)多媒体化

传统计算机处理的信息主要是字符和数字。事实上，人们更习惯的是图片、文字、声音、图像等多种形式的多媒体信息。多媒体技术可以集图形、图像、音频、视频、文字于一体，使信息处理的对象和内容更加接近真实世界。图 1-1-12 所示是一个多媒体教室的布局。

图 1-1-12

二、计算机的特点及应用

1. 计算机的特点

(1)运算速度快

计算机内部的运算是由数字逻辑电路组成的，可以高速准确地完成各种算术运算。当今计算机系统的运算速度已达到每秒万亿次，微机也可达每秒亿次以上，使大量复杂的科学计算问题得以解决。例如，卫星轨道的计算、大型水坝的计算、24 h天气预报的计算等，过去人工计算需要几年、几十年，而现在，用计算机只需几天甚至几分钟就可以完成。

(2)计算精确度高

科学技术的发展特别是尖端科学技术的发展，需要高度精确的计算。计算机控制的导弹之所以能准确地击中预定的目标，是与计算机的精确计算分不开的。一般计算机可以有十几位甚至几十位(二进制)有效数字，计算精度可由千分之几到百万分之几，是其他任何计算工具望尘莫及的。

(3)逻辑运算能力强

计算机不仅能进行精确计算，还具有逻辑运算功能，能对信息进行比较和判断。计算机能把参加运算的数据、程序以及中间结果和最后结果保存起来，并能根据结果自动执行下一条指令以供用户随时调用。

(4)存储容量大

计算机内部的存储器具有记忆特性，可以存储大量的信息。这些信息不仅包括各类数据信息，还包括加工这些数据的程序。

(5)自动化程度高

由于计算机具有存储记忆能力和逻辑判断能力，所以人们可以将预先编好的程序组纳入计算机内存，在程序控制下，计算机可以连续、自动地工作，不需要人的干预。

2. 计算机的应用

计算机自出现以来，被广泛应用于各个领域，遍及社会的各个方面，并且呈上升和扩展趋势。目前计算机的应用可概括为以下几个方面。

(1)科学计算

科学计算是计算机最早的应用领域，是指利用计算机来完成科学研究和工程技术中提出的数值计算问题。在现代科学技术工作中，科学计算的任务是大量的和复杂的。利用计算机运算速度高、存储容量大和连续运算的能力，可以解决人工无法完成的各种科学计算问题。例如，工程设计、地震预测、气象预报、火箭发射等都需要由计算机承担庞大而复杂的计算量。

(2)信息管理

信息管理是以数据库管理系统为基础，辅助管理者提高决策水平，改善运营策略的计算机技术。信息处理具体包括数据的采集、存储、加工、分类、排序、检索和发布等一系列工作。信息处理已成为当代计算机的主要任务，是现代化管理的基础。据统计，80%以上的计算机主要应用于信息管理，成为计算机应用的主导方向。信息管理已广泛应用于办公自动化、企事业计算机辅助管理与决策、情报检索、电影电视动画设计、会计电算化等各行各业。

(3)过程控制

过程控制是利用计算机实时采集数据、分析数据，按最优值迅速地对控制对象进行自动调节或自动控制。采用计算机进行过程控制，不仅可以大大提高控制的自动化水平，而且可以提高控制的时效性和准确性，从而改善劳动条件、提高产量及合格率。因此，计算机过程控制已在机械、冶金、石油、化工、电力等方面得到广泛的应用。

(4)人工智能

人工智能是指计算机模拟人类某些智力行为的理论、技术和应用，如感知、判断、理解、学习、问题的求解和图像识别等。人工智能是计算机应用的一个新领域，这方面的研究和应用正处于发展阶段，在医疗诊断、定理证明、模式识别、智能检索、语言翻译、机器人等方面，已有了显著的成效。例如，用计算机模拟人脑的部分功能进行思维学习、推理、联想和决策，使计算机具有一定的“思维能力”。

(5)多媒体应用

随着电子技术特别是通信和计算机技术的发展，人们已经有能力把文本、音频、视频、动画、图形和图像等各种媒体综合起来，构成一种全新的概念——“多媒体”。在医疗、教育、商业、银行、保险、行政管理、军事、工业、广播、交流和出版等领域中，多媒体的应用发展很快。

(6)计算机翻译

1947年，美国数学家、工程师沃伦·韦弗与英国物理学家、工程师安德鲁·布思提出了以计算机进行翻译(简称“机译”)的设想，机译从此步入历史舞台，并走过了一条曲折而漫长的发展道路。机译消除了不同文字和语言间的隔阂，堪称高科技造福人类之举。但机译的质量长期以来一直是个问题，离理想目标仍相差甚远。中国数学家、语言学家周海中教授认为，在人类尚未明了大脑是如何进行语言的模糊识别和逻辑判断的情况下，机译要想达到“信、达、雅”的程度是不可能的。这一观点恐怕道出了制约译文质量的瓶颈所在。

(7)计算机辅助设计

计算机辅助设计是利用计算机系统辅助设计人员进行工程或产品设计，以实现最佳设计效果的一种技术。计算机辅助设计技术已被应用于飞机设计、船舶设计、建筑设计、机械设计、大规模集成电路设计等。采用计算机辅助设计，可缩短设计时间，提高工作效率，节省人力、物力和财力，更重要的是提高了设计质量。

知识拓展

一、常用数制及相互间转换

1. 常用数制

数制是人类创造的数的表示方法，它是用一组数码符号和一套统一的规则来表示数的。我们最常用的数制是进位计数制，最典型的是十进制。

进位计数制有 4 个要素：数码、基数、数位、位权。采用的计数符号称为数码(如十进制的全部数码是 0～9)，数码的个数称为基数(如十进制的基数是 10)，数码在一个数中的位置称为数位(如十进制数 123 的第一位是个位，数字为“3”)，不同数位有各自的位权(如十进制数个位的位权是 10^0)。

在计算机中，信息的表示与处理都采用二进制数，这是因为二进制数只有“0”和“1”这两个数码，用电路的开关、电压的高低、脉冲的有无等状态非常容易表示，而且二进制数的运算法则简单，容易用电路实现。由于二进制数的书写、阅读和记忆都不方便，因此人们又采用了八进制和十六进制。在表示非十进制数时，常用小括号将其括起来，数制以下标形式被注在括号外，如$(1C3)_{16}$。常用的数制主要有十进制、二进制、八进制和十六进制。

(1)十进制

十进制数有 10 个数码(0～9)，基数是 10，计数时逢 10 进 1，从小数点往左，其位权分别是 100，101，102，…从小数点往右，其位权分别是 10^{-1}，10^{-2}，…

例 1-1-1　$89.36=8\times10^1+9\times10^0+3\times10^{-1}+6\times10^{-2}=80+9+0.3+0.06$。

(2)二进制

二进制数有两个数码(0，1)，基数是 2，计数时逢 2 进 1，从小数点往左，其位权分别是 2^0，2^1，2^2，…从小数点往右，其位权分别是 2^{-1}，2^{-2}，…

例 1-1-2　$(1011.11)_2=1\times2^3+0\times2^2+1\times2^1+1\times2^0+1\times2^{-1}+1\times2^{-2}=11.75$。

(3)八进制

八进制数有 8 个数码(0～7)，基数是 8，计数时逢 8 进 1，从小数点往左，其位权分别是 8^0，8^1，8^2，…从小数点往右，其位权分别是 8^{-1}，8^{-2}，…

例 1-1-3　$(1323.3)_8=1\times8^3+3\times8^2+2\times8^1+3\times8^0+3\times8^{-1}=723.375$。

(4)十六进制

十六进制数有 16 个数码(0～9，A～F)，其中 A～F 的值分别为 10～15，基数是 16，计数时逢 16 进 1，从小数点往左，其位权分别是 16^0，16^1，16^2，…从小数点往右，其位权分别是 16^{-1}，16^{-2}，…

例 1-1-4　$(F7C.3)_{16}=16\times16^2+7\times16^1+12\times16^0+3\times16^{-1}=4220.1875$。

2. 数制间的相互转换

为了表示方便和机器识别，有时候各数制间需要进行相互转换。

(1)二进制、八进制、十六进制转换为十进制

转换方法：把要转换的数按位权展开，然后进行相加计算。

例 1-1-5 把$(11011.01)_2$、$(62.32)_8$和$(CE.5)_{16}$转换成十进制数。

$(11011.01)_2=1\times2^4+1\times2^3+0\times2^2+1\times2^1+1\times2^0+0\times2^{-1}+1\times2^{-2}=27.25$。

$(62.32)_8=6\times8^1+2\times8^0+3\times8^{-1}+2\times8^{-2}=50.40625$。

$(CE.5)_{16}=12\times16^1+14\times16^0+5\times16^{-1}=206.3125$。

(2)十进制转换为二进制、八进制、十六进制

转换分两步：整数部分用2(或8、16)一次次地去除，直到商为0为止，将每次得到的余数由下至上顺次写出；小数部分用2(或8、16)一次次地去乘，直到小数部分为0或达到有效的位数为止，将每次得到的整数由上至下顺次写出。

例 1-1-6 把15.6875转换为二进制数。

整数部分(15)：

15÷2=7……1

7÷2=3……1

3÷2=1……1

1÷2=0……1

$15=(1111)_2$

小数部分(0.6875)：

0.6875×2=1.375

0.375×2=0.75

0.75×2=1.5

0.5×2=1.0

$0.6875=(0.1011)_2$

$15.6875=(1111.1011)_2$

例 1-1-7 把323.7转换为八进制数，小数部分精确到4位。

整数部分(323)：

323÷8=40……3

40÷8=5……0

5÷8=0……5

$323=(503)_8$

小数部分(0.7)：

0.7×8=5.6

0.6×8=4.8

0.8×8=6.4

0.4×8=3.2

$0.7\approx(0.5463)_8$

$323.7\approx(503.5463)_8$

例 1-1-8 把445.4转换为十六进制数，小数部分精确到4位。

整数部分(445)：

445÷16=27……13(D)

27÷16=1……11(B)

1÷16=0……1

$445=(1BD)_{16}$

小数部分(0.4)：

0.4×16=6.4

0.4×16=6.4

0.4×16=6.4

0.4×16=6.4

$0.4\approx(0.6666)_{16}$

$445.4=(1BD.6666)_{16}$

(3)二进制转换为八进制、十六进制

因为 $2^3=8$，$2^4=16$，所以 3 位二进制数相当于 1 位八进制数，4 位二进制数相当于 1 位十六进制数。二进制转换为八进制、十六进制时，以小数点为中心分别向两边按 3 位或 4 位分组，最后一组不足 3 位或 4 位时，用 0 补足，然后把每 3 位或 4 位二进制数转换为八进制数或十六进制数。

例 1-1-9 把 $(1010101010.1010101)_2$ 转换为八进制数和十六进制数。

001 010 101 010. 101 010 100

1 2 5 2 5 2 4

即 $(1010101010.1010101)_2=(1252.524)_8$。

0010 1010 1010. 1010 1010

2 A A A A

即 $(1010101010.1010101)_2=(2AA.AA)_{16}$。

(4)八进制、十六进制转换为二进制

1 位八进制数相当于 3 位二进制数，1 位十六进制数相当于 4 位二进制数。

例 1-1-10 把 $(1357.246)_8$ 和 $(147.9BD)_{16}$ 转换为二进制数。

1 3 5 7 . 2 4 6

001 011 101 111. 010 100 110

即 $(1357.246)_8=(1011101111.01010011)_2$。

1 4 7 . 9 B D

0001 0100 0111. 1001 1011 1101

即 $(147.9BD)_{16}=(101000111.100110111101)_2$。

二、信息单位

由于计算机中所有信息都是以二进制表示的，所以计算机中的信息单位都基于二进制。常用的信息单位有位和字节。

位，也称比特，记为 bit，是最小的信息单位，表示 1 个二进制数位。例如，$(0101101)_2$ 占有 8 位。

字节，记为 Byte 或 B，是计算机中信息的基本单位，表示 8 个二进制数位。例如，$(10101101)_2$ 占有 1 个字节。

在计算机领域中，为了便于二进制数的处理和表示，还有 K、M、G、T 4 个表示方式，它们之间的关系是

$$1\ \text{KB}=1024\ \text{B}=2^{10}\ \text{B}$$

$$1\ \text{MB}=1024\ \text{KB}$$

$$1\ \text{GB}=1024\ \text{MB}$$

$$1\ \text{TB}=1024\ \text{GB}$$

任务 2 剖析计算机结构

内容导读

计算机硬件是计算机的基础，了解它的内部结构是一项有意义的活动。本任务主要学习计算机硬件、计算机软件等知识。在知识拓展板块，还将学到 Windows 7 系统软件的安装。

实例详解：组装一台计算机

任务说明

计算机不是一个独立体，而是由很多元器件组合起来的。通过本例的学习，你可以更加深刻地了解计算机的硬件组成结构，认识主板、CPU、硬盘、内存、光驱、显卡、电源、机箱、显示器等计算机设备。

操作步骤

1. 准备组装计算机需要的元器件

安装计算机的主要元器件有主板、CPU、硬盘、内存、光驱、显卡、电源、机箱、显示器、键盘、鼠标等，如图 1-2-1 所示。选择元器件时要注意它们之间的匹配和兼容性。

2. 在主板上安装 CPU

把主板 CPU 插槽的杠杆拉起，CPU 对准插槽轻轻地放下去，拉紧杠杆，锁定 CPU，如图 1-2-2 所示。

图 1-2-1

图 1-2-2

3. 为 CPU 安装散热风扇

图 1-2-3

安装散热风扇前，先在安装好的 CPU 上涂上薄薄的一层硅胶，以增强散热效果。根据实际情况，把散热风扇固定在 CPU 上，并把散热风扇的电源线连接在 CPU 插槽附近的风扇接头处，如图 1-2-3 所示。

4. 安装主板

把主板的 I/O 接口对准机箱，把主板的固定螺钉孔对准机箱的螺钉孔，用螺丝刀将主板固定好，如图 1-2-4 所示。

5. 安装内存

将内存条插槽两边的锁定杆掰开，将内存条对准插槽方向插入，紧压锁定杆，确保内存条固定，如图 1-2-5 所示。

图 1-2-4

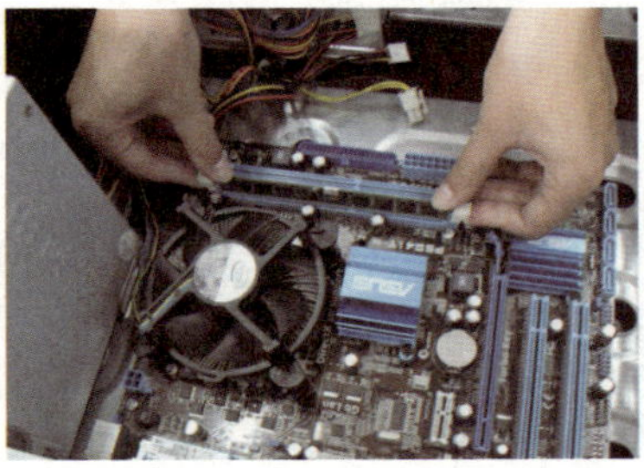

图 1-2-5

6. 安装显卡

从机箱后壳上拆除 AGP 插槽上的挡板和螺钉，将显卡对准插槽用力按下，确保显卡与 AGP 插槽紧密结合，拧上螺钉，固定好显卡(很多机器集成显卡功能，不需要安装)。

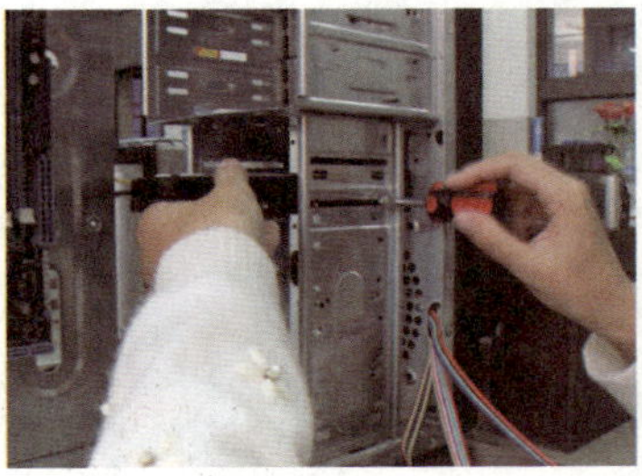

图 1-2-6

7. 安装硬盘

将硬盘上的螺钉卸下，把硬盘放入硬盘架，然后对准螺钉，拧紧固定，如图 1-2-6 所示。

8. 安装光驱

拆下光驱面板，将光驱放入，拧紧螺钉，将其固定，如图 1-2-7 所示。

图 1-2-7

9. 安装电源

把电源放入机箱电源的位置，对准螺钉孔，拧紧螺钉，将其固定。分别将主板电源线、光驱电源线、硬盘电源线等连接妥当，如图 1-2-8 所示。

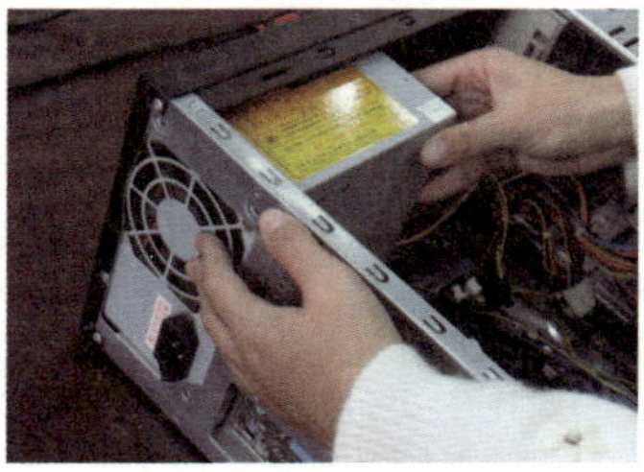

图 1-2-8

10. 连接数据线

连接硬盘数据线、光盘数据线和 USB 数据线，如图 1-2-9 所示。

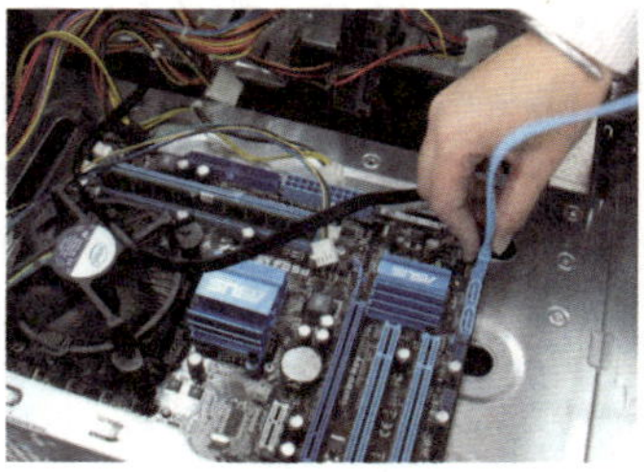

图 1-2-9

11. 连接机箱内部连线

连接机箱内部连线，如图 1-2-10 所示。

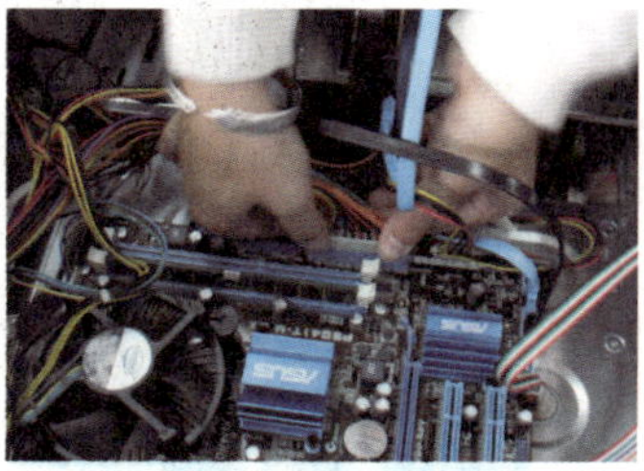

图 1-2-10

12. 连接外部设备

连接鼠标、键盘、音箱和显示器，如图 1-2-11 所示。

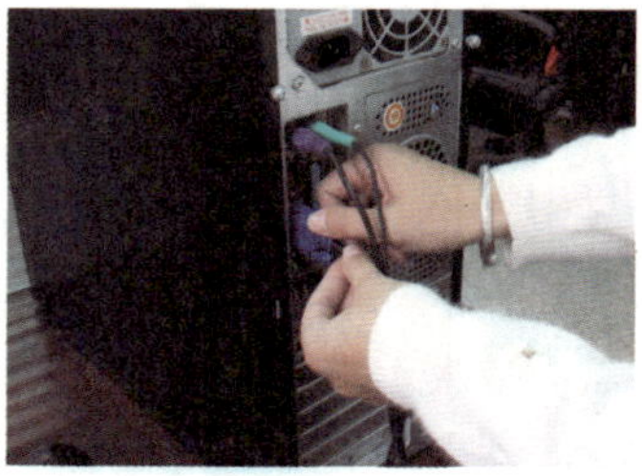

图 1-2-11

连接好各外设线后，计算机就组装完成了，如图 1-2-12 所示。

图 1-2-12

要点精讲

一、计算机硬件

计算机硬件是指计算机系统中由电子、机械和光电元件等组成的各种物理装置的总称。这些物理装置按系统结构的要求构成一个有机整体，为计算机软件运行提供物质基础。计算机硬件主要包括主机、输入设备、输出设备和外存储器。

1. 主机

主机是计算机最主要的组成部分，包括主板、CPU 和内存等。

(1)主板

主板也称系统主板或母板，它是一块电路板，用来控制和驱动整个微型计算机，是微处理器与其他部件连接的桥梁。主板主要包括插座、内存插槽、总线扩展槽、外设接口插座、串行端口和并行端口等几部分。主板各部分示意图如图 1-2-13 所示。

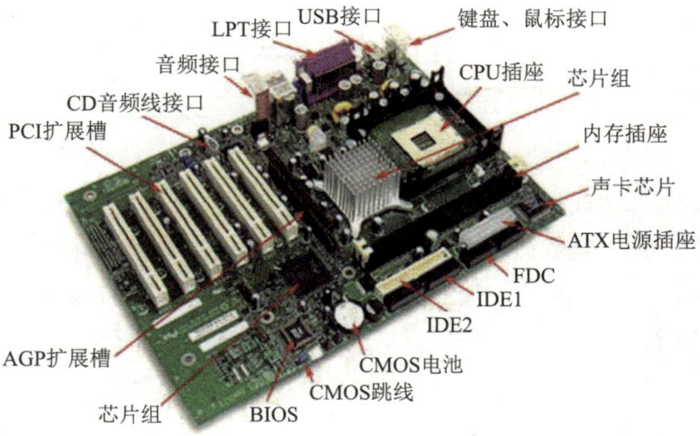

图 1-2-13

(2)CPU

CPU 即中央处理器，是一台计算机的运算核心和控制核心，其功能主要是解释计算机指令以及处理计算机软件中的数据。CPU 由运算器、控制器、寄存器、高速缓存及实现它们之间联系的数据、控制及状态的总线构成。作为整个系统的核心，CPU 也是整个系统最高的执行单元，因此，CPU 已成为决定计算机性能的核心部件，很多用户都以它为标准来判断计算机的档次。CPU 有核数、主频和字长几个主要指标。图 1-2-14 是 Intel 公司的 Core i7 芯片。

图 1-2-14

(3)内存

内存是计算机中重要的部件之一，它是与 CPU 进行沟通的桥梁。计算机中所有程序的运行都是在内存中进行的，因此内存的性能对计算机的影响非常大。只要计算机在运行中，CPU 就会把需要运算的数据调到内存中进行运算，当运算完成后 CPU 再将结果传送出来，内存的运行也决定了计算机的稳定运行。目前市场上常见的内存条有 3 种型号，分别是 SDRAM、DDR、RDRAM。图 1-2-15 是 1 GB 的 DDR 内存。

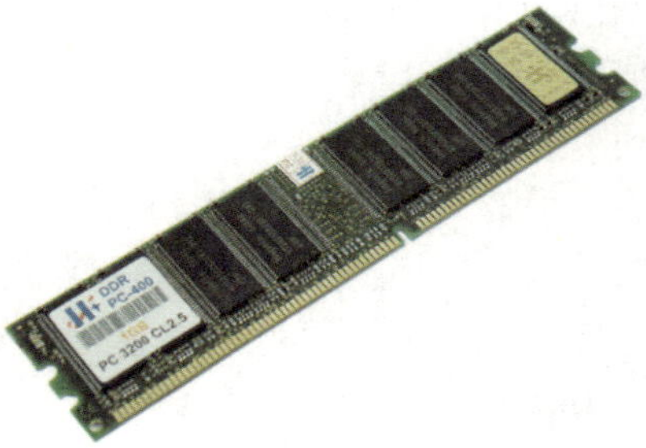

图 1-2-15

3 种内存型号中，SDRAM 最便宜，但性能也最差，濒临淘汰。RDRAM 性能最高，也最昂贵，通常用于高级的计算机系统。DDR 的价格比 SDRAM 高一点，但性能却高出不少，并且大有发展前途，是目前装机的首选。内存有存储容量和存取速度两个主要指标。

2. 输入设备

最常用的输入设备是键盘和鼠标，它们已成为计算机的标准配置。扫描仪、摄像头、话筒也是常见的输入设备，数码相机、带拍照功能的手机也可作为输入设备。

（1）键盘

键盘是最常见的计算机输入设备，它被广泛应用于微型计算机和各种终端设备上。计算机操作者通过键盘向计算机输入各种指令、数据，指挥计算机的工作。计算机的运行情况输出到显示器，操作者可以很方便地利用键盘和显示器与计算机对话，对程序进行修改、编辑，控制和观察计算机的运行。图 1-2-16 是一个有线键盘。

图 1-2-16

早期的键盘大都是 89 个键，现在使用的键盘大都是 101 个键。近年来，为了方便 Windows 系统的操作，在原有 101 键盘上增加了 3 个 Windows 功能键。

（2）鼠标

随着 Windows 操作系统的广泛应用，鼠标已成为计算机必不可少的输入设备。通过单击、双击或拖动鼠标，用户可以很方便地对计算机进行操作。鼠标按工作原理分为机械式、光电式和光学式 3 大类。图 1-2-17 是一个无线鼠标。

图 1-2-17

（3）扫描仪

扫描仪是一种计算机外部仪器设备，通过捕获各种图像信息并将之转换成计算机可以显示、编辑、存储和输出的文档。照片、文本页面、图纸、美术图画、照相底片，甚至纺织品、标牌面板、印制板样品等三维对象都可作为扫描对象。扫描仪有手持式扫描仪和平板式扫描仪两种。图 1-2-18 是一款平板式扫描仪。

图 1-2-18

（4）摄像头

摄像头又称为电脑相机、电脑眼等，是一种视频输入设备，被广泛地运用于视频会议、远程医疗及实时监控等方面。人们也可以通过摄像头在网络上进行有影像、有声音的交谈和沟通。摄像头已经成为了笔记本电脑的标准配置器材。图 1-2-19 是一款外接摄像头。

图 1-2-19

3. 输出设备

最常用的输出设备是显示器和打印机。显示器要有一块插在主板上的显示卡与之配套使用，打印机通常连接到主板的并行通信口上。此外，音箱也是计算机的常用输出设备。

(1)显示器

显示器连接到显示卡上，用来显示字符或图形信息，是微型计算机必不可少的输出设备。早期的计算机使用单色显示器，现在多为彩色显示器。目前市场上常见的显示器有两种：CRT(阴极射线管)显示器和LCD(液晶)显示器。

CRT显示器体积大，比较笨重，且工作时有辐射，但价格相对低廉，色彩还原效果好。LCD显示器轻巧，辐射污染较小，但价格高，色彩还原效果不如前者。LCD显示器由于对人体健康的危害较小，已经成为越来越多的家用计算机用户的首选。显示器有尺寸、分辨率、点距、扫描方式和刷新频率5个主要指标。图1-2-20是一台液晶显示器。

图 1-2-20

(2)显示卡

显示器适配卡简称为显示卡或显卡，是个人计算机最基本的组成部分之一。显示卡的用途是将计算机系统所需要的显示信息进行转换驱动，并向显示器提供扫描信号，控制显示器的正确显示，是连接显示器和主板的重要元件。

图 1-2-21

显示卡有集成显卡、独立显卡和核芯显卡3种类型，还可分为MDA卡、CGA卡、EGA卡、VGA卡、SVGA卡和AGP卡等多种型号。目前微型计算机上常用的显示卡基本上是AGP卡。显示卡有色彩数、图形分辨率、显示内存容量3个主要指标。图1-2-21为一款显示卡。

(3)打印机

打印机是计算机的输出设备之一，用于将计算机处理结果打印在相关介质上。衡量打印机好坏的指标主要有打印分辨率、打印速度和噪声3项。打印机的种类很多，按打印元件对纸是否有击打动作，分击打式打印机与非击打式打印机；按打印字符结构，分全形字打印机和点阵字符打印机；按一行字在纸上形成的方式，分串式打印机与行式打印机；按所采用的技术，分柱形、球形、喷墨式、热敏式、激光式、静电式、磁式、发光二极管式等打印机。图1-2-22为一款激光打印机。

图 1-2-22

4. 外存储器

外存储器主要包括软盘、硬盘、光盘、U盘和移动硬盘。随着U盘和移动硬盘的广泛使用，软盘已很少使用，这里不再介绍软盘。

（1）硬盘

硬盘是微型计算机非常重要的外存储器，它由一个盘片组（可包括多个盘片）和硬盘驱动器组成，被固定在一个密封的盒内。硬盘的精密度高、存储容量大、存取速度快。除特殊需要外，一般的微型计算机都配有硬盘，有些还配有多个硬盘。系统和用户的程序、数据等信息通常保存在硬盘上。硬盘有接口、容量、转速和缓存 4 个主要指标。图 1-2-23 为一块固态硬盘。

图 1-2-23

（2）光盘与光驱

光盘是利用激光原理进行读写的存储设备，可以存放文字、声音、图形、图像等多媒体数字信息。

光驱是计算机用来读写光盘内容的机器，也是在台式机和笔记本电脑里比较常见的一个部件。随着多媒体的应用越来越广泛，使得光驱在计算机诸多配件中已经成为标准配置。光驱可分为 CD-ROM 光驱、DVD 光驱（DVD-ROM）、康宝光驱（COMBO）、蓝光光驱（BD-ROM）和刻录机等。

光盘中的信息是通过光驱来读取的。最初光驱的数据传输速率是 150 Kbit/s，现在光驱的数据传输速率一般都是这个速率的整数倍，称为倍速，如 52 倍速光驱等。图 1-2-24 为一款 DVD 刻录机。

图 1-2-24

（3）U 盘

U 盘，全称 USB 闪存驱动器，是一种无须物理驱动器的微型高容量移动存储产品，通过 USB 接口与计算机连接，实现即插即用。U 盘的优点是体积小巧、便于携带、存储容量大、价格便宜、性能可靠。图 1-2-25 为一款 16 GB 的 U 盘。

图 1-2-25

（4）移动硬盘

移动硬盘是以硬盘为存储介质，在计算机之间交换大容量数据，强调便携性的存储产品。移动硬盘数据的读写模式与标准 IDE 硬盘是相同的。移动硬盘多采用 USB、IEEE1394 等传输速度较快的接口，可以较高的速度与系统进行数据传输。移动硬盘的特点是容量大、体积小、速度快、使用方便。图 1-2-26 为一款移动硬盘。

图 1-2-26

二、计算机软件

所谓软件是指为方便使用计算机和提高使用效率而组织的程序以及用于开发、使用和维护的有关文档，可分为系统软件和应用软件两大类。

1. 系统软件

系统软件由一组控制计算机系统并管理其资源的程序组成，其主要功能包括启动计算机，存储、加载和执行应用程序，对文件进行排序、检索，将程序语言翻译成机器语言等。系统软件可以看作用户与计算机的接口，它为应用软件和用户提供了控制、访问硬件的手段，这些功能主要由操作系统完成。此外，编译系统和各种工具软件也属此类，它们从另一方面辅助用户使用计算机。

操作系统是管理、控制和监督计算机软、硬件资源协调运行的程序系统，由一系列具有不同控制和管理功能的程序组成，它是直接运行在计算机硬件上的、最基本的系统软件，是系统软件的核心。操作系统是计算机发展中的产物，它的主要目的有两个：一是方便用户使用计算机，是用户和计算机的接口。比如，用户输入一条简单的命令就能自动完成复杂的功能，这就是操作系统帮助的结果。二是统一管理计算机系统的全部资源，合理组织计算机工作流程，以便充分、合理地发挥计算机的效率。

操作系统的种类繁多，依其功能和特性分为分批处理操作系统、分时操作系统和实时操作系统等；依同时管理用户数的多少分为单用户操作系统和多用户操作系统；还有适合管理计算机网络环境的网络操作系统。

计算机操作系统随着计算机硬件技术的发展而发展，从简单到复杂。Microsoft 公司开发的 DOS 是一个单用户单任务系统，而 Windows 操作系统则是多用户多任务系统，经过近 30 年的发展，已从 Windows 1.0 发展到 Windows NT、Windows 2000、Windows XP、Windows Vista、Windows 7、Windows 8 和 Windows 10 等。它是当前计算机中广泛使用的操作系统之一。Linux 是一个源码公开的操作系统，程序员可以根据自己的兴趣和灵感对其进行改变，这让 Linux 吸收了无数程序员的精华，不断壮大，已被越来越多的用户所采用，是 Windows 操作系统强有力的竞争对手。

2. 应用软件

应用软件是用户可以使用的各种程序设计语言，以及用各种程序设计语言编制的应用程序的集合，分为应用软件包和用户程序。应用软件包是利用计算机解决某类问题而设计的程序集合，供多用户使用。用户程序是为满足用户不同领域、不同问题的应用需求而提供的应用软件。应用软件可以拓宽计算机系统的应用领域，放大硬件的功能。

应用软件是为了某种特定的用途开发的软件。它可以是一个特定的程序，如一个图像浏览器；也可以是一组功能联系紧密，可以互相协作的程序集合，如微软的 Office 软件；还可以是一个由众多独立程序组成的庞大的软件系统，如数据库管理系统。较常见的应用软件有文字处理软件(如 Word)、信息管理软件、辅助设计软件(如 AutoCAD)、实时控制软件、教育与娱乐软件等。

任务3 信息安全

内容导读

计算机中毒就像人生病一样，会给计算机使用者带来很多不便。本任务主要学习信息安全隐患和计算机病毒的防治，并列举了计算机中毒常见症状和预防措施等知识。在知识拓展板块，还将了解常用的安全软件。

实例详解：360安全软件的使用

任务说明

安全软件是一种可以对病毒、木马等一切已知的、对计算机有危害的程序代码进行清除的程序工具。安全软件也是辅助管理计算机安全的应用软件，安全软件的好坏决定了杀毒的质量。通过对360安全卫士和杀毒软件的熟悉，你将学会安全软件的使用。

操作步骤

1. 360安全卫士的使用

360安全卫士9.2界面如图1-3-1所示。

图 1-3-1

（1）电脑体检

一般进行电脑体检有故障检测、垃圾检测、速度检测、安全检测和系统强化，检测完成后，可以使用“一键修复”功能来修复计算机系统，如图1-3-2所示。

图 1-3-2

(2)查杀木马

查杀木马分快速扫描、全盘扫描和自定义扫描，一般采用快速扫描就可以达到查杀要求，如图 1-3-3 所示。

图 1-3-3

(3)系统修复

系统修复功能可以修复电脑异常，修补漏洞，保障计算机健康，如图 1-3-4 所示。

图 1-3-4

(4)电脑清理

电脑清理可以清理垃圾、插件、痕迹，节省磁盘空间，保证计算机运行更加有效率，如图 1-3-5 所示。

图 1-3-5

图 1-3-6

(5)优化加速

可以设置开机加速，禁止不需要的程序开机启动，加速计算机运行，如图 1-3-6 所示。

图 1-3-7

(6)软件管家

软件管家使得软件的查找、安装、升级、卸载变得更加容易，如图 1-3-7 所示。

图 1-3-8

(7)电脑救援

电脑救援是 360 为用户提供的特色项目，用户可以在这里自助解决常见的电脑问题，也可以向免费或者收费的计算机专家求援，如图 1-3-8 所示。

(8)手机助手

当手机连接计算机时，手机助手可以有效地管理手机的安全和信息，如图 1-3-9 所示。

图 1-3-9

2. 360 杀毒软件的使用

通过多次改版，360 杀毒软件界面隐藏了很多不必要的项目，而把 3 个扫描按钮凸显出来，简洁明了，更贴近用户，如图 1-3-10 所示。

图 1-3-10

(1)快速扫描

快速扫描只扫描计算机的关键部分，其优点是速度快、节约时间，缺点是可能漏查某些文件，如图 1-3-11 所示。

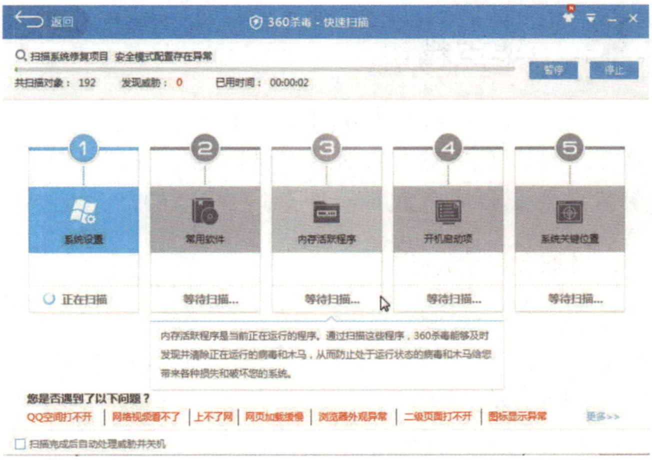

图 1-3-11

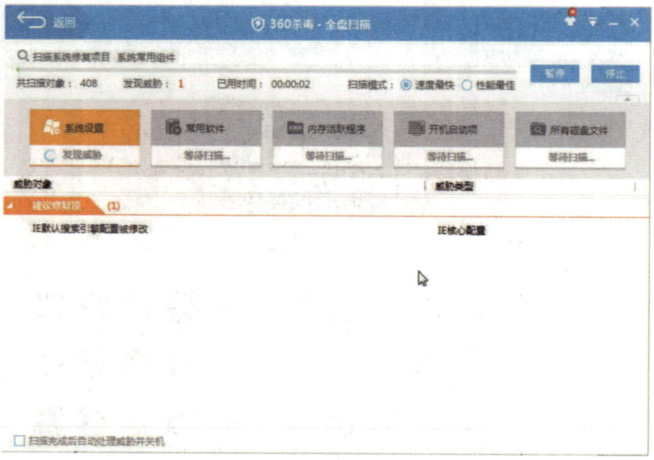

图 1-3-12

(2)全盘扫描

全盘扫描比快速扫描深入得多，但所用的时间也较长，如图 1-3-12 所示。

图 1-3-13

(3)自定义扫描

自定义扫描可以根据用户需要，扫描特定的磁盘或者文件，快速准确，如图 1-3-13 所示。

在设置菜单中或 3 个扫描按钮的周围，有杀毒软件的其他功能。

要点精讲

计算机、数据通信和网络技术被广泛使用，它们在为人们带来巨大便利的同时，也产生了社会普遍关注的信息安全问题。信息安全包括两种含义：一是数据安全；二是计算机设备安全。计算机病毒是信息安全的最大威胁。

一、信息安全隐患

信息安全隐患大致有以下 4 个方面。

1. 计算机犯罪

计算机犯罪是指以计算机为犯罪工具，进行欺诈、盗窃或掩饰活动，威胁正常的金融、商业、私有财产和服务秩序，或威胁计算机、网络系统本身，窃取、破坏软件或硬件等行为。

计算机犯罪主要表现在以下几个方面。

(1)非法盗用服务功能

除本单位员工滥用计算机服务外，主要是指非法入侵者盗用计算机服务。

(2)黑客犯罪

“黑客”或“骇客”是一些攻击计算机系统和数据库的“解密高手”。他们是计算机迷和编制程序的高手，常常以攻克难题为乐趣，但他们中间有些人会攻击计算机系统，窃取或修改资料，因而构成了犯罪行为。

(3)线路窃听

线路窃听指通过在线或利用电磁感应在合法用户的线路上窃听和拦截密码或机密数据。

2. 计算机病毒和蠕虫

计算机病毒简称病毒，是人为编制的一种寄生性的计算机程序。

计算机病毒的危害主要表现在占用系统资源和破坏数据，具有寄生性、传染性、隐蔽性、潜伏性和破坏性。

3. 对计算机设备“无意的”误操作

除计算机犯罪和计算机病毒对计算机造成破坏外，计算机软、硬件和数据的破坏相当一部分是由人为的误操作造成的。其原因往往是使用者粗心大意、对设备不熟悉、备份不当等。

4. 计算机设备物理性破坏

火灾、水灾、飓风和地震等自然灾害，以及人为破坏都能造成计算机设备的物理性破坏。

此外，存放在磁性介质上的数据还有可能受到外部磁场的干扰而被破坏。

二、计算机病毒

计算机病毒是人为编写的恶意程序，通过某种途径(如软盘、U盘、移动硬盘、电子邮件或网页等)侵入计算机系统中，除非手动清除或用杀毒软件清除，否则病毒将会长期潜伏在计算机中，并且会传染给其他系统或文件，一旦满足某种条件病毒便会发作，发作时轻则影响系统的运行，重则破坏系统以及用户的数据。用户只要了解计算机病毒的特点，有效地防范计算机病毒的侵入和传播，及时地清除潜入的计算机病毒，就能大大减少计算机病毒造成的危害。

1. 计算机病毒的特点

(1)寄生性

计算机病毒寄生在某个程序之中，当启动这个程序时，病毒就会起破坏作用，而在未启动这个程序之前，它是不易被人发觉的。

(2)破坏性

计算机中毒后，可能会导致正常的程序无法运行，也可能使计算机内的文件被删除或受到不同程度的损坏。计算机病毒的破坏性通常表现为增、删、改、移。

(3)传染性

计算机病毒不但具有破坏性，还具有传染性，一旦病毒被复制或产生变种，其传播速度之快令人难以预防。传染性是病毒的基本特征。在生物界，病毒通过传染从一个生物体扩散到另一个生物体。计算机病毒是一段人为编制的计算机程序代码，这段程序代码一旦进入计算机并得以执行，它就会搜寻其他符合其传染条件的程序或存储介质，确定目标后再将自身代码插入其中，达到自我繁殖的目的。一旦一台计算机染毒，如不及时处理，那么病毒会从这台计算机迅速扩散到计算机网络，从而传染其他计算机。是否具有传染性是判别一个程序是否为计算机病毒的最重要条件。

(4)潜伏性

有些病毒像定时炸弹一样，让它在什么时间发作是预先设计好的。比如，“黑色星期五”病毒，不到预定时间一点儿都觉察不出来，等到条件具备时一下子就爆发开来，对系统进行破坏。一个编制精巧的计算机病毒程序，进入系统之后一般不会马上发作，它可以静静地躲在磁盘或磁带里待上几天，甚至几年，一旦时机成熟，得到运行机会，就会四处繁殖、扩散，产生危害。另外，计算机病毒的内部往往有一种触发机制，不满足触发条件时，计算机病毒除了传染外不会做什么破坏。然而触发条件一旦得到满足，有的会在屏幕上显示信息、图形或特殊标志，有的则会执行破坏系统的操作，如格式化磁盘、删除磁盘文件、对数据文件做加密、封锁键盘以及使系统锁死等。

(5)隐蔽性

计算机病毒具有很强的隐蔽性，有的可以通过病毒查杀软件检查出来，有的根本就查不出来，有的时隐时现、变化无常，这类病毒处理起来通常很困难。

(6)可触发性

某个事件或数值的出现，会诱使病毒实施感染或进行攻击的特性称为可触发性。为了隐蔽自己，病毒必须潜伏，少做动作。如果完全不动，一直潜伏的话，病毒既不能感染也不能进行破坏，便失去了杀伤力。病毒既要隐蔽又要维持杀伤力，它必须具有可触发性。病毒具有预定的触发条件，这些条件可能是时间、日期、文件类型或某些特定数据等。病毒运行时，触发机制检查预定条件是否满足，如果满足，病毒就启动感染或破坏动作，进行感染或攻击；如果不满足，病毒则继续潜伏。

2. 计算机中毒的症状

- 计算机系统运行速度减慢。

- 计算机系统经常无故发生死机。
- 计算机系统中的文件长度发生变化。
- 计算机存储的容量异常减少。
- 系统引导速度减慢。
- 丢失文件或文件损坏。
- 计算机屏幕上出现异常显示。
- 计算机系统的蜂鸣器出现异常声响。
- 磁盘卷标发生变化。
- 系统不识别硬盘。
- 对存储系统异常访问。
- 键盘输入异常。
- 文件的日期、时间、属性等发生变化。
- 文件无法正确读取、复制或打开。
- 命令执行出现错误。
- 虚假报警。
- 换当前盘。有些病毒会将当前盘切换到 C 盘。
- 时钟倒转。有些病毒会命令系统时间倒转，逆向计时。
- Windows 操作系统无故频繁出现错误。
- 系统异常重新启动。
- 一些外部设备工作异常。
- 异常要求用户输入密码。
- Word 或 Excel 提示执行“宏”。
- 使不应驻留内存的程序驻留内存。

3. 计算机病毒预防措施

- 杀毒软件要经常更新，以快速检测到可能入侵计算机的新病毒或者变种。
- 使用安全监视软件(和杀毒软件不同，如 360 安全卫士、瑞星卡卡)，主要防止浏览器被异常修改，安装不安全的恶意插件。
- 使用防火墙或者杀毒软件自带防火墙。
- 关闭计算机自动播放功能并对计算机和移动储存工具进行常见病毒免疫。
- 定时对全盘进行病毒和木马扫描。
- 注意网址的正确性，避免进入“山寨”网站。
- 不随意接受、打开陌生人发来的电子邮件或通过 QQ 传递的文件或网址。
- 使用正版软件。
- 使用移动存储器前，最好先查杀病毒，然后再使用。

知识拓展

常用安全软件简介

除了360安全软件外，还有很多安全软件，本节就简单介绍几种国内通用的安全软件。

1. 金山杀毒软件

金山杀毒软件是金山公司推出的计算机安全产品，其特点为监控、杀毒全面、可靠，占用系统资源较少。其软件的组合版(金山毒霸、金山网盾、金山卫士)功能强大，集杀毒、监控、防木马、防漏洞于一体，是一款具有市场竞争力的杀毒软件。金山毒霸2011是世界首款应用“可信云查杀”的杀毒软件，颠覆了金山毒霸20年传统技术，全面超越主动防御及初级云安全等传统方法。

金山毒霸极速轻巧，安装包不到20 MB，内存占用只有19 MB。金山毒霸有可信云查杀、蓝芯Ⅱ引擎、白名单优先技术、个性功能体验、自我保护和全面安全功能等技术亮点。

2. 瑞星杀毒软件

瑞星杀毒软件的监控能力是十分强大的，但占用系统资源较大。瑞星采用第八代杀毒引擎，能够快速、彻底查杀各种病毒。瑞星拥有后台查杀、断点续杀、异步杀毒处理、空闲时段查杀、嵌入式查杀、开机查杀等功能；并有木马入侵拦截和木马行为防御，基于病毒行为的防护，可以阻止未知病毒的破坏，还可以对计算机进行体检，帮助用户发现安全隐患。

瑞星杀毒软件有工作模式的选择，家庭模式下可以为用户自动处理安全问题，专业模式下用户拥有对安全事件的处理权。其缺点是卸载后注册表会残留一些信息。

3. 江民杀毒软件

江民杀毒软件是一款老牌的杀毒软件。它具有良好的监控系统，其独特的主动防御使不少病毒望而却步。建议与江民防火墙配套使用。

江民杀毒软件有以下功能特点：系统安全管理、网页防火墙、系统漏洞自动更新、可疑文件自动识别和新安全助手。

小 结

电子计算机是20世纪最伟大的发明之一，其发展速度之快，在其他任何领域都从未有过。依据计算机所采用的器件和发展趋势，计算机划分为五代，当前第5代计算机越来越向人工智能发展，计算机更加自动化、智能化，能够实现知识信息智能化处理，并超越以往的计算机具备了推理能力。依据CPU的字长，微型计算机可划分为6个阶段。计算机发展趋势为巨型化、微型化、网络化、人工智能化、多媒体化。计算机的应用和计算机的发展是相互促进的，计算机的应用领域归纳起来有科学计算、信息管理、过程控制、人工智能、多媒体应用、计算机翻译和辅助技术，可以说计算机无处不在。

微型计算机由主机、外存储器、输入设备和输出设备组成。微型计算机的主要部件都插在主板插座、插槽或接口上。微处理器的性能直接影响微型计算机的性能。内存储器容量的大小也会影响微型计算机的性能。常用的外存储器有硬盘、光盘、U盘和移动硬盘，通常情况下，硬盘必不可少。键盘和鼠标是微型计算机最主要的输入设备。显示器和打印机是微型计算机最主要的输出设备。计算机系统包括计算机硬件系统和计算机软件系统，二者相互依存。

计算机安全隐患主要包括计算机犯罪、计算机病毒和蠕虫、对计算机设备“无意的”误操作和计算机设备物理性破坏。计算机病毒是人为编写的恶意程序，有寄生性、破坏性、隐蔽性、潜伏性、传染性和可触发性等特征，可以说是无孔不入，防不胜防。要防止病毒造成危害，最有效的方法莫过于实施预防病毒的各项措施，还应知道中病毒后有哪些征兆，以便及时发现，利用杀病毒软件将其清除。

常用的数制有二进制、八进制、十进制和十六进制，它们之间可以互相转换。常用的信息单位有位和字节。

思 考

1. 计算机的发展有哪几种趋势？
2. 计算机有哪些特点？有哪些应用领域？
3. 计算机硬件系统包括哪几部分？计算机系统软件包括哪些软件？
4. CPU、内存、硬盘、显示器、显示卡分别有哪些重要指标？
5. 什么是计算机病毒？有哪些特点？分哪几类？
6. 计算机中了病毒有哪些征兆？有哪些预防措施？

项目 2

操作系统

操作系统是最重要的系统软件，它控制和管理着计算机系统的软、硬件资源，提供人和计算机进行对话的界面，提供软件开发和应用环境的接口。常见的操作系统有UNIX、Linux 和 Windows 系列，对个人计算机来说，Windows 使用更为普遍。

Windows 10 是 Microsoft 公司为个人计算机开发的操作系统，其功能强大，界面华丽，使用方便，是目前广泛使用的操作系统。

主要学习目标

- 掌握 Windows 10 启动与退出的方法。
- 理解 Windows 10 的基本概念。
- 掌握 Windows 10 的基本操作。
- 掌握键盘指法与汉字输入法。
- 掌握 Windows 10 文件管理的方法。

任务 1 操作系统的基本操作

内容导读

作为计算机的入门级操作，掌握操作系统的基本操作是学习计算机知识的第一步。本任务主要学习 Windows 10 的启动与退出、Windows 10 的基本概念和 Windows 10 的常用操作等内容。在知识拓展板块，还将学到如何设置个性化桌面。

实例详解：让窗口动起来

任务说明

有人说：会使用计算机窗口，计算机的操作就掌握一半了。通过本例的学习，你将完成打开窗口、最大化/还原窗口、最小化/还原窗口、移动窗口、改变窗口大小、关闭窗口等具体操作。

操作步骤

1. 打开窗口

单击“开始”菜单里的“计算机”按钮（图 2-1-1），可以打开一个计算机窗口。

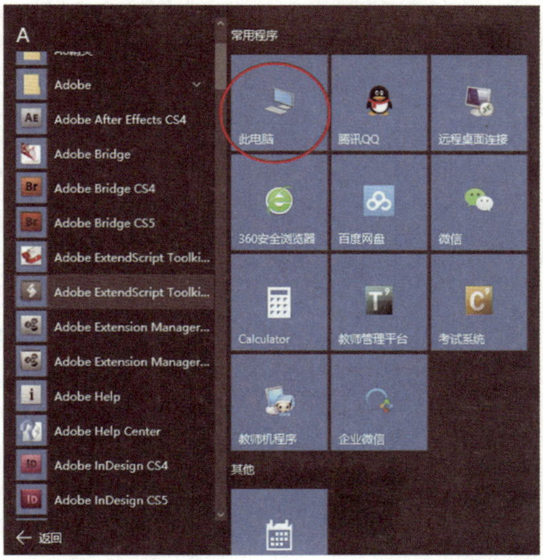

图 2-1-1

2. 窗口最大化/还原操作

窗口打开时，默认是最大化，如图 2-1-2 所示。

图 2-1-2

（1）缩小

单击窗口右上角 － □ × 中间的“最大化/还原”按钮，让窗口还原。整个窗口缩小，如图 2-1-3 所示。

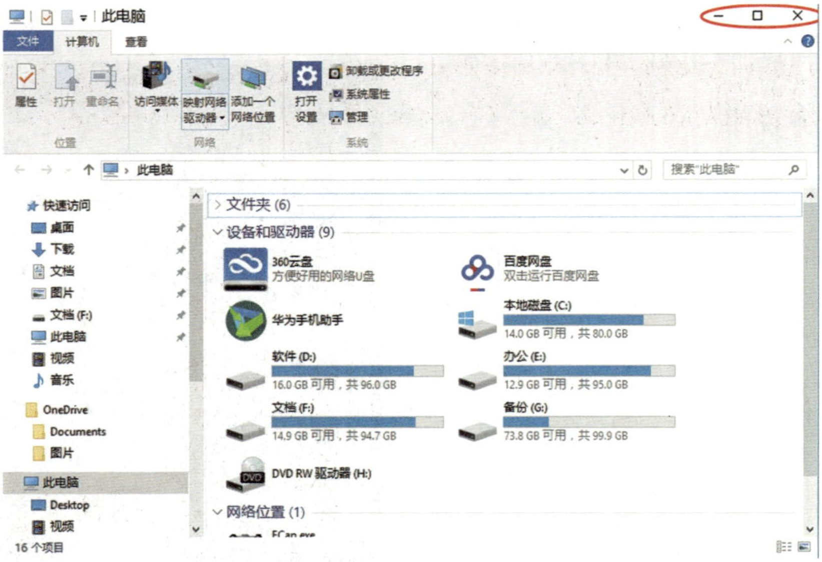

图 2-1-3

（2）还原

单击缩小的窗口 – □ × 右上角中间的“最大化/还原”按钮，可以让窗口回到最大化状态。

3. 窗口最小化/还原操作

（1）最小化

鼠标指针移至窗口的标题栏区域，然后右击，打开窗口操作快捷菜单，如图 2-1-4 所示。

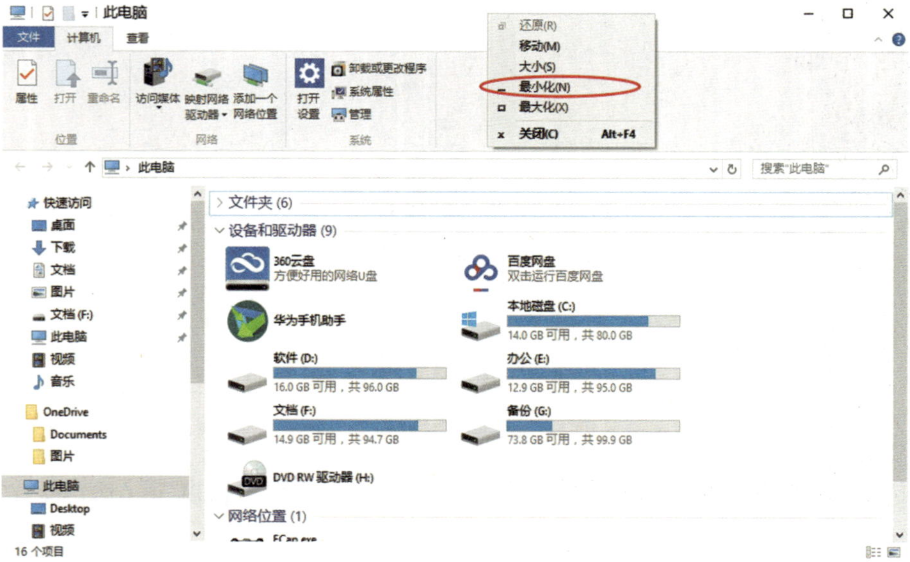

图 2-1-4

选择“最小化”选项，可以使窗口缩小至任务栏，如图 2-1-5 所示。

图 2-1-5

(2)还原

单击“文件夹任务”按钮，出现选择预览窗口，选择相应的计算机窗口，即可最大化，如图 2-1-6 所示。

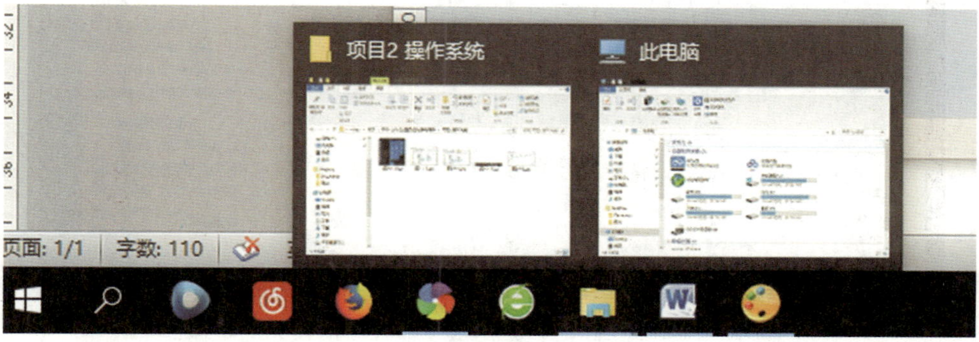

图 2-1-6

4. 移动窗口

使窗口处于非最大化状态，然后用鼠标拖动标题栏，可以将窗口移动到想要的位置，如图 2-1-7、图 2-1-8 所示。

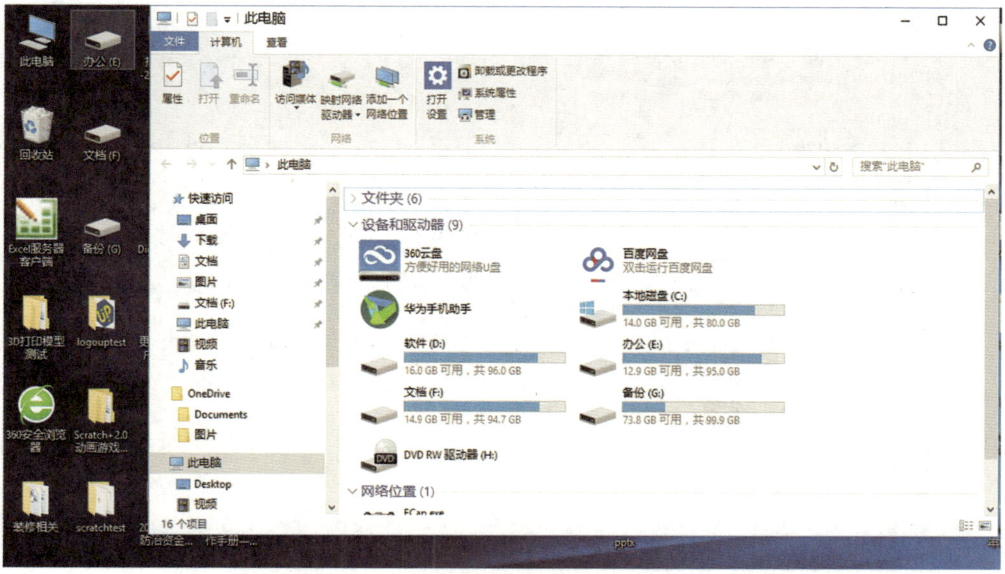

图 2-1-7

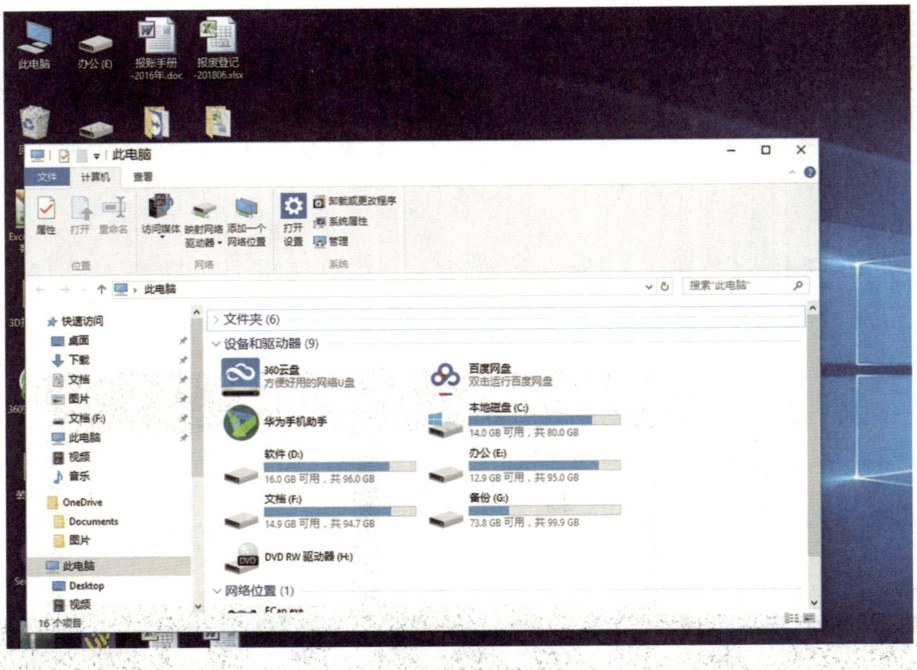

图 2-1-8

5. 改变窗口大小

把鼠标指针置于窗口的边框，待指针变成双向箭头的标志时，按住鼠标拖曳，可以改变窗口的大小，如图 2-1-9 所示。

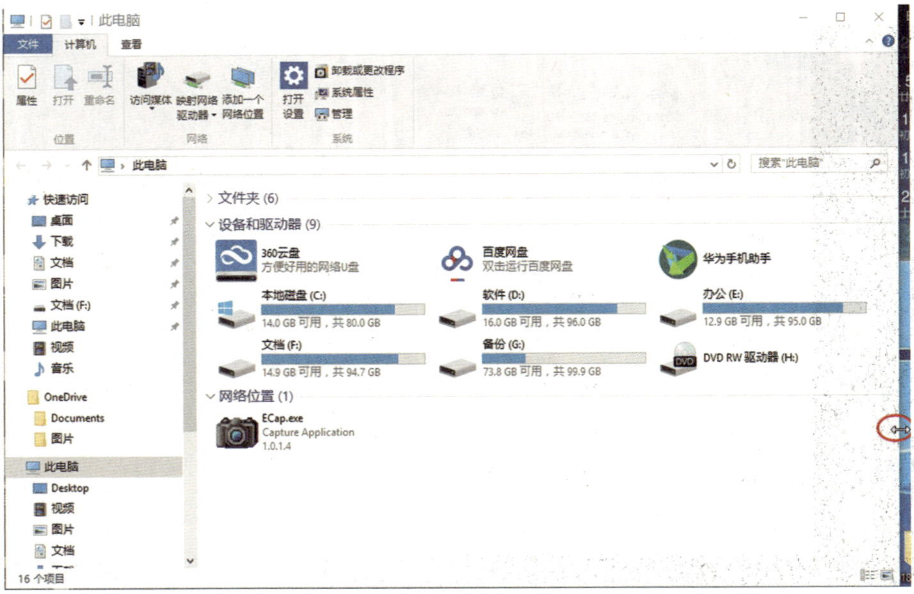

图 2-1-9

6. 关闭窗口

单击计算机窗口右上角 - □ × 最右边的“关闭”按钮，可以关闭计算机窗口。

要点精讲

一、Windows 10 的启动与退出

1. Windows 10 的启动

打开计算机电源，计算机完成硬件检查后，便启动操作系统。如果计算机中只安装了 Windows 10，会自动启动 Windows 10。如果还安装了其他操作系统，屏幕上会列出所安装的操作系统，用键盘上的移动光标键选择 Windows 10，然后按回车键，即可启动 Windows 10。

Windows 10 成功启动后，会出现“欢迎”画面，在画面上列出了系统所设定的所有的用户账户以及对应的图标。刚安装的 Windows 10，只有 Administrator 一个账户。在“欢迎”画面中，还可以单击左下角的“关闭”按钮，关闭 Windows 10。

要以某个用户账户的身份进入 Windows 10，只需在“欢迎”画面中单击相应的账户名或对应的图标。如果该用户账户设置了密码，则会让用户输入密码。如果用户正确输入密码，按回车键或单击“确定”按钮，便可进入系统。需要特别注意的是，Windows 10 在判别密码时，将区分字母的大小写。

图 2-1-10

2. Windows 10 的退出

使用完 Windows 10 后，应该先退出 Windows 10，然后再关闭计算机电源。退出 Windows 10 之前，用户最好退出所有的应用程序。

退出 Windows 10 的操作：执行“开始”→“电源”→“关机”命令，如图 2-1-10 所示。

单击“关机”按钮右侧的三角按钮，从弹出的菜单中还可以选择其他几项功能，如图 2-1-11 所示。

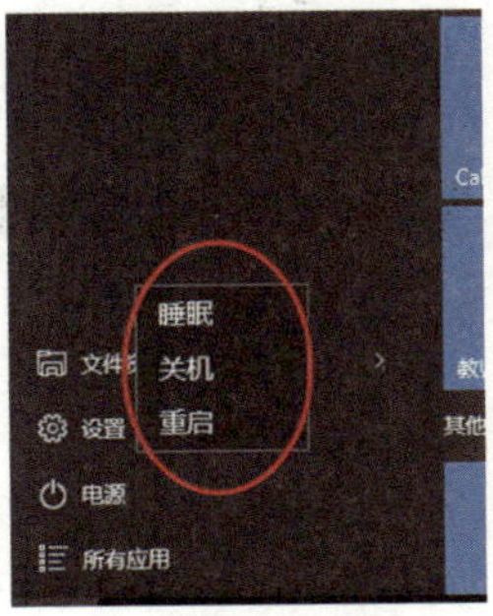

图 2-1-11

①切换用户。如果 Windows 10 是多用户，选择“切换用户”命令后，计算机进入登录界面，便于用户进行选择性登录。

②注销。选择“注销”命令后，计算机关闭程序并注销该用户，回到登录界面。同样是回到登录界面，与选择“切换用户”命

令的区别是程序是否关闭。

③锁定。锁定就是不关闭当前用户的程序，直接锁定当前用户，再次使用前需要解锁。

④重新启动。重新启动就是关闭程序，退出账户，计算机重新开机。

⑤睡眠。睡眠就是将当前用户的程序存储在内存中，锁定当前用户，计算机仅为内存供电，并关闭其他所有电源以降低能耗。

二、Windows 10 的基本概念

使用 Windows 10，需要正确理解 Windows 10 的基本概念，比较关键的概念有桌面、任务栏、“开始”菜单、窗口与对话框、帮助系统等。

1. 桌面、任务栏与“开始”菜单

(1)桌面

启动 Windows 10 后，用户成功进入系统所看到的画面称为 Windows 10 的桌面，如图 2-1-12 所示。桌面上可放置不同类型的对象，如程序、快捷方式、文件、文件夹等。桌面上的对象用一个小图像来表示，这称为图标，图标的下面对应该对象的名称。不同类型的对象对应的图标也不同，如图 2-1-13 所示。

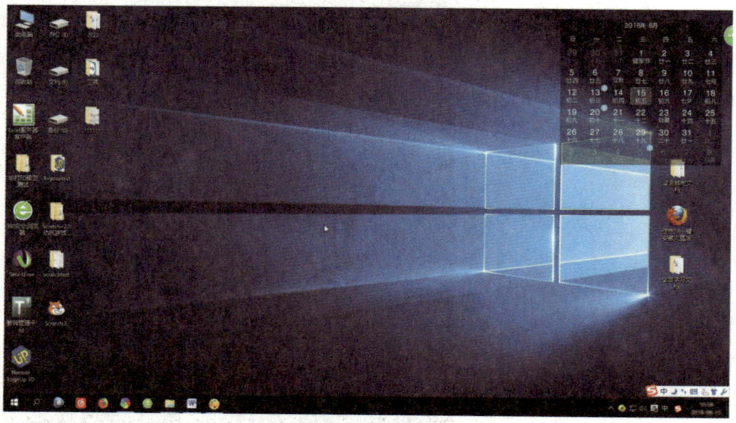

图 2-1-12

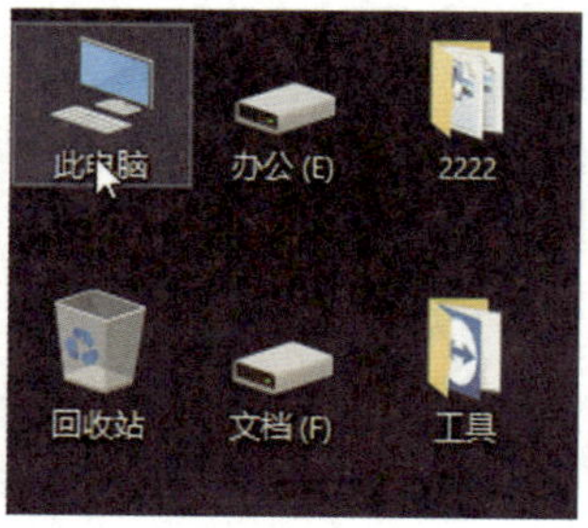

图 2-1-13

(2)任务栏

Windows 10 任务栏默认的位置在桌面的底端，由 4 部分组成，如图 2-1-14 所示。

图 2-1-14

①“开始”按钮。“开始”按钮位于任务栏的最左边，如图 2-1-15 所示。单击该按钮打开“开始”菜单，可从中选择所需要的命令。几乎所有 Windows 10 的应用程序都可以从“开始”菜单启动。

图 2-1-15

②任务按钮区。任务按钮区通常位于快速启动区的右边，显示当前的任务。当用户启动一个程序或者打开一个窗口后，系统增加一个任务，在任务按钮区会增加一个任务按钮。单击一个任务按钮，可切换该任务的活动和非活动状态，如图 2-1-16 所示。

图 2-1-16

③通知区。通知区位于任务栏的右边，除了输入法、系统时钟、音量、网络和操作中心等一组系统图标按钮之外，还包括一些正在运行的程序图标按钮，如图 2-1-17 所示。

图 2-1-17

④“显示桌面”按钮。“显示桌面”按钮位于任务栏的最右边，单击该按钮后可以快速显示桌面，同时使所有打开的窗口最小化到任务按钮区。

(3)“开始”菜单

单击任务栏上的“开始”按钮，打开“开始”菜单。“开始”菜单是启动程序的快捷通道，主要包括用户账户区、“固定程序”列表、“最近使用程序”列表、“常用项目”区、“所有程序”列表、“关机”按钮搜索框等，如图 2-1-18 所示。

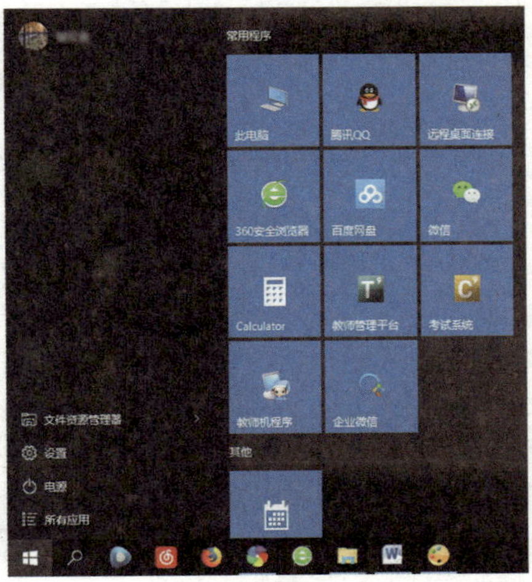

图 2-1-18

①用户账户区。用户账户区位于“开始”菜单的右上角，显示进入 Windows 10 账户的图标和名称，如图 2-1-19 所示。

②“固定程序”列表。“固定程序”列表位于开始菜单的左上部分，默认固定的有“多媒体中心”和“入门”，用户可以根据需要自行添加或删除，如图 2-1-20 所示。

图 2-1-19

图 2-1-20

③“最近使用程序”列表。“最近使用程序”列表位于“固定程序”列表下方，通常显示最近使用过的 10 个常用程序，也可根据需要设置显示程序数量的最大值，如图 2-1-21 所示。

④“常用项目”区。“常用项目”区显示计算机、文档、控制面板等常用项目，便于用户直接打开，如图 2-1-22 所示。

⑤“所有程序”列表。单击“所有程序”按钮后，“开始”菜单显示所有的应用程序，用户可以选择需要的程序打开使用，如图 2-1-23 所示。

图 2-1-21

图 2-1-22

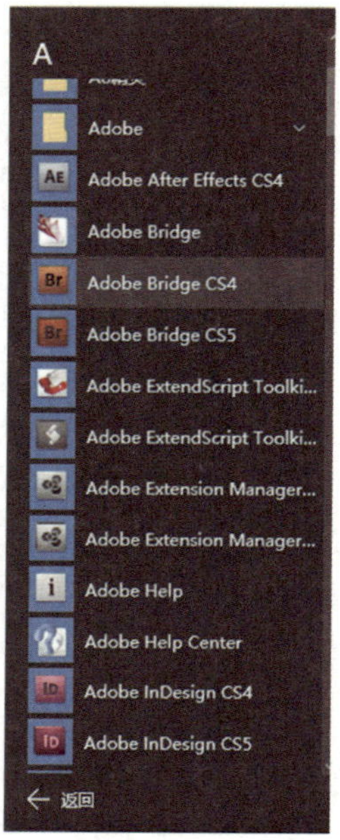

图 2-1-23

⑥“关机”按钮。“关机”按钮主要让用户进行关机、重启等操作，如图 2-1-24 所示。

⑦搜索框。当找不到需要的文件或文件夹时，可以使用 Windows 的搜索功能。在搜索框中输入关键字，单击“放大镜”按钮即可进行搜索，如图 2-1-25 所示。

图 2-1-24

图 2-1-25

2. 窗口与对话框

Windows 10 是一个图形用户界面操作系统，窗口和对话框是系统中两个最重要的图形用户界面。在 Windows 10 中进行操作时，根据不同的操作，系统会出现窗口或对话框。

(1)窗口

Windows 10 中所有的窗口外观基本上都是一致的，包括地址栏、菜单栏、工具栏、导航窗格、状态栏、搜索栏、控制按钮区以及工作区等部分。图 2-1-26 所示为“Administrator”窗口。

①地址栏。地址栏位于标题栏下面，指示打开对象所在的地址，也可在此栏中填写一个地址，按回车键后，在工作区中显示该地址中的对象。

②菜单栏。菜单栏位于地址栏的下面，由多个菜单组成。每个菜单中都包含若干菜单项，菜单项可以是一个操作命令，也可以包含一个子菜单。

③工具栏。工具栏位于菜单栏的下面，提供了一些常用的命令按钮。

④导航窗格。导航窗格位于窗口的左侧，可以使用导航窗格查找文件或文件夹，也可以在导航窗格直接移动或者复制项目。

⑤状态栏。状态栏位于窗口的底部，显示窗口的状态信息。图 2-1-26 所示窗口的工作区中共有 8 个项目，所以在状态栏中显示“8 个项目”字样。

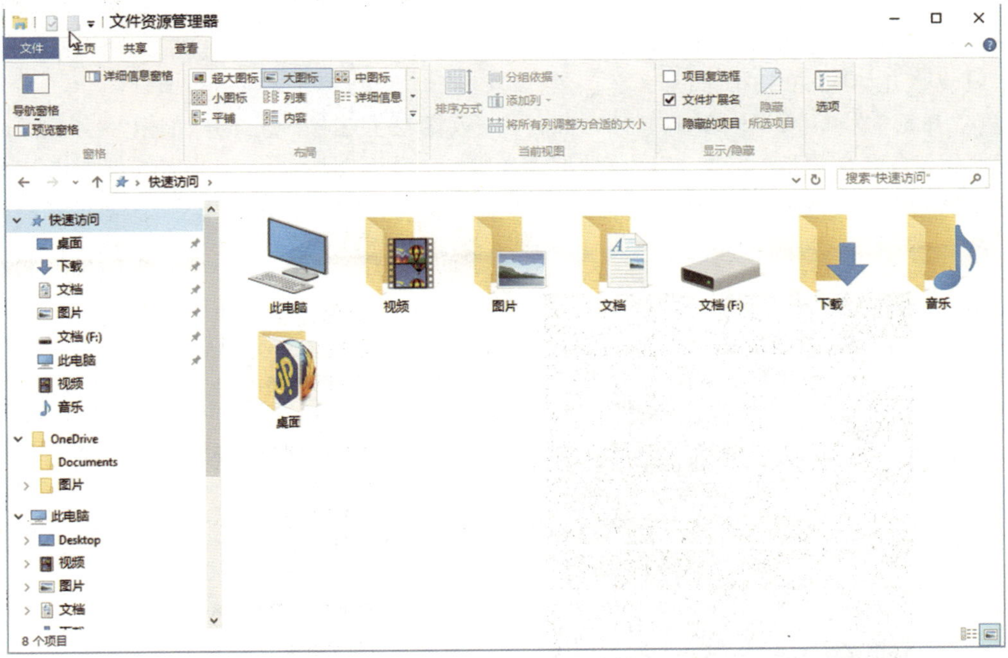

图 2-1-26

⑥搜索栏。在搜索文本框中输入要查找的目标名称，按回车键或者单击查找按钮即可完成对目标的搜索。

⑦控制按钮区。控制按钮区有“最小化”“最大化”“关闭”按钮。

⑧工作区。窗口的内部区域称为工作区。工作区的内容可以是对象图标，也可以是文档内容，双击窗口中的对象图标就可打开相应的窗口。

(2)对话框

对话框是一种特殊的窗口，当 Windows 10 执行某一操作，需要用户提供信息时打开。在对话框中，用户可以输入信息或做某种选择。与通常的窗口不同，对话框无法更改窗口的尺寸。

Windows 10 提供了大量的对话框，每一个都是针对特定的任务而设计的，它们之间的差别很大，基本都有标题和关闭、确定（或者“是”）、取消（或者“否”）3 个按钮。图 2-1-27 所示的“字体”对话框是一个较复杂的对话框。

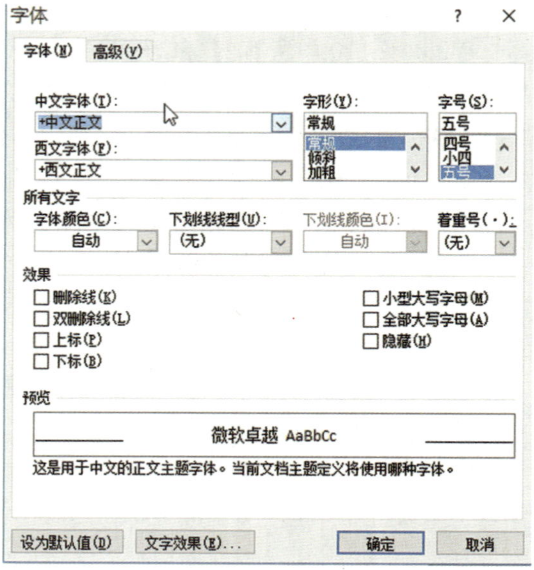

图 2-1-27

3. 帮助系统

Windows 10 以及 Windows 10 中的应用程序提供了功能强大的帮助系统，用户可以非常方便地获得所需的帮助信息。以下两种是最常见的获得帮助信息的方法。

（1）从“开始”菜单获得帮助

在“开始”菜单中，选择“帮助和支持”命令（图 2-1-28），会打开如图 2-1-29 所示的“Windows 帮助和支持”窗口。用户在“搜索”文本框中输入相应的关键词，再单击放大镜按钮，可搜索出与关键词相匹配的帮助信息。单击“浏览帮助”中的某一个帮助主题或帮助任务，窗口会跳转到相应的子帮助主题或子帮助任务，直到出现所需要的帮助信息。

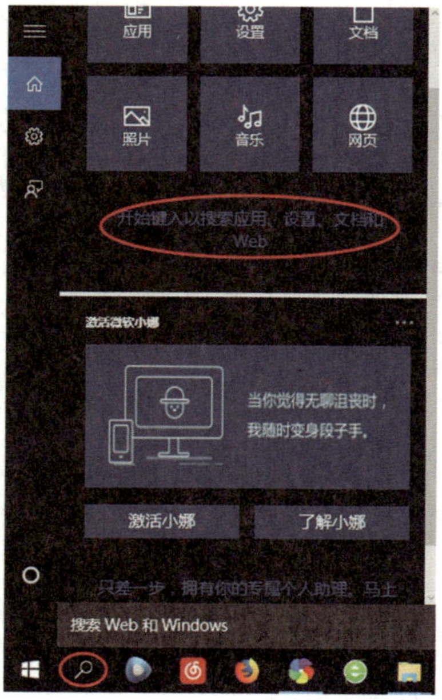

图 2-1-28

图 2-1-29

(2)从对话框的帮助按钮获得帮助信息

在程序窗口或对话框的右上方，通常都有一个“?”按钮，如图 2-1-30 所示。单击该按钮，就会打开帮助对话框，如图 2-1-31 所示。

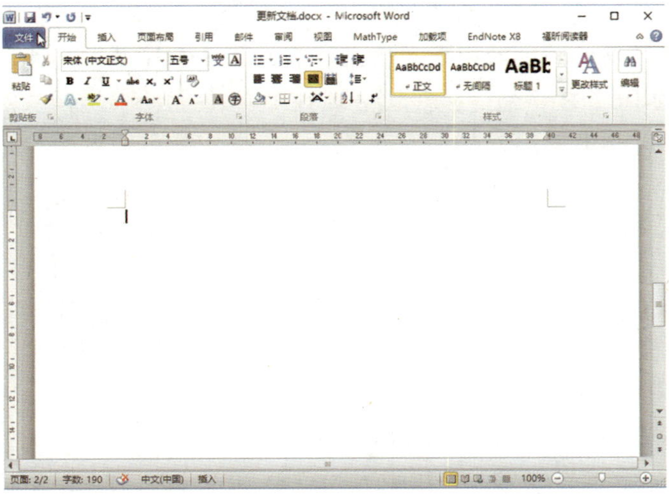

图 2-1-30

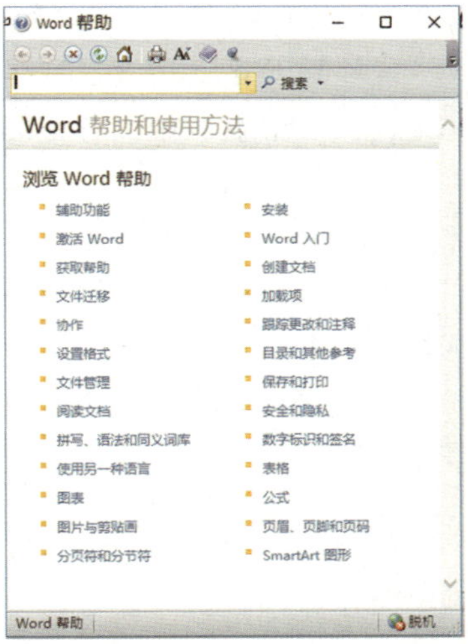

图 2-1-31

三、Windows 10 的常用操作

1. 键盘与鼠标的使用

键盘和鼠标是 Windows 10 最常用的两种输入设备，使用 Windows 10 几乎每一刻都离不开它们，因此必须掌握它们的使用方法。

(1)键盘的使用

键盘用来输入用户需要的字符或汉字，也可以控制程序的运行。目前计算机上常用的键盘是 Windcws 键盘，如图 2-1-32 所示。

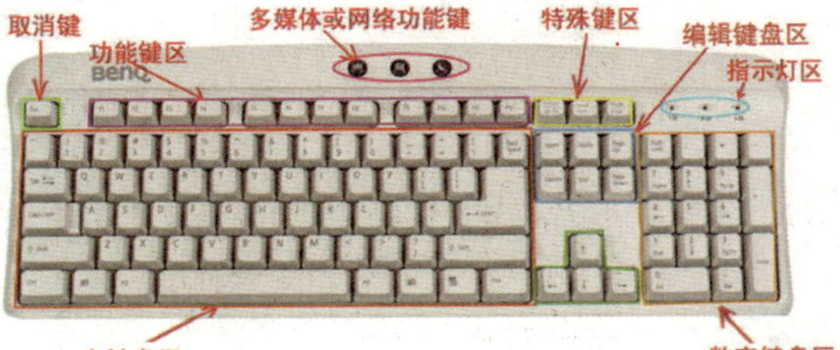

图 2-1-32

Windows 键盘可划分为 6 个区域：功能键区、特殊键区、指示灯区、主键盘区、编辑键盘区和数字键盘区。

①功能键区。功能键区加取消键有 13 个键，每个键都有不同的特定功能，这些功能随软件的不同而不同。

②特殊键区。特殊键区有 3 个键，用来完成特殊的功能。

Print Screen 键：把屏幕图像保存到剪贴板。

Scroll Lock 键：此键用途甚少，按下此键后在 Excel 等按上、下键滚动时，会锁定光标而滚动页面。

PauseBreak 键：按下此键，则程序暂停执行，再按一下任意键，则可以继续。

③指示灯区。指示灯区有 3 个指示灯,用来表示键盘当前的输入状态。

Num Lock 灯:用来指示数字键盘是否锁定到数字输入状态。

Caps Lock 灯:用来指示主键盘是否锁定到大写输入状态。

Scroll Lock 灯:用来指示 Scroll Lock 键是否在锁定状态。

④主键盘区。主键盘区是键盘最重要的区域,平常的文字输入和命令控制大都使用主键盘。主键盘区中,各键的功能如下。

字母键:用来输入字母,虽然键盘上标示的都是大写字母,但输入字母的大小写由 Caps Lock 灯是否亮来决定。

数字符号键:数字符号键都是双挡键,即该键的上挡是一个字符,下挡是另一个字符。

Caps Lock 键:用来开关 Caps Lock 灯,如果灯亮,输入的是大写字母,否则输入的是小写字母。

Backspace 键:退格键,通常用来删除光标左面的一个字符。

Tab 键:制表键,通常用来将光标移动到下一个制表位上。

⑤编辑键盘区。编辑键盘区的键在文本编辑时作用很大,共有 10 个键,第 1 组 6 个键完成编辑功能,第 2 组 4 个键控制光标移动。第 1 组 6 个键的功能如下。

Insert 键:进行插入和改写状态的切换。

Delete 键:删除光标右侧的一个字符。

Home 键:将光标移动到当前行(光标所在的行)的行首。

End 键:将光标移动到当前行的行尾。

Page Up 键:翻到前一页。

Page Down 键:翻到后一页。

⑥数字键盘区。数字键盘区将数字键、编辑键和运算符集中到一起。

(2)鼠标的使用

鼠标用来在屏幕上定位以及对屏幕对象进行操作。鼠标一般有左、右两个键,也有 3 个键的鼠标,还有带滚轮的鼠标。目前使用比较多的是两键带滚轮的鼠标。

鼠标有 6 种基本功能。

移动:在不按鼠标键的情况下移动鼠标。

单击:快速按下和释放鼠标左键。

双击:快速连续单击鼠标左键两次,双击可用来打开对象。

拖放:按住鼠标左键不放,并移动到一个新位置,然后松开。

右击:快速按下和释放鼠标右键。

右拖放:按住鼠标右键不放,并移动到一个新位置,然后松开鼠标右键。

2. 程序的运行

在 Windows 10 中要完成某项任务,需要运行相应的应用程序。Windows 10 可以同时运行多个程序,用户可在这些程序之间切换。程序运行完后,应退出程序。

（1）运行程序

在 Windows 10 中，通常通过“开始”菜单、程序文件、快捷方式 3 种方式运行程序，以打开 Office 2016 为例。

①通过“开始”菜单。单击“开始”按钮，打开“开始”菜单，如果要运行的程序名出现在菜单区中，那么选择相应的菜单选项即可，否则需要从其他程序组中选择。在“所有程序”程序组中包含了系统所有的应用程序和用户安装的应用程序，如图 2-1-33 所示。

②通过程序文件。在 Windows 10 中，每个文件都有一个类型，这个类型是由文件的扩展名决定的，打开程序文件就能启动该程序，如图 2-1-34 所示。

③通过快捷方式。快捷方式是某对象的一个链接，保存该对象的地址。快捷方式的图标与相应对象的图标相似，只是在左下角比相应对象的图标多了一个箭头标志。打开一个快捷方式，就是打开该快捷方式对应的对象，如图 2-1-35 所示。

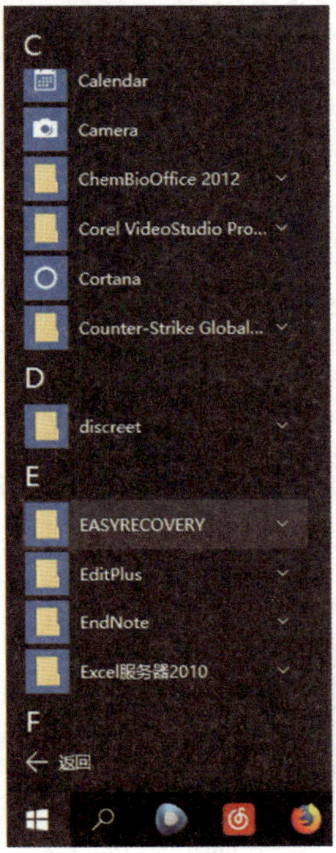

图 2-1-33

图 2-1-34

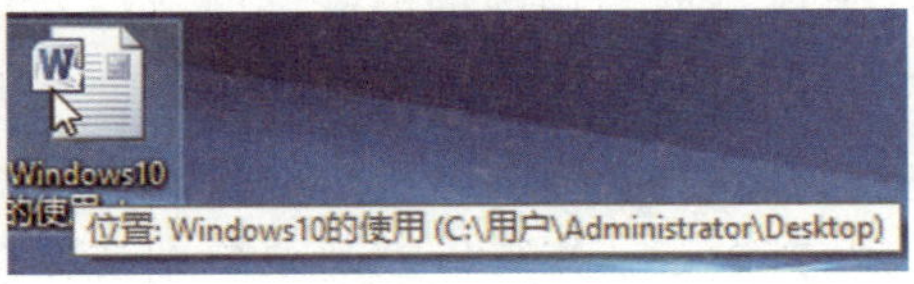

图 2-1-35

（2）切换程序

Windows 10 可同时运行多个程序，但只有一个程序是当前活动程序，只有一个窗口是当前活动窗口。用户切换程序有以下方法。

①单击窗口切换程序。单击程序窗口的任何地方，则该窗口切换为当前活动窗口，该程序切换为当前活动程序。这种方法的前提是程序窗口没被其他程序窗口完全覆盖。

②通过组合键切换程序。同时按住 Alt＋Tab 键，切换到需要的程序。

③Windows 10 窗口 3D 切换效果。

（3）退出程序

使用完应用程序后，只要关闭应用程序的窗口即可退出程序。

3. 窗口的操作

Windows 10 的窗口操作包括打开窗口、最大化/还原窗口、最小化/还原窗口、移动窗口、改变窗口大小、关闭窗口等。

（1）打开窗口

Windows 10 中，启动一个程序或打开一个对象（文件、文件夹、快捷方式等）都会打开一个窗口。启动程序的方法以及打开对象的方法已介绍过，这里不再重复。

(2)最大化/还原窗口

窗口最大化就是窗口放大为充满整个屏幕，窗口最大化有以下方法。

方法一：双击窗口标题栏。

方法二：单击窗口右上再的“最大化”按钮。

方法三：在窗口控制菜单中选择“最大化”命令，如图 2-1-36 所示。

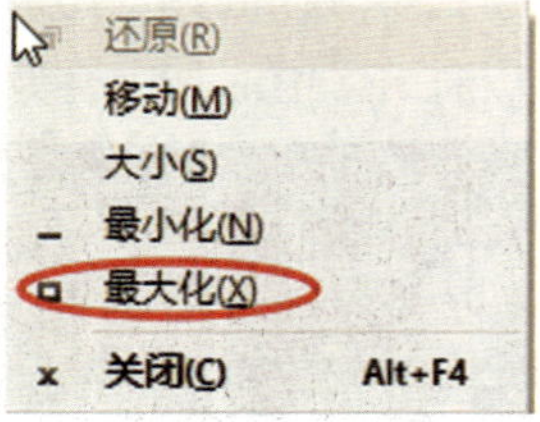

图 2-1-36

窗口最大化后，窗口的边框便会消失，同时“最大化”按钮变成“还原”按钮，此时，窗口既不能移动也不能改变大小。如果想使最大化窗口恢复到原来大小，可以用以下方法。

方法一：双击窗口标题栏。

方法二：单击窗口右上角的“还原”按钮。

方法三：在窗口控制菜单中选择“还原”命令，如图 2-1-37 所示。

图 2-1-37

(3)最小化/还原窗口

窗口最小化就是把窗口缩为任务栏上的按钮，不在屏幕上显示。窗口最小化有以下方法。

方法一：单击窗口右上角的“最小化”按钮。

方法二：在窗口控制菜单中选择“最小化”命令，如图 2-1-38 所示。

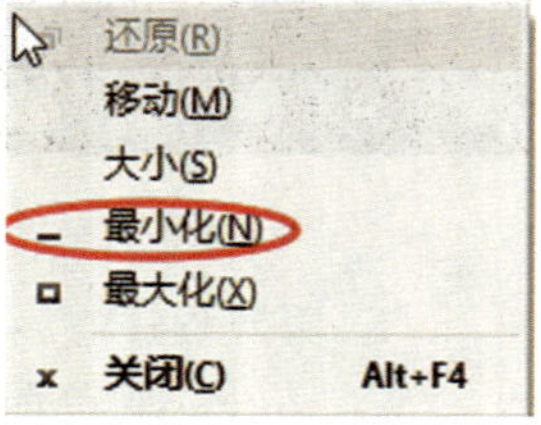

图 2-1-38

如果想使最小化窗口恢复到原来大小，可以用以下方法。

方法一：单击任务栏上窗口对应的按钮。

方法二：右击任务栏上窗口对应的按钮，在打开的窗口控制菜单中选择“还原”命令。

(4)移动窗口

窗口只有在没有最大化时才可移动。用鼠标拖动窗口的标题栏，会出现一个方框随鼠标指针移动，方框的位置就是窗口要移动到的位置，松开鼠标后，窗口就移动到新位置上。

(5)改变窗口大小

窗口只有在没有最大化时才可以改变大小。将鼠标指针移动到窗口的边框上，当鼠标指针变成箭头形状时，拖动鼠标可以改变窗口的大小，如图 2-1-39 所示。

(6)关闭窗口

关闭窗口一般可以选用以下方法。

方法一：单击程序窗口右上角的“关闭”按钮。

方法二：选择“文件”→“关闭”命令。

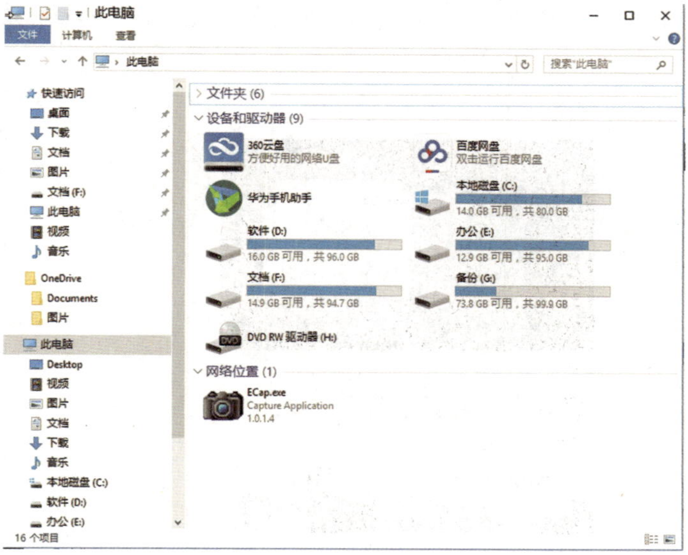

图 2-1-39

知识拓展

个性化桌面

美丽的桌面、个性化的图标、不同的鼠标指针，会让电脑焕然一新。用户可以根据习惯设置个性化桌面。

1. 设置个性化桌面背景

①在桌面上右击，从弹出的快捷菜单中选择“个性化”命令(图 2-1-40)，打开“个性化”窗口。

②选择桌面“背景”选项(图 2-1-41)，打开桌面“背景”窗口。

图 2-1-40

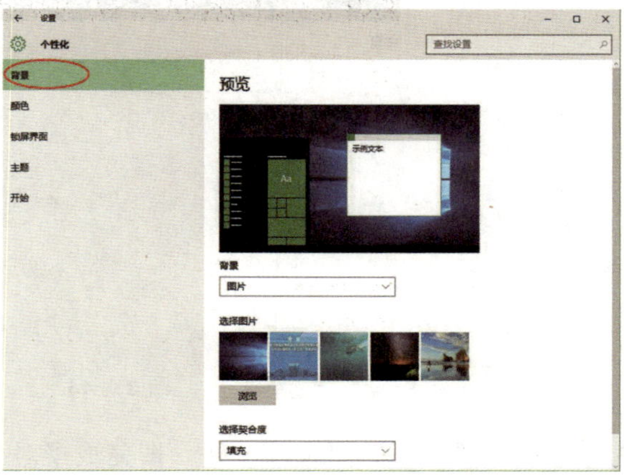

图 2-1-41

③在打开的桌面“背景”窗口中，用户可以选择喜欢的图片作为桌面的背景，如图 2-1-42 所示。

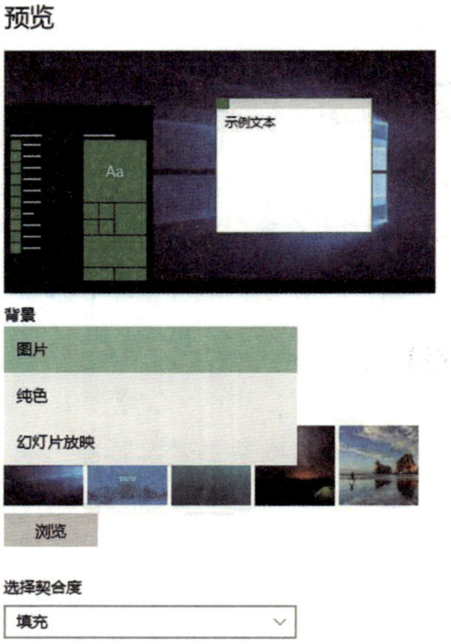

图 2-1-42

如果需要设置多张图片以变换背景，可以勾选多张图片，并设置更改图片的时间间隔，如图 2-1-43 所示。

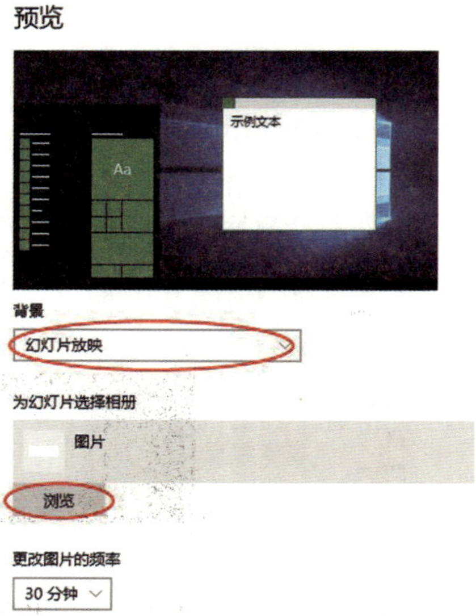

图 2-1-43

④选择好后，单击“保存修改”按钮，即完成了对桌面背景个性化的设置，如图 2-1-44 所示。

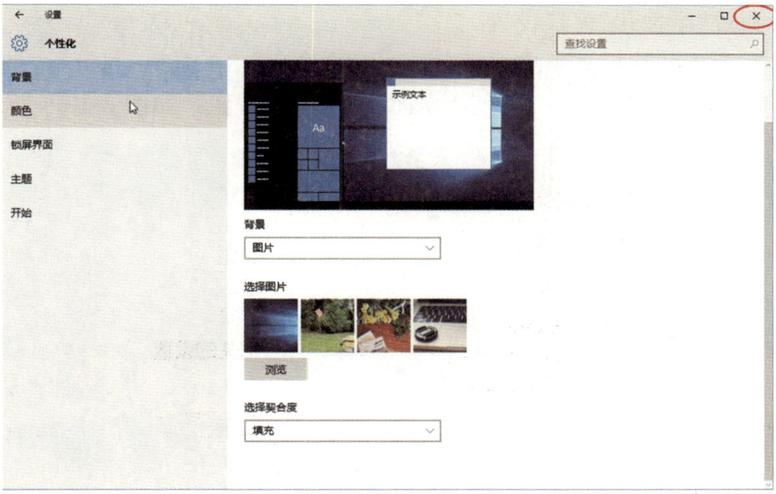

图 2-1-44

2. 设置个性化桌面图标

桌面背景设置好后，还可以对桌面图标进行个性化设置。设置桌面图标的显示样式，设置桌面图标的显示多少，设置桌面图片的显示顺序，将会使得用户的桌面与众不同。

(1)增加桌面图标

方法一：通过发送快捷方式到桌面以增加桌面图标。

①选中需要创建快捷方式的项目，如选中“图片”，如图 2-1-45 所示。

②右击，在弹出的快捷菜单中执行“发送到”→“桌面快捷方式”命令，如图 2-1-46 所示。

③发送完毕后，桌面上就多了一个“图片”的快捷方式，如图 2-1-47 所示。

图 2-1-45

图 2-1-46

图 2-1-47

方法二：通过“个性化”窗口设置。

①右击，在弹出的快捷菜单中执行“个性化”命令(图 2-1-48)，打开“个性化”窗口。

②在打开的“个性化”窗口中，单击“桌面图标设置”按钮，如图 2-1-49 所示。

图 2-1-48

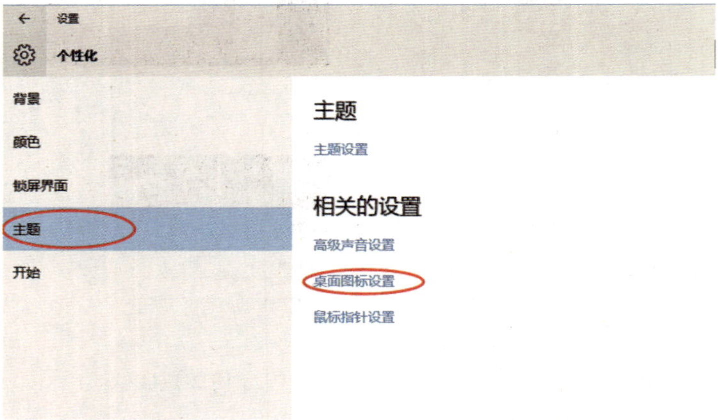

图 2-1-49

③在打开的“桌面图标设置”对话框中，可以勾选“计算机”和“用户的文件”复选框，以显示在桌面上，如图 2-1-50 所示。

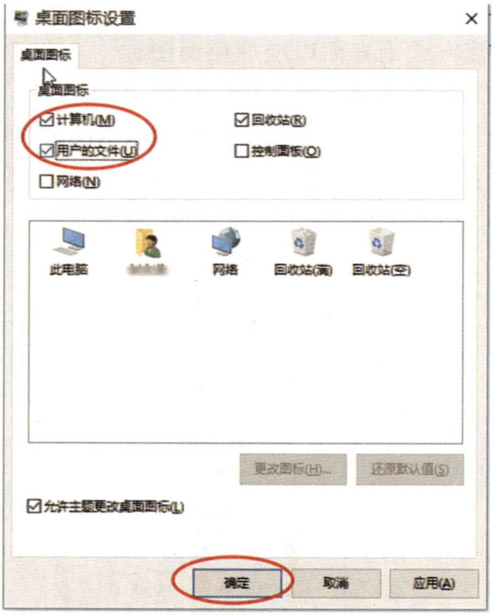

图 2-1-50

(2)减少桌面图标

减少桌面图标主要有两种方式。

方法一：选中要删除的图标，右击，在弹出的快捷菜单中执行“删除”命令即可，如图 2-1-51 所示。

方法二：个性化删除图标设置。

按照个性化增加桌面图标的步骤，取消勾选不需要再显示的系统自带桌面图标，即可让它不在桌面上显示，如图 2-1-52 所示。

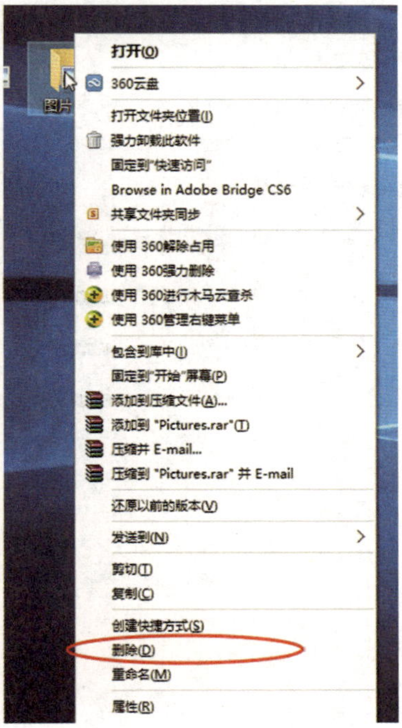

图 2-1-51

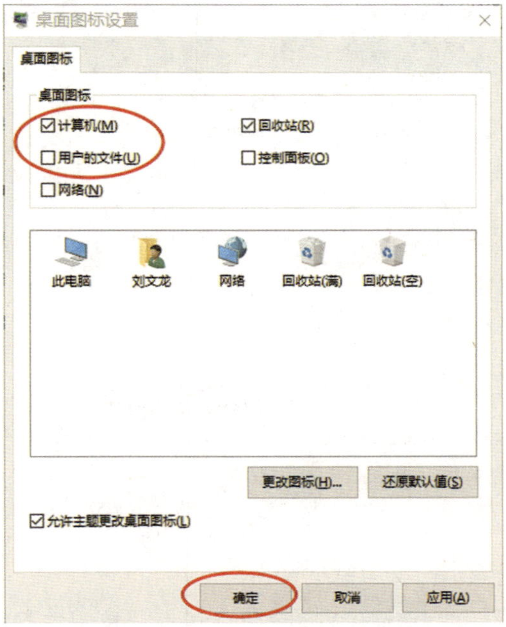

图 2-1-52

(3)更改桌面图标的显示样式

①在右键快捷菜单中执行“个性化”命令(图 2-1-53)，打开“个性化”窗口。

②在打开的“个性化”窗口中，单击“桌面图标设置”按钮，如图 2-1-54 所示。

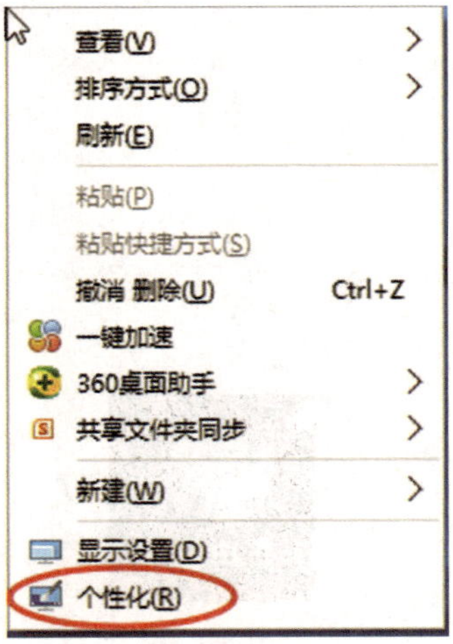

图 2-1-53

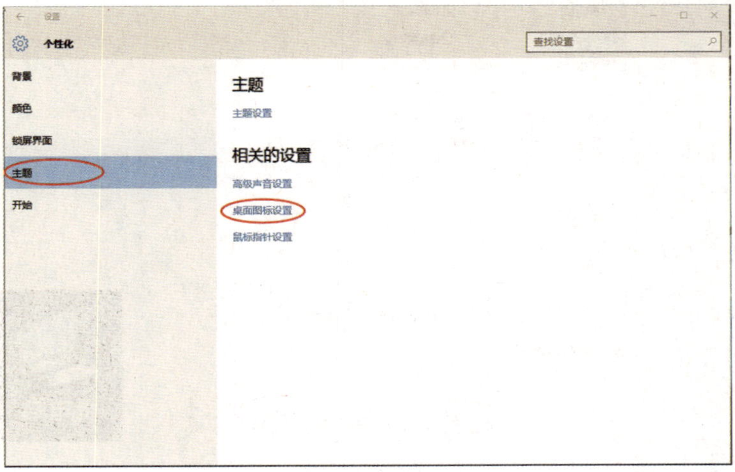

图 2-1-54

③在打开的“桌面图标设置”对话框中，单击选中要改变的桌面图标(如计算机)，如图 2-1-55 所示。

④单击“更改图标”按钮，在打开的“更改图标”对话框中，选择一个喜欢的图标，然后单击“确定”按钮，如图 2-1-56 所示。

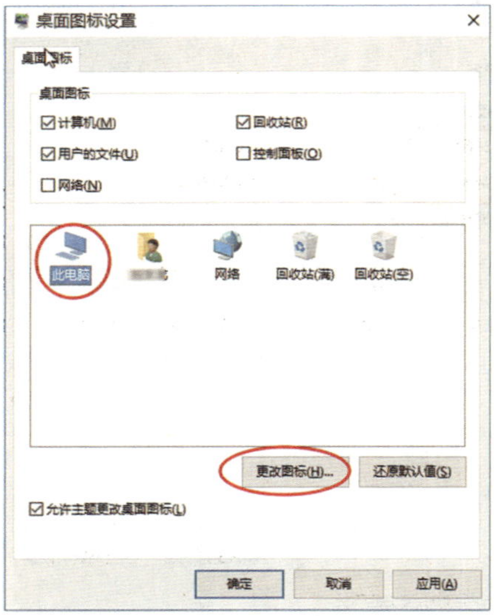

图 2-1-55

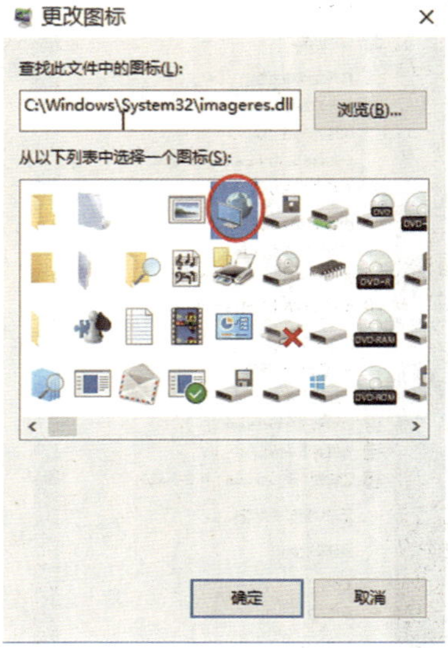

图 2-1-56

⑤回到“桌面图标设置”对话框，单击“应用”和“确定”按钮，完成更改，如图 2-1-57 所示。

更改前后的“计算机”图标在桌面上显示的比较如图 2-1-58、图 2-1-59 所示。

图 2-1-57

图 2-1-58

图 2-1-59

(4)排列桌面图标

在桌面的空白处右击，在弹出的快捷菜单中执行“排序方式”→“名称”命令，即可按名称对桌面图标进行排序，如图 2-1-60 所示。也可以执行其他命令，按大小、项目类型或修改日期进行排序。

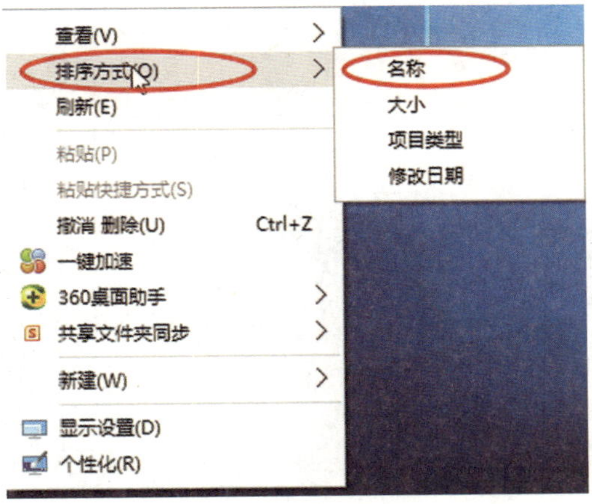

图 2-1-60

3. 设置个性化窗口颜色

在“个性化”窗口中，单击窗口“颜色”按钮，如图 2-1-61 所示。

在打开的“窗口颜色和外观”对话框中，可以进行窗口颜色、外观和透明度等的设置，如图 2-1-62 所示。

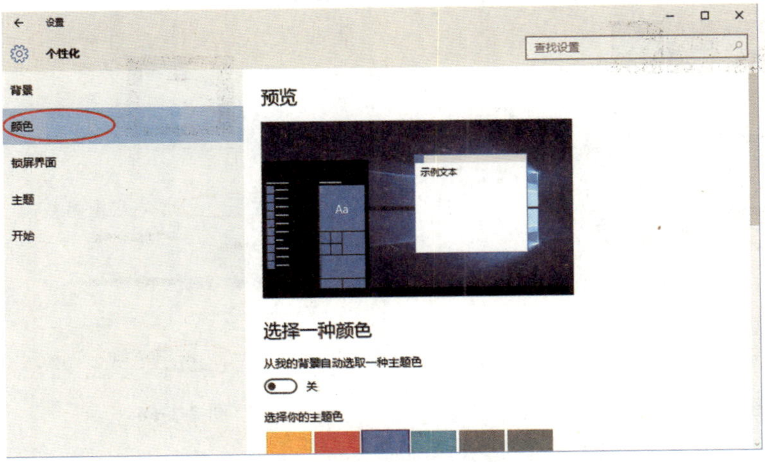

图 2-1-61

图 2-1-62

4. 设置个性化声音

在“个性化”窗口中，单击“声音”按钮，如图 2-1-63 所示。

在打开的“声音”对话框中，可以选择声音方案，以对计算机系统操作中的声音进行个性化设置，如图 2-1-64 所示。

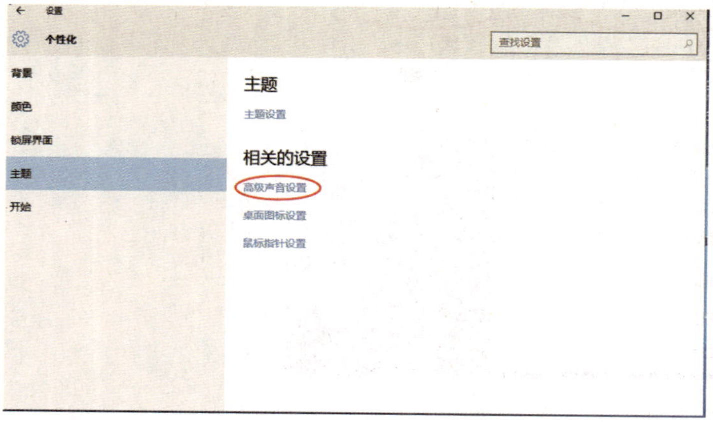

图 2-1-63

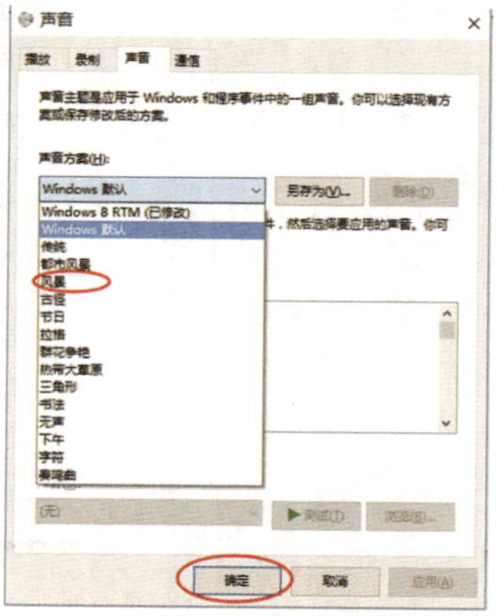

图 2-1-64

5. 设置个性化屏保

在“个性化”窗口中，单击“屏幕保护程序设置”按钮，如图 2-1-65 所示。

在打开的“屏幕保护程序设置”对话框中，选择自己喜欢的屏保，可设置计算机无操作情况下的屏幕保护程序，如图 2-1-66 所示。

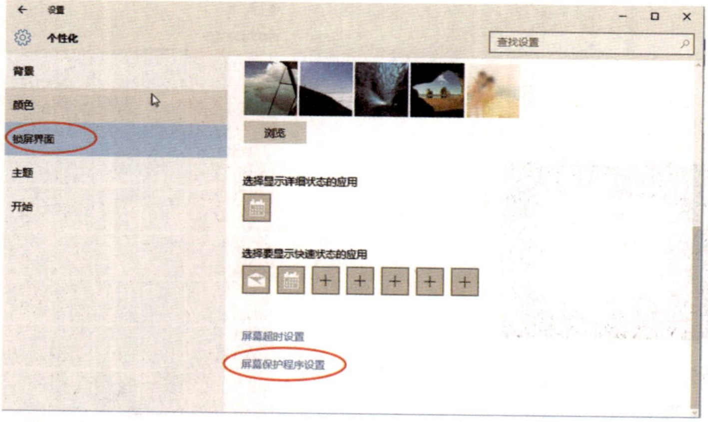

图 2-1-65

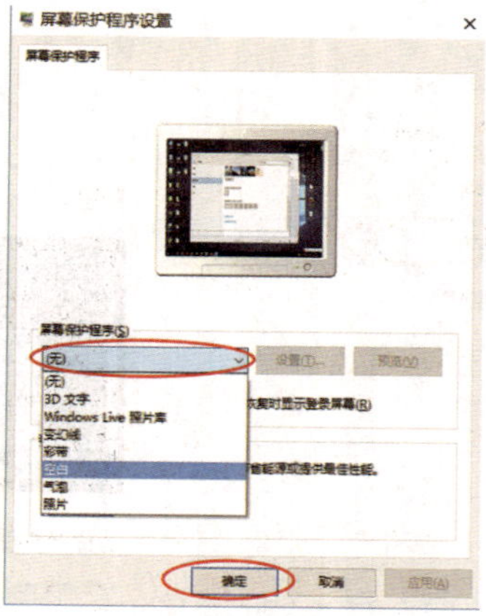

图 2-1-66

6. 设置个性化鼠标

在“个性化”窗口中，单击“鼠标指针设置”按钮，如图 2-1-67 所示。

在打开的“鼠标属性”对话框中，可以选择自己喜欢的鼠标配置方案，如图 2-1-68 所示。

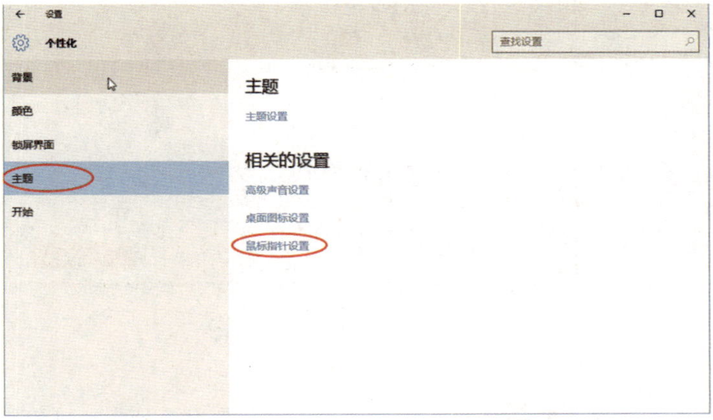

图 2-1-67

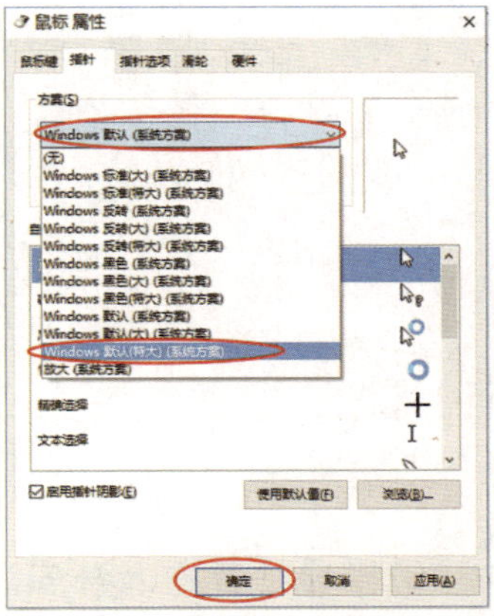

图 2-1-68

任务 2　键盘指法与汉字输入

内容导读

文字输入是人机对话的主要途径。本任务主要学习键盘指法、文字输入的正确姿势和常用输入法的简单介绍等内容。在知识拓展板块，还将学到字体的安装和删除方法。

实例详解：搜狗输入法的安装与设置

任务说明

搜狗输入法是目前最流行的输入法之一，本例将通过搜狗输入法的安装与调试，完成对一般输入法的设置。

操作步骤

①下载搜狗输入法的安装程序。

②双击搜狗拼音输入法程序，进入安装向导界面，选择自定义安装，勾选“我已阅读并接受搜狗拼音输入法的最终用户协议”复选框，进入安装设置选项，如图 2-2-1 所示。

③选择安装位置进行安装，如图 2-2-2 所示。

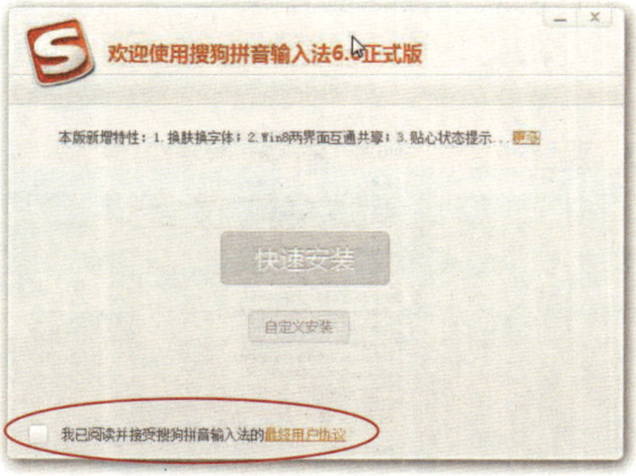

图 2-2-1

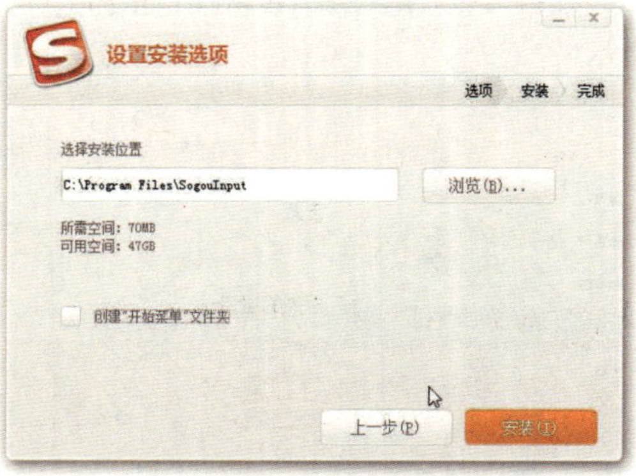

图 2-2-2

④搜狗拼音输入法安装进行中，如图 2-2-3 所示。

图 2-2-3

⑤安装完成，单击“完成”按钮进入设置向导，如图 2-2-4 所示。

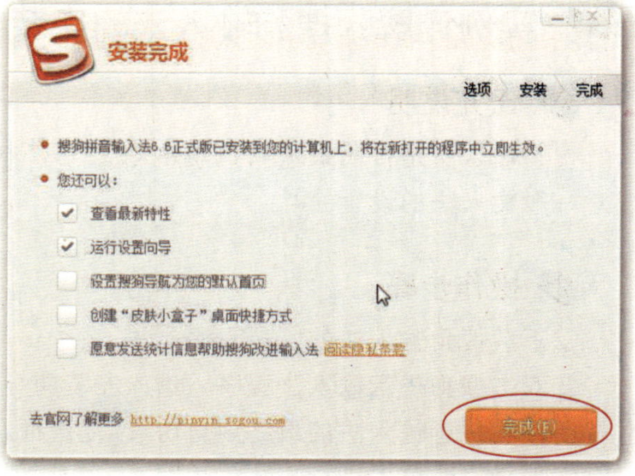

图 2-2-4

⑥设置向导完成 6 个方面的设置，如图 2-2-5 所示。

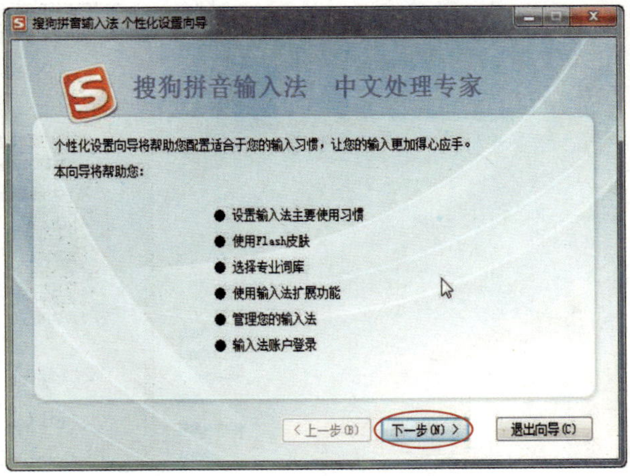

图 2-2-5

⑦输入法使用习惯设置。选择输入模式，设置候选词个数等，设置完成后单击“下一步”按钮，如图 2-2-6 所示。

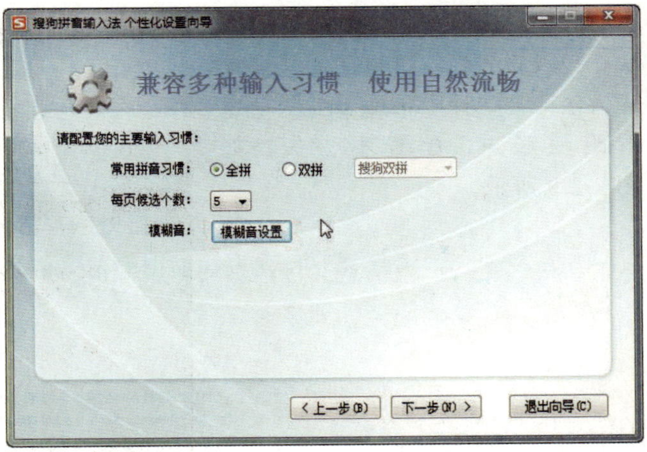

图 2-2-6

⑧输入法皮肤设置。选择喜欢的皮肤，也可以下载新的皮肤，如图 2-2-7 所示。

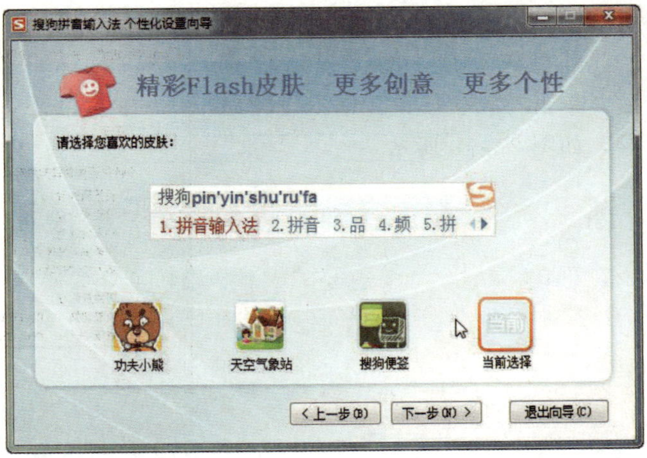

图 2-2-7

⑨根据需要选择词库，以提高输入效率，如图 2-2-8 所示。

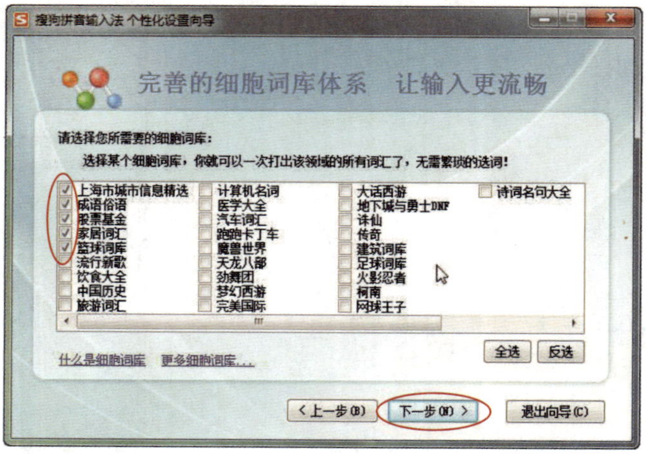

图 2-2-8

⑩跳过输入法扩展，进入输入法账户设置界面，可以注册并登录输入法账户，保障词库、皮肤信息等跟随账户，配置不丢失，如图 2-2-9 所示。

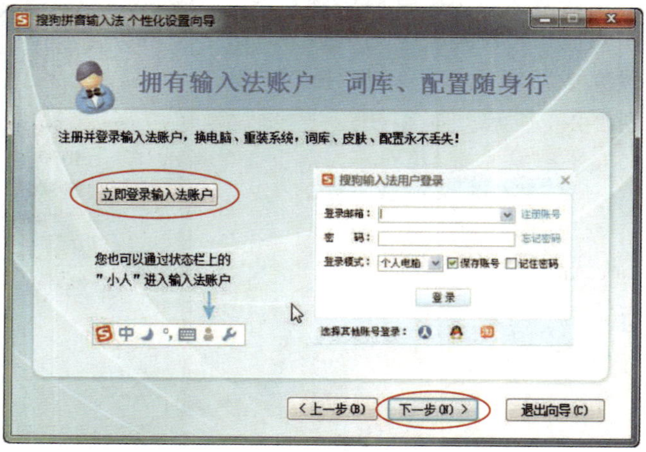

图 2-2-9

⑪设置完成，阅读提示信息后，单击“完成”按钮，退出设置向导，如图 2-2-10 所示。

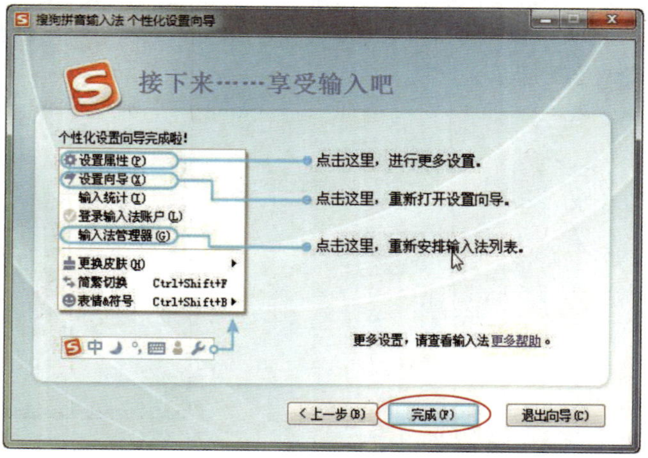

图 2-2-10

⑫查看输入法。单击语言栏的输入法，打开输入法菜单列表，即可看到搜狗拼音输入法，如图 2-2-11 所示。

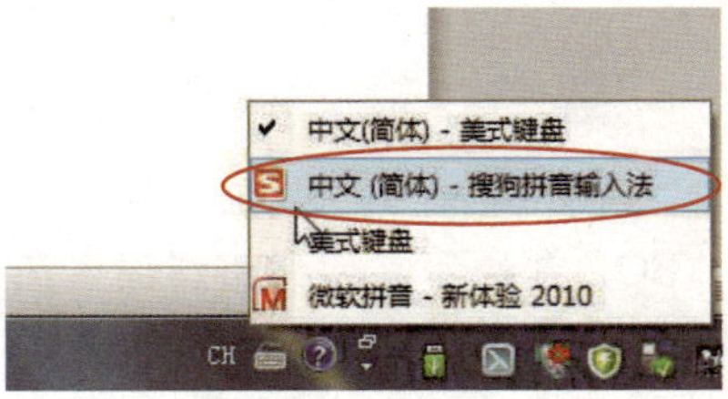

图 2-2-11

要点精讲

使用计算机时，输入字符或汉字都离不开键盘。为了快速输入字符或汉字，首先需要掌握键盘指法和打字方法，其次需要掌握汉字输入的方法。

一、键盘指法

为了以最快的速度敲击键盘上的每个键位，将双手的 10 个手指进行合理的分工，每个手指负责一部分键位，这便是键盘指法。

在键盘的正中央有 8 个基本键位，分别是左边 A、S、D、F 和右边 J、K、L、“;”，其中 F 和 J 键上有凸起的棱角，便于左右食指定位。在 8 个基本键位的基础上，对每个手指进行了分工，使其负责某些键位，如图 2-2-12 所示。

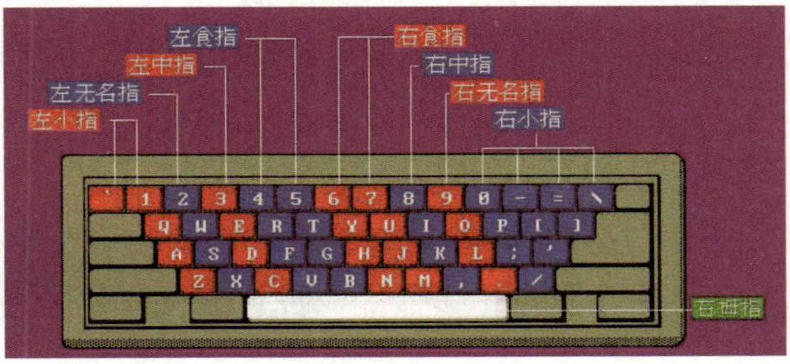

图 2-2-12

二、文字输入

1. 打字方法

要想打字又快又轻松，除了掌握键盘指法外，还应掌握打字姿势和击键方法。

(1)打字姿势

正确的打字姿势不仅能保证快速打字，而且长时间打字也不会使身体受到损伤。正确的打字姿势有以下要领。

①显示器置于操作者正前方并调整至适当位置，眼睛与屏幕平行，距离维持在 50 cm 左右。

②全身放松，坐姿端正，腰背挺直，身体可微向前倾，两脚平放于地上。

③手臂自然下垂，肘靠近身躯，手腕保持平直，与键面呈平行状态，两手手指自然悬放在基本键上。

④人与键盘保持合适的距离，手指恰好轻松放到基本键，拇指自然弯曲放到空格键上。

(2)击键方法

正确的击键方法不仅能保证快速打字，而且长时间打字不会感觉疲劳。击键方法需要“稳、准、快、匀、灵”。

2. 输入法选择与状态切换

Windows 10 中文版提供了多种中文输入方法，如微软拼音、全拼、区位、智能ABC、郑码等。搜狗拼音输入法简单易学、功能强大，特别适合初学者使用。

五笔字型输入法极少有重码，便于盲打，特别适合专业打字人员使用。

①按组合键 Ctrl＋Shift，切换到下一种输入法。

②按组合键 Ctrl＋空格，进行中、英文输入法切换。

三、搜狗拼音输入法

搜狗拼音输入法是当前最流行、用户好评率最高、功能最强大的拼音输入法之一。软件采用了搜索引擎技术，是第二代输入法。由于采用了搜索引擎技术，搜狗拼音输入法的输入速度有了质的飞跃。

1. 搜狗拼音输入法的输入方式

搜狗拼音输入法支持多种输入方式，如全拼、简拼、混拼等方式。

①全拼方式。按规范的汉语拼音输入，输入过程和汉语拼音完全一致。例如，输入“我爱我的祖国”，如图 2-2-13 所示。

图 2-2-13

②简拼方式。取各个音节的第 1 个字母，对于包含“zh”“ch”“sh”的音节，也可以取前两个字母。例如，“山川”的拼写，如图 2-2-14 所示。

全拼	shanchuan
简拼	sc或sch或shc或shch

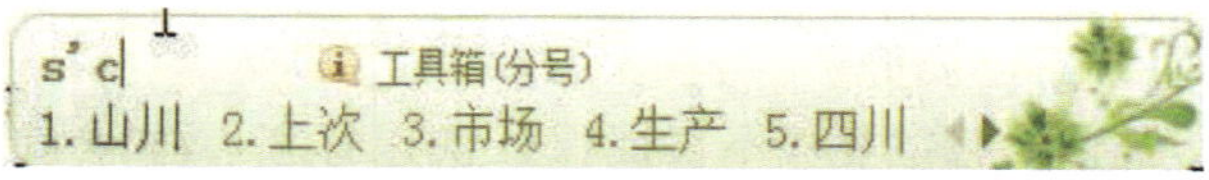

图 2-2-14

③混拼方式。对于词组，有的音节全拼，有的音节简拼。例如，“共产党”的拼写，如图 2-2-15 所示。

全拼	gongchandang
混拼	gongcd或gchand或gcd

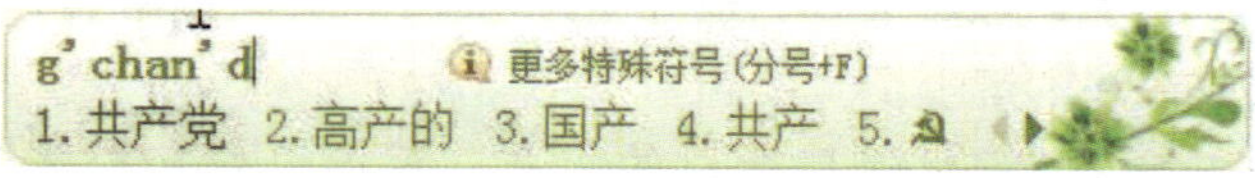

图 2-2-15

④手写方式。对于某些文字，我们认识它的结构，但不知道拼音，可以使用手写方式输入。

2. 搜狗拼音输入法设置

①右击搜狗拼音输入法，选择“设置属性”选项，如图 2-2-16 所示。

②进入输入法设置栏目，进行各项目的设置，如图 2-2-17 所示。

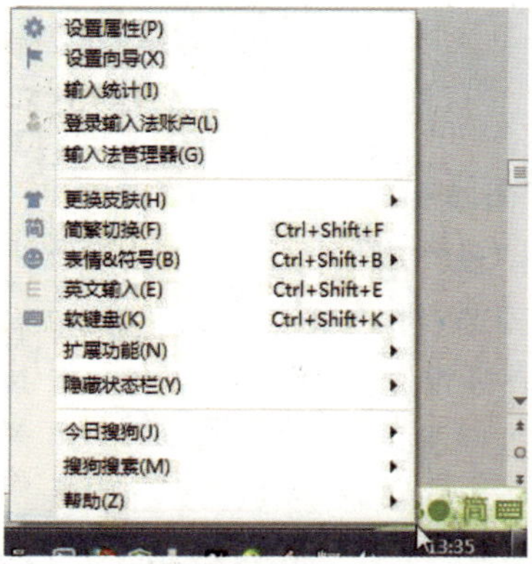

图 2-2-16

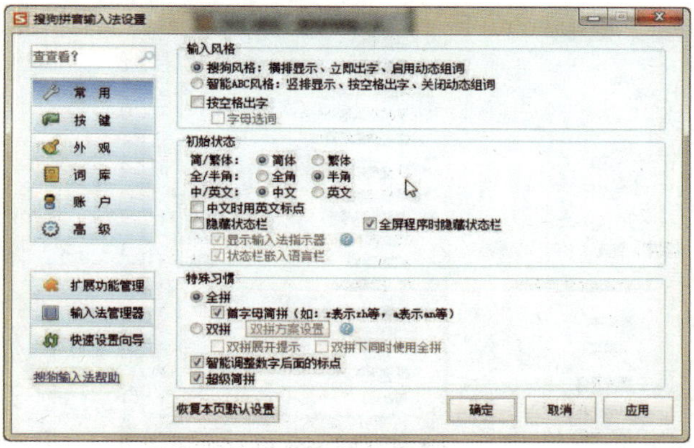

图 2-2-17

③选择扩展功能管理，如图 2-2-18 所示。

图 2-2-18

3. 手写输入法使用

①单击图 2-2-18 的“手写输入”右侧的“使用”按钮，即可完成手写输入插件的植入，如图 2-2-19 所示。

图 2-2-19

②右击搜狗拼音输入法，执行“扩展功能”→“手写输入”命令，切换到手写输入状态，如图 2-2-20 所示。

③输入用户知道怎么写，但不知道拼音如何拼的字，搜狗拼音输入法根据用户的输入判断字，并为其注音，如图 2-2-21 所示。

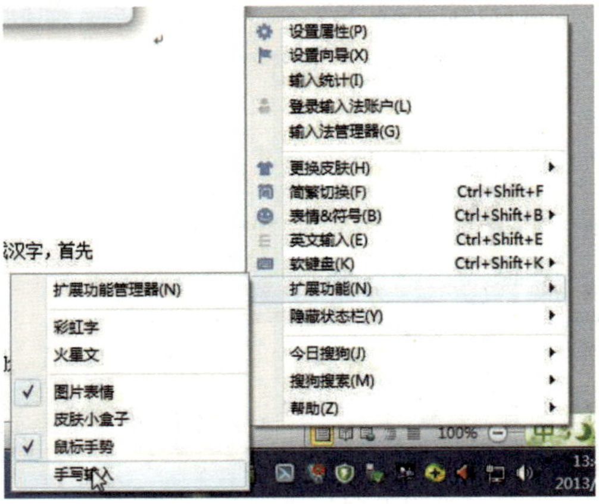

图 2-2-20

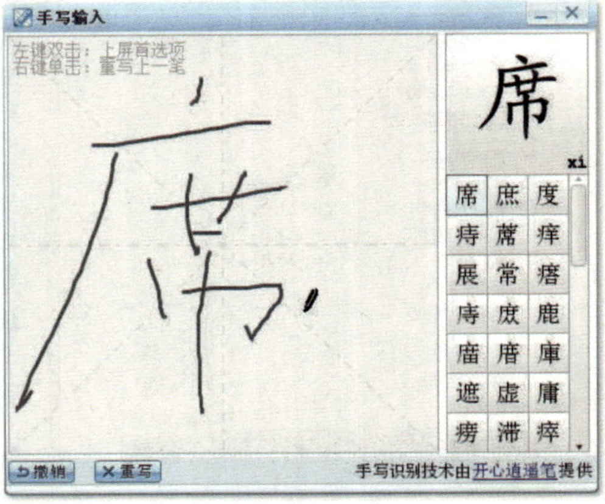

图 2-2-21

4. 汉字的输入方法

汉字输入可以按字、词、句的方式输入。输入相应的拼音字母后按空格键，系统根据输入的拼音字母自动匹配对应的字或词，并将其突出显示，如图 2-2-22 所示。

图 2-2-22

在外码框和候选框中选取汉字有以下操作。

①按空格键，选取突出显示的字。

②按数字键，选取候选框中对应的汉字。

③按【或－键，候选框中的汉字前翻一页。

④按】或＝键，候选框中的汉字后翻一页。

⑤单击候选框中的汉字，选取候选框中相应的汉字。

⑥单击翻页按钮，候选框中的汉字前翻或后翻一页。

5. 快速输入日期、时间和星期

输入日期、时间和星期，是一个非常常用的输入。用户只需要敲击“日期”“时间”和“星期”的首字母，即可显示今天的日期、当前的时间、今天是星期几，供用户选择，如图 2-2-23、图 2-2-24、图 2-2-25 所示。

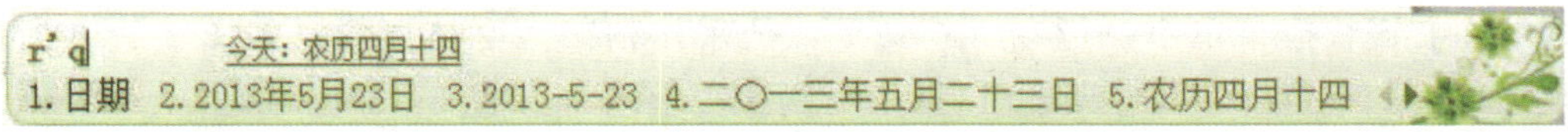

图 2-2-23

图 2-2-24

图 2-2-25

知识拓展

字体的安装与删除

Windows 10 中自带了很多字体，足以满足日常使用，不过一些用户喜欢选择更好看的、更有个性的字体，可以自行安装。

1. 字体的安装

字体的安装可以采用两种方式：一是利用复制的方式安装；二是利用快捷的方式安装。首先下载好需要安装的字体。

方法一：利用复制方式安装。

①选择需要安装的字体文件，进行复制，如图 2-2-26 所示。

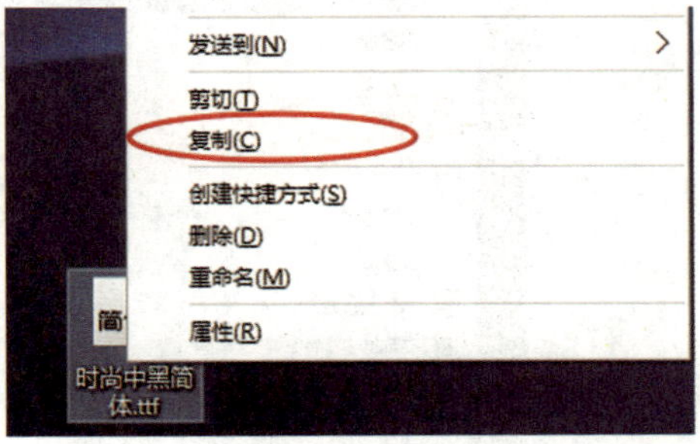

图 2-2-26

②执行“开始”→“控制面板”→“字体”命令，打开“字体”文件夹，如图 2-2-27 所示。

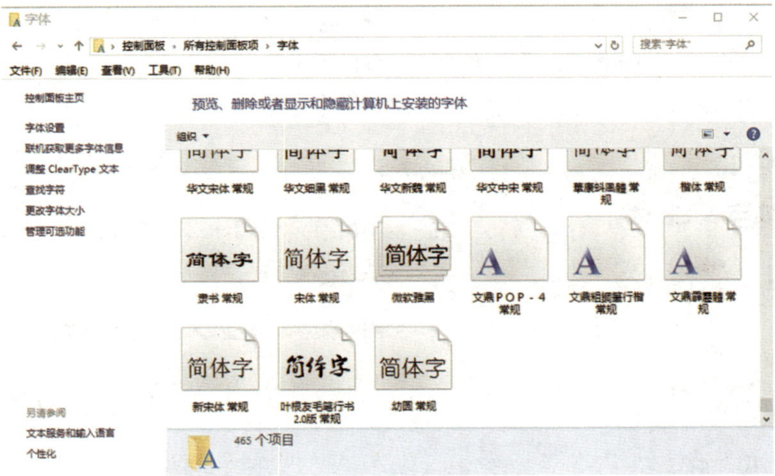

图 2-2-27

③在右键快捷菜单中执行“粘贴”命令，把字体粘贴入字体库中，如图 2-2-28 所示。安装完成后，在“字体”文件夹中出现所安装字体的图标，如图 2-2-29 所示。

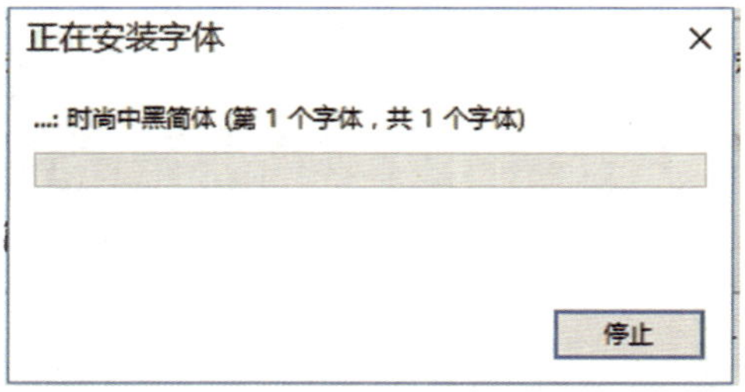

图 2-2-28

图 2-2-29

方法二：利用快捷的方式安装。

选中要安装的字体文件，在右键快捷菜单中执行“安装”命令即可安装字体，如图 2-2-30 所示。

在 Word 中，可以查看装好的字体，如图 2-2-31 所示。

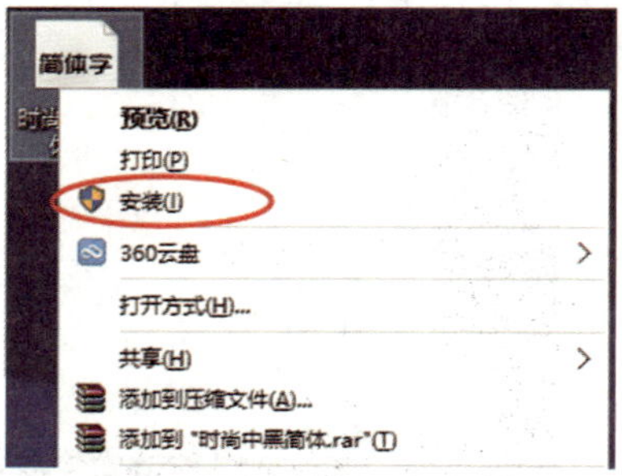

图 2-2-30

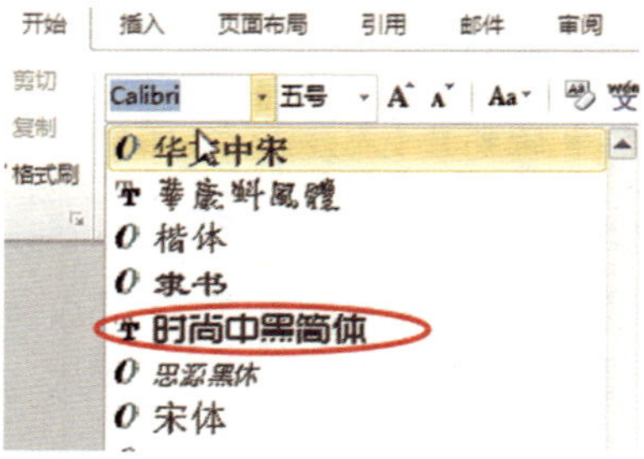

图 2-2-31

2. 字体的删除

①如果想删除安装的字体，可在“控制面板”的“字体”文件夹中，找到要删除的字体，在右键快捷菜单中执行“删除”命令，如图 2-2-32 所示。

②在打开的“删除字体”对话框中，单击“是”按钮即可删除字体，如图 2-2-33 所示。

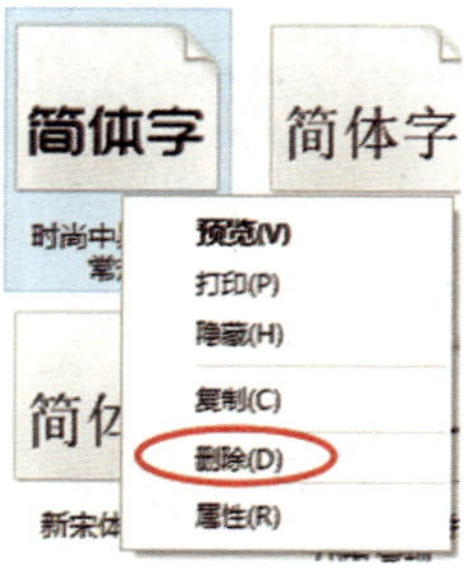

图 2-2-32

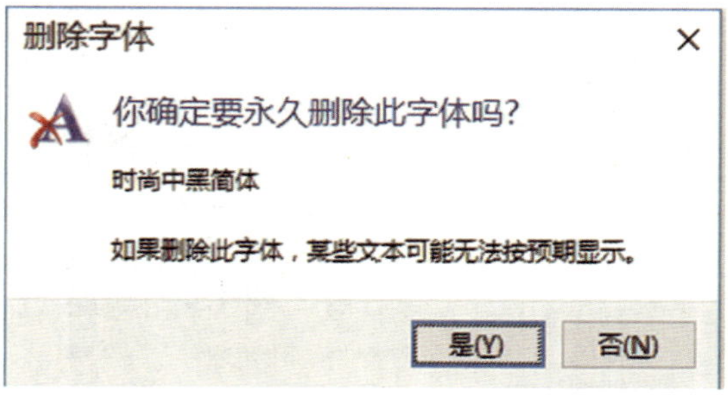

图 2-2-33

任务 3 操作系统的文件管理

内容导读

文件管理就是对计算机里内容的管理。本任务主要学习常见文件类型、资源管理器、文件/文件夹的基本操作等内容。在知识拓展板块，我们将学到文件与文件夹的高级操作。

实例详解：整理资料

任务说明

计算机用过一段时间，文件就很杂乱，整理分类就变得重要了。本例要求在“整理资料”文件夹下新建“素材”文件夹，并把“收藏”和“图片”两个文件夹移动到“素材”文件夹中，再把“收藏”文件夹重命名为“声音”，然后把“整理资料”文件夹中后缀名是“. MID”的文件移动到“声音”文件夹中，最后把“整理资料”文件夹中不必要的文件删除。通过本例的学习，你将学会新建文件/文件夹、重命名文件/文件夹、删除文件/文件夹、文件/文件夹的移动、文件扩展名等知识。

操作步骤

①打开“教学素材”文件夹中的“整理资料”文件夹，如图 2-3-1 所示。

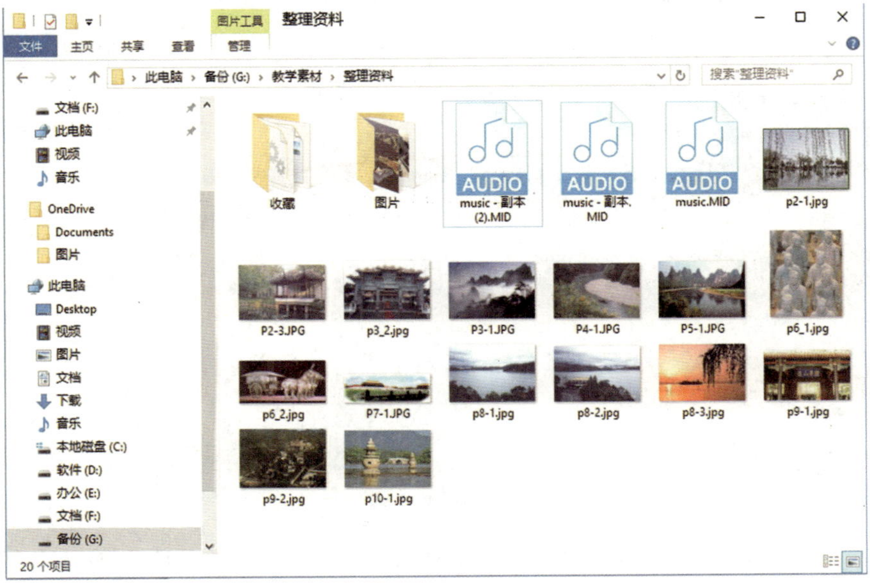

图 2-3-1

②建立“素材”文件夹，并把“收藏”和“图片”两个文件夹移动到它的下面。

右击，打开快捷菜单，选择“新建”→“文件夹”命令，如图 2-3-2 所示。

选中新建的文件夹，右击，打开快捷菜单，选择“重命名”命令，如图 2-3-3 所示。输入新文件名“素材”，然后按回车键确认。

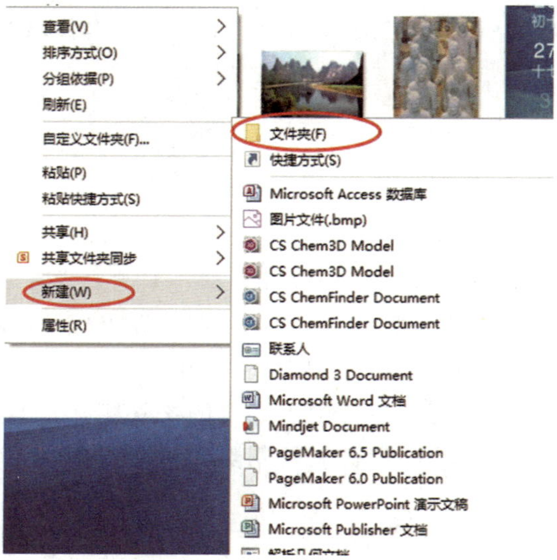

图 2-3-2

图 2-3-3

选中“收藏”和“图片”两个文件夹，使用组合键 Ctrl+X 剪切文件夹；双击“素材”文件夹，打开它，再使用组合键 Ctrl+V，粘贴文件夹于“素材”文件夹下，如图 2-3-4 所示。

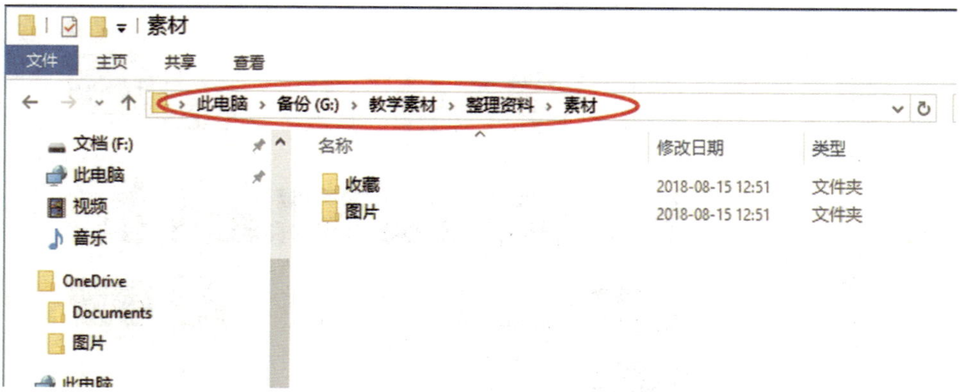

图 2-3-4

③把“收藏”文件夹重命名为“声音”。命名方法与“素材”文件夹相同，如图 2-3-5 所示。

图 2-3-5

④回到"整理资料"文件夹下，把文件扩展名为". MID"的文件移动到"素材"文件夹下。选中需要的 5 个文件，如图 2-3-6 所示，使用组合键 Ctrl+X 对其进行剪切。

图 2-3-6

双击"素材"文件夹打开，使用快捷键 Ctrl+V 粘贴文件于"声音"文件夹下，如图 2-3-7 所示。

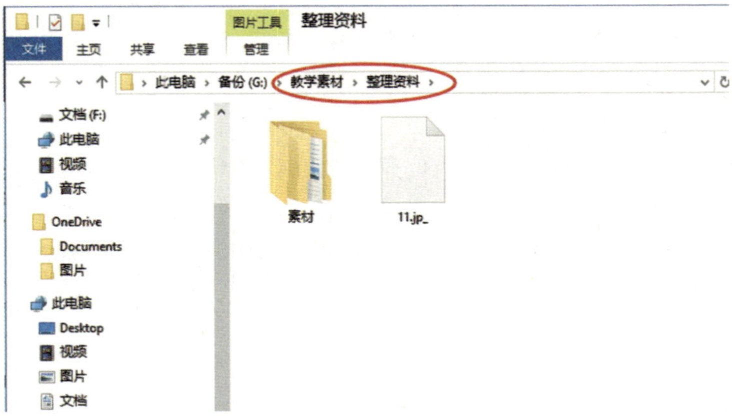

图 2-3-7

⑤返回“整理资料”文件夹，把“11. jp_”文件删除。

选中“11. jp_”文件，按 Delete 键，如图 2-3-8 所示。

图 2-3-8

打开“删除文件”对话框，单击“是”按钮即可删除文件，如图 2-3-9 所示。

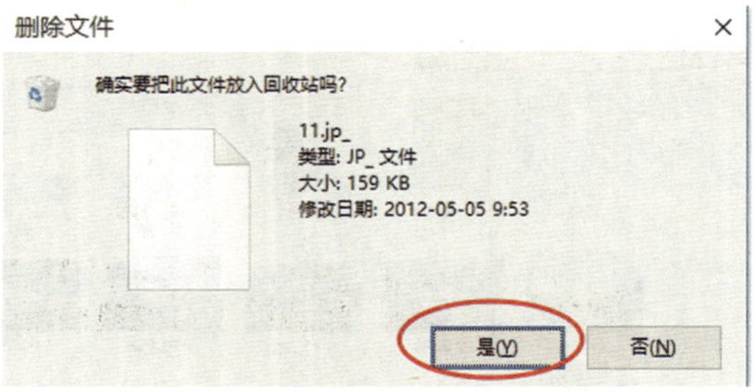

图 2-3-9

要点精讲

文件管理是操作系统的重要功能，进行文件管理首先要了解文件系统的基本概念。在 Windows 10 中，可以通过资源管理器进行文件的管理。常用的文件管理操作包括创建、查看、选择、重命名、复制、删除、移动、查找等。

一、常见文件类型

文件是一组相关信息的集合，这些信息存储在计算机的外存储器上，并被赋予一个名字作为文件名称，存储的这些信息就是文件内容。文件夹则是一种特殊的文件，用于存放文件的位置信息，其中还可以包含子文件夹。文件夹里面可以放文件，也可以放文件夹。文件夹的快捷方式主要是为了有效地组织和管理文件。文件的存储方式、组织结构和命名规则通称为文件系统。

1. 常见文件扩展名

在文件名中，最后一个圆点(.)到文件名结束的字符(通常为 3 个或 4 个)为文件的扩展名，文件的扩展名可帮助用户辨认文件的类型。

Office 套件：2007 以上版本文档文件 docx，2007 以上版本电子表格文件 xlsx，2007 以上版本演示文稿文件 pptx，2007 以前版本文档文件 doc，2007 以前版本电子表格文件 xls，2007 以前版本演示文稿文件 ppt。

网页文件：htm、html。

文本文件：txt。

图形文件：jpg、bmp、gif、png、tiff、cdr、psd。

音频文件：wav、mp3、ram、mid。

视频文件：avi、wma、rmvb、mov、flv、mp4、mkv、3gp。

2. 文件关联

文件关联就是将一种类型的文件与一个可以打开它的程序建立起依存关系。举个例子来说，位图文件(.bmp 文件)在 Windows 中的默认关联程序是“画图”，如果将其默认关联改为用 ACDSee 程序来打开，那么 ACDSee 就成了它的默认关联程序。一个文件可以与多个应用程序发生关联，我们可以利用文件的“打开方式”进行关联选择，也可以删除因误操作而引起的错误文件关联。可以根据需要新建文件关联，在有些软件中还可以恢复文件的关联。

二、资源管理器

资源管理器是 Windows 系统提供的资源管理工具，用户可以通过它查看当前的所有资源，特别是它提供的树形文件系统结构，可以更清楚、更直观地展现计算机中的文件和文件夹。在“开始”菜单中或者双击桌面上的“计算机”图标即可打开资源管理器。

资源管理器窗口包括标题栏、菜单栏、工具栏、导航窗格、细节窗格、工作区、状态栏等，如图 2-3-10 所示。

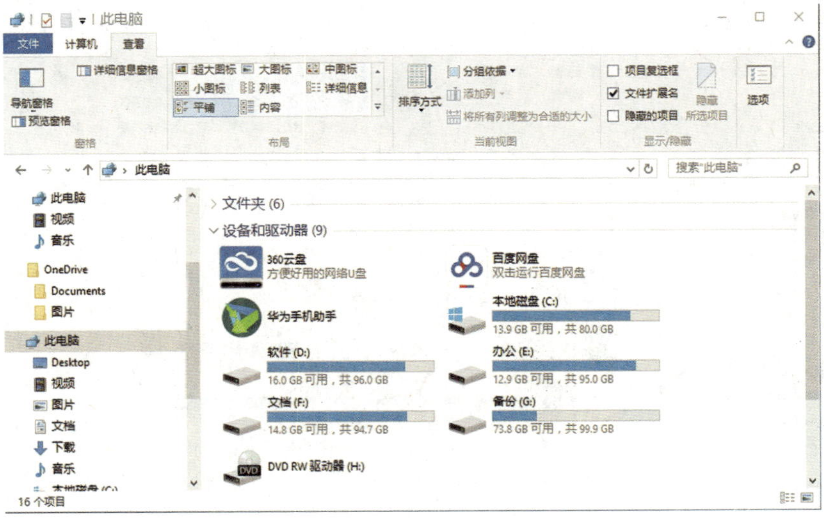

图 2-3-10

三、文件/文件夹的基本操作

1. 查看文件/文件夹

在资源管理器窗口中，可以改变文件/文件夹的查看方式，查看时还可以对文件/文件夹排序。

（1）改变查看方式

打开一个文件夹，单击工具栏上的视图下拉列表框，单击或者拖动滑块即可改变视图查看方式。文件/文件夹有 8 种查看方式：超大图标、大图标、中图标、小图标、列表、详细信息、平铺和内容，如图 2-3-11 所示。

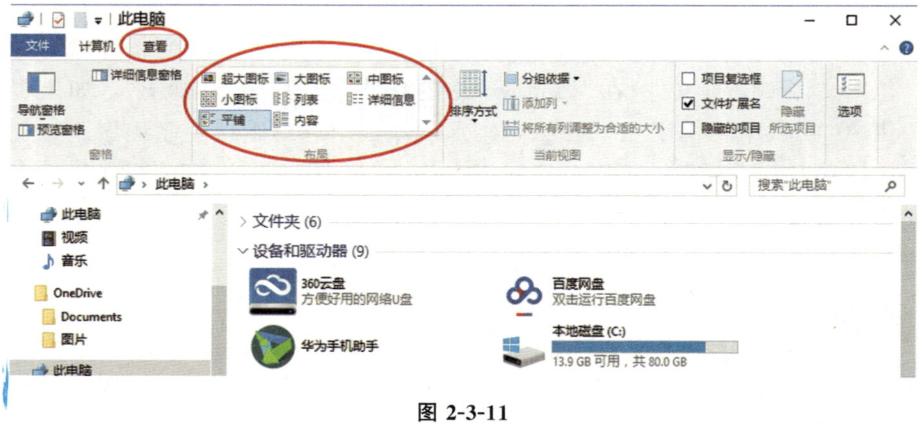

图 2-3-11

（2）文件/文件夹排序

排序文件会使得文件井井有条。右击，打开快捷菜单，选择一种排序方式，如图 2-3-12 所示。

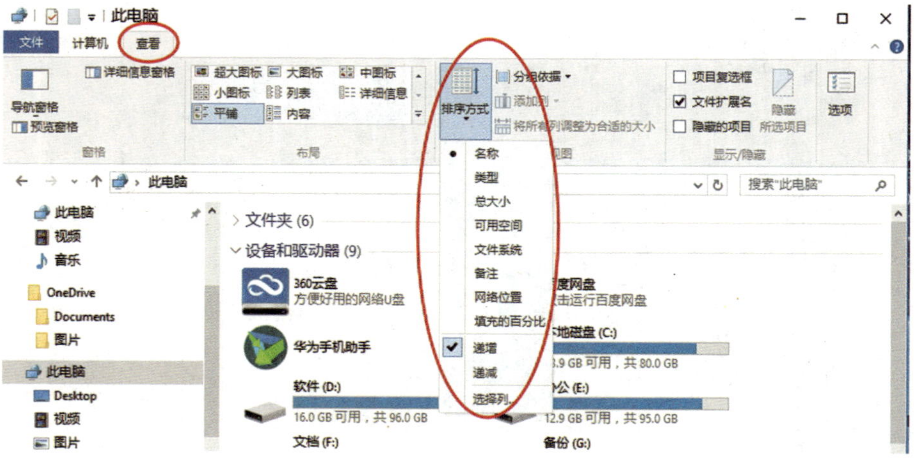

图 2-3-12

(3)文件/文件夹的分组

分组和排序一样，不会较大地改变文件的显示方式，只是根据所选的分组标准对文件按一定的规则进行重新分组排列。右击，打开快捷菜单，选择一种分组依据就可完成分组，如图 2-3-13 所示。

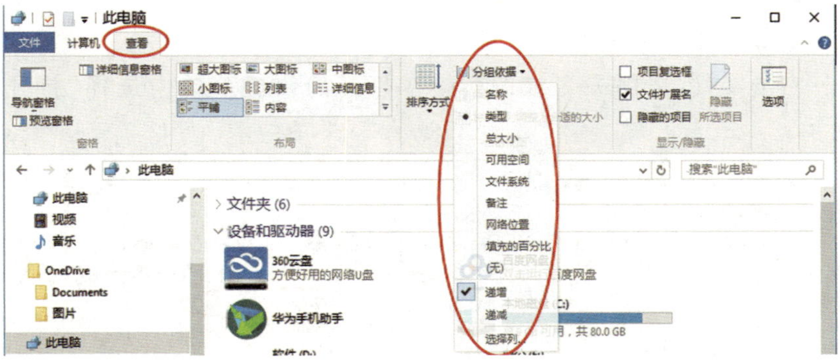

图 2-3-13

2. 选定文件/文件夹

在对文件/文件夹进行操作之前，首先选定要操作的文件/文件夹。在资源管理器右窗格中，选定文件/文件夹有以下方法。

方法一：选定单个文件/文件夹。单击要选择的文件/文件夹图标。

方法二：选定多个连续的文件/文件夹。先选定第一项，再按住 Shift 键，单击最后一项。

方法三：选定多个不连续的文件/文件夹。按住 Ctrl 键逐个单击要选择的文件/文件夹图标，如图 2-3-14 所示。

图 2-3-14

如果要取消对文件/文件夹的选定，只要在资源管理器右窗格的空白处单击即可。

3. 打开文件/文件夹

在资源管理器右窗格中，打开文件/文件夹有以下方法。

方法一：双击文件/文件夹名或图标。

方法二：选定文件/文件夹后，按回车键。

方法三：右击文件/文件夹名或图标，在打开的快捷菜单中选择“打开”命令，如图 2-3-15 所示。

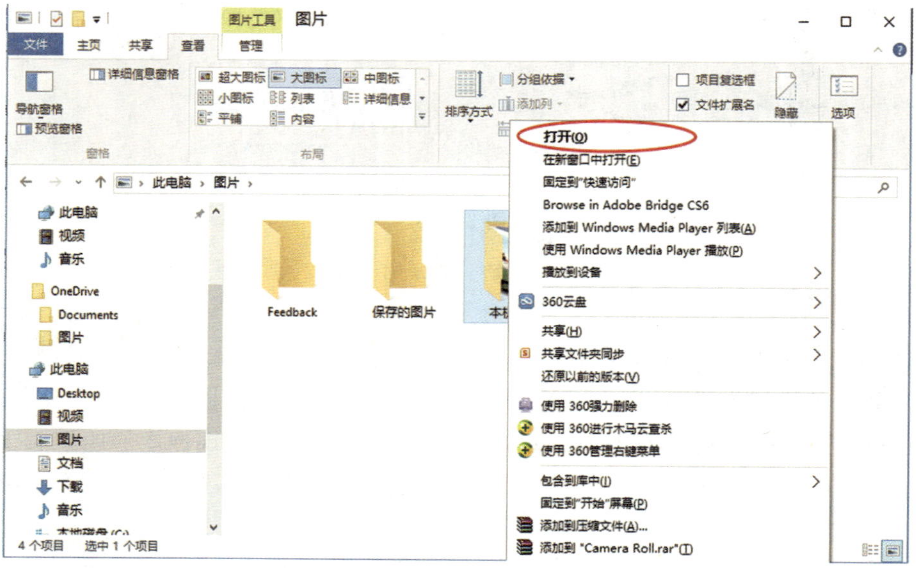

图 2-3-15

如果打开的是一个快捷方式，相当于打开该快捷方式所指的对象。

4. 创建文件/文件夹

在资源管理器右窗格中，可以创建空文件或空文件夹。所谓空文件是指该文件中没有内容，空文件夹是指该文件夹中没有文件和子文件夹。创建文件/文件夹有以下方法。

方法一：执行“主页”→“新建文件夹”命令，如图 2-3-16 所示。

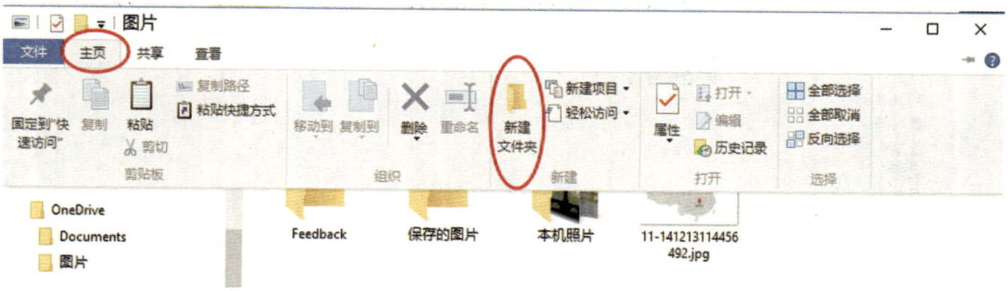

图 2-3-16

方法二：在工作区或右窗格的空白处右击，从打开的快捷菜单中选择“新建”命令，如图 2-3-17 所示。

以上任何操作，都打开“新建”子菜单，从中选择一个命令，即可建立相应的文件或文件夹。

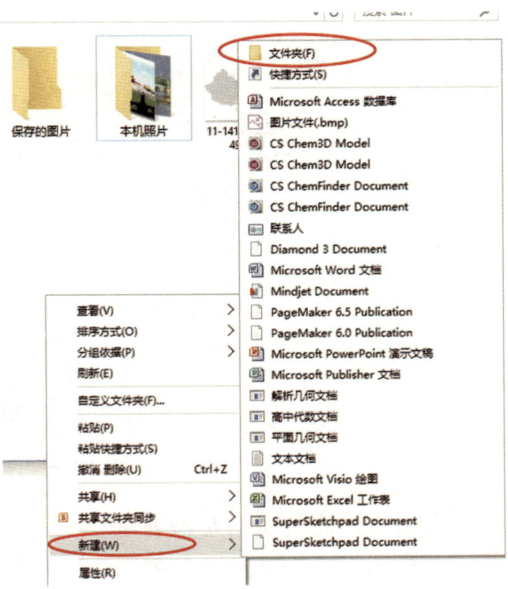

图 2-3-17

5. 创建快捷方式

快捷方式也是一个文件，只不过保存的是系统对象（文件、文件夹、磁盘驱动器）的一个链接。快捷方式有以下特点。

①快捷方式的图标与链接对象的图标相似，只是在左下角多了一个箭头标志。

②原对象的位置和名称发生变化后，快捷方式能自动跟踪所发生的变化。

创建快捷方式有两种常用方法。

方法一：通过菜单命令创建。

①右击，打开快捷菜单，执行“新建”→“快捷方式”命令，如图 2-3-18 所示。

②在打开的“创建快捷方式”对话框中，选择快捷方式的目标对象，如图 2-3-19 所示。

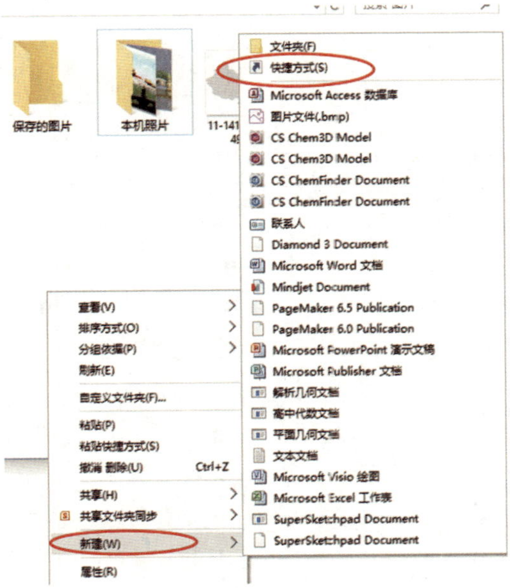

图 2-3-18

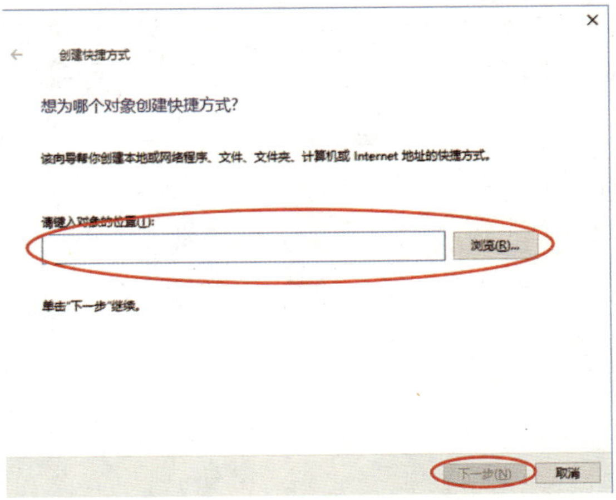

图 2-3-19

③单击“下一步”按钮，为快捷方式命名，如图 2-3-20 所示。

④单击“完成”按钮，可以看见创建好的快捷方式，如图 2-3-21 所示。

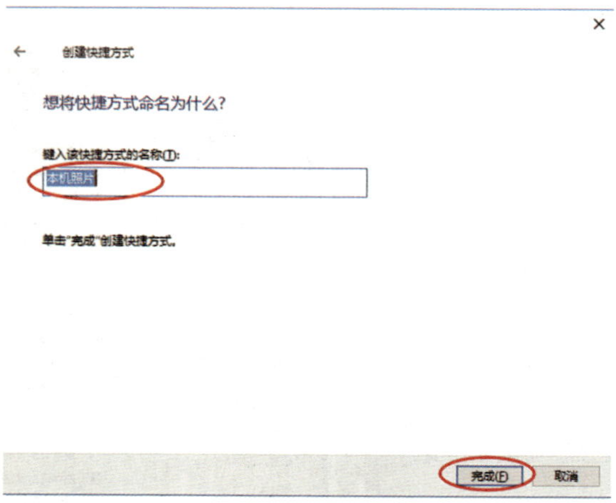

图 2-3-20

图 2-3-21

方法二：通过拖动对象创建。

按住 Alt 键，用鼠标左键拖动目标对象创建快捷方式。

6. 重命名文件/文件夹

要重命名文件/文件夹，应先选定文件/文件夹。选定文件/文件夹后，重命名文件/文件夹有以下方法。

方法一：单击文件/文件夹的名称框，在名称框中输入新名称，再按回车键。

方法二：执行“文件”→“重命名”命令，如图 2-3-22 所示，在文件/文件夹的名称框中输入新名称后按回车键。

图 2-3-22

方法三：右击文件/文件夹，在打开的快捷菜单中选择“重命名”命令，如图 2-3-23 所示，在文件/文件夹的名称框中输入新名称，再按回车键。

图 2-3-23

7. 复制文件/文件夹

要复制文件/文件夹，应先选定文件/文件夹。在资源管理器右窗格中，选定文件/文件夹后，复制文件/文件夹有以下方法。

方法一：若目标位置和原位置不在同一磁盘，直接拖动即可。

方法二：按住 Ctrl 键拖动到目标位置。

方法三：按住鼠标右键拖动到目标位置，在打开的快捷菜单中选择“复制到当前位置”命令，如图 2-3-24 所示。

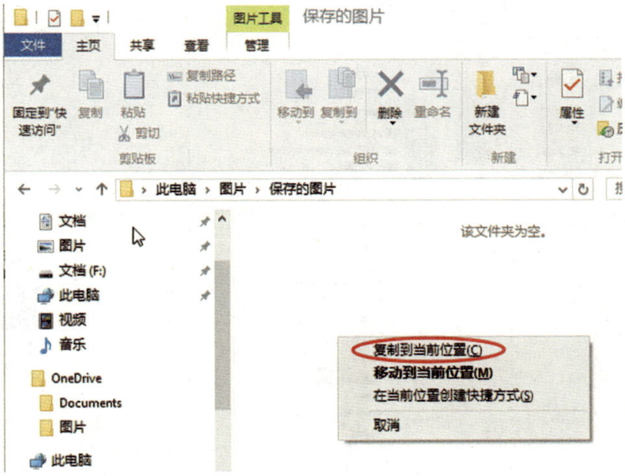

图 2-3-24

方法四：先把要复制的文件/文件夹复制到剪贴板，再从剪贴板粘贴到目标位置。

8. 移动文件/文件夹

要移动文件/文件夹，应先选定文件/文件夹。在资源管理器右窗格中，选定文件/文件夹后，移动文件/文件夹有以下方法。

方法一：若目标位置和原位置在同一磁盘，直接拖动即可，如图 2-3-25 所示。

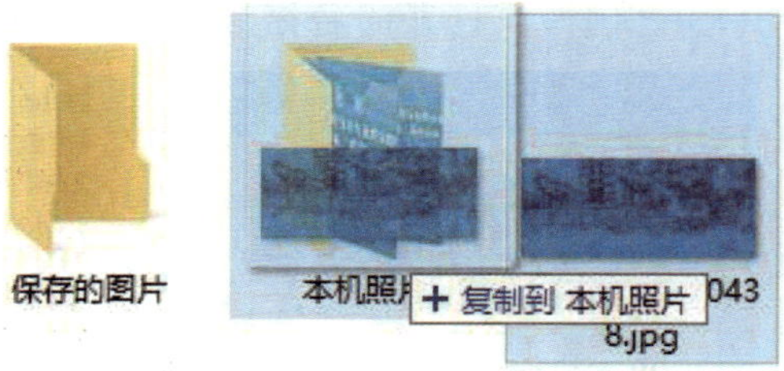

图 2-3-25

方法二：按住 Shift 键拖动到目标位置。

方法三：按住鼠标右键拖动到目标位置，在打开的快捷菜单中选择“移动到当前位置”命令。

方法四：先把要移动的文件/文件夹剪切到剪贴板，再从剪贴板粘贴到目标位置。

9. 删除文件/文件夹

删除文件/文件夹有两种方式：临时删除和彻底删除。

(1)临时删除

要临时删除文件/文件夹，应先选定文件/文件夹，然后进行以下操作。

方法一：按 Delete 键。

方法二：直接拖动到回收站中。

方法三：在右键快捷菜单中执行“删除”命令，如图 2-3-26 所示。

以上操作，系统都会打开如图 2-3-27 所示的“删除文件”对话框。单击“是”按钮则将文件放入回收站，单击“否”按钮则不删除。

图 2-3-26

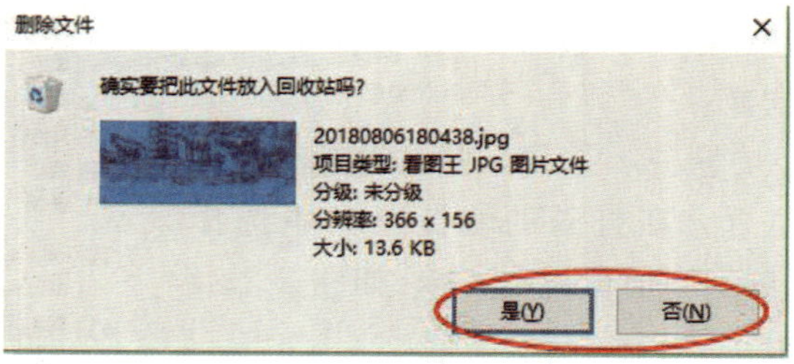

图 2-3-27

临时删除只是将文件/文件夹移到了回收站，并没从磁盘上删除，如果需要恢复，还可以从回收站中还原。

(2)彻底删除

彻底删除文件/文件夹有以下方法。

方法一：先临时删除，再打开“回收站”，删除相应的文件/文件夹。

方法二：选定要删除的文件/文件夹，按组合键 Shift+Delete。

以上操作，系统都会打开如图 2-3-28 所示的“删除文件”对话框。单击“是”按钮即彻底删除，单击“否”按钮则不执行彻底删除。

与临时删除不同，彻底删除将文件/文件夹从磁盘上清除，是不能恢复的，应特别小心。

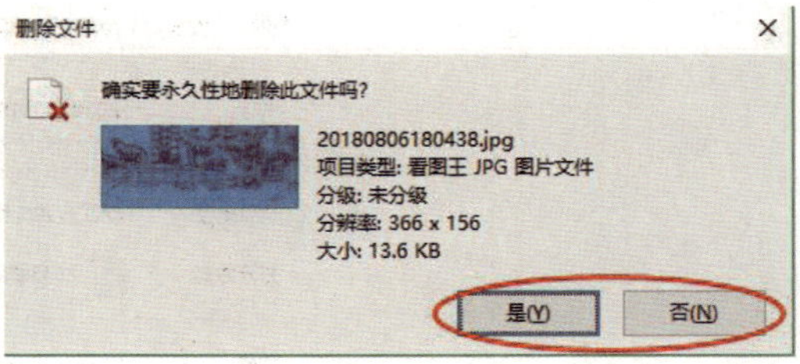

图 2-3-28

10. 恢复文件/文件夹

临时删除的文件/文件夹可以恢复，彻底删除的文件/文件夹不能恢复。恢复文件/文件夹时，需打开“回收站”，选定要恢复的文件，在右键快捷菜单中执行“还原”命令或者单击“还原选定的项目”按钮，即可以完成对已经删除文件的恢复，如图 2-3-29 所示。

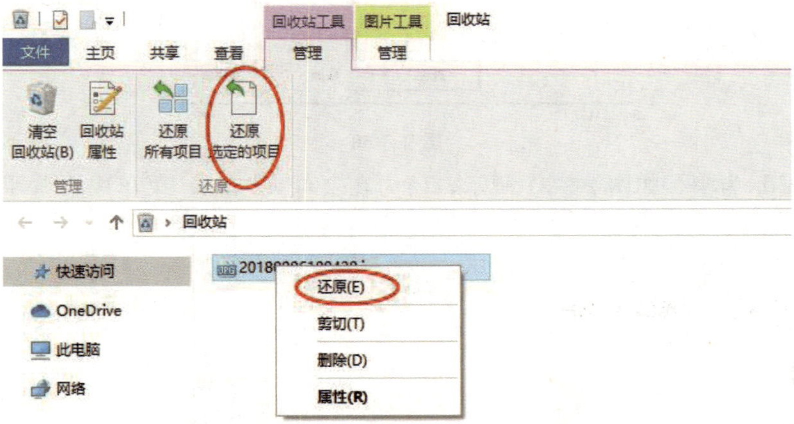

图 2-3-29

知识拓展

文件/文件夹的高级操作

1. 隐藏/显示文件或文件夹

为了安全起见，有时会把文件/文件夹隐藏起来。

(1)隐藏文件/文件夹

选中文件/文件夹，右击，打开快捷菜单，执行“属性”命令，弹出该文件/文件夹的属性对话框。在对话框中勾选“隐藏”复选框，然后单击“应用”和“确定”按钮，如图 2-3-30 所示。

图 2-3-30

文件夹显示为空，如图 2-3-31 所示，因为在文件夹“查看”菜单中设置了不显示隐藏的文件/文件夹。

图 2-3-31

(2)显示文件/文件夹

①选择“查看”选项卡下的“隐藏的项目”命令，如图 2-3-32 所示。

②取消勾选“查看”选项卡下“隐藏的项目”复选框，可查看被隐藏的文件和文件夹，如图 2-3-33 所示。

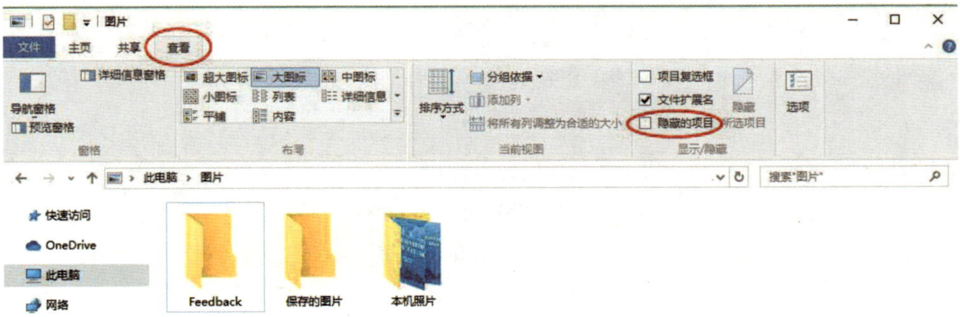

图 2-3-32

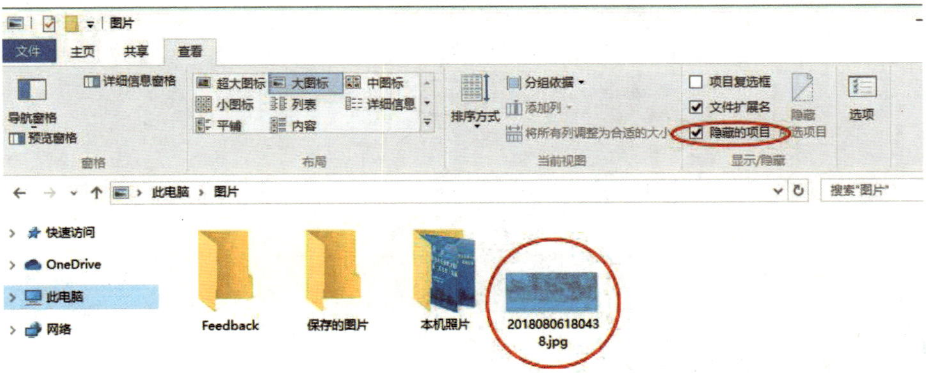

图 2-3-33

将看见文件显示为灰色状态，如图 2-3-34 所示。

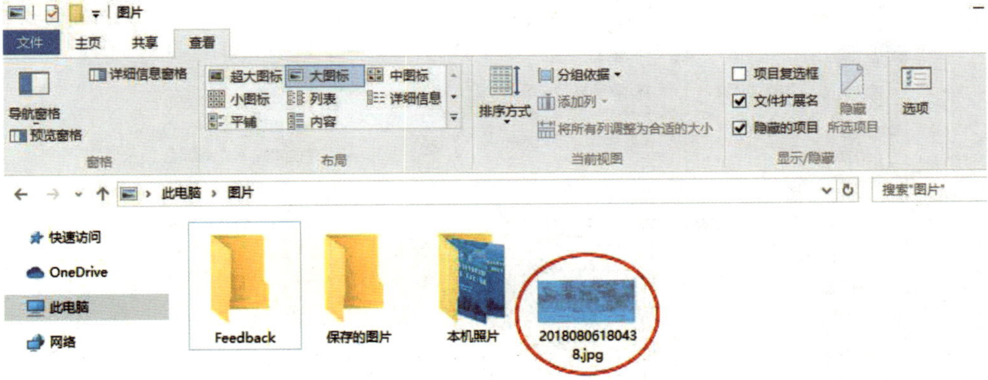

图 2-3-34

如果要正常显示，只需要重新打开文件属性，取消勾选“隐藏”复选框就可以了，如图 2-3-35 所示。

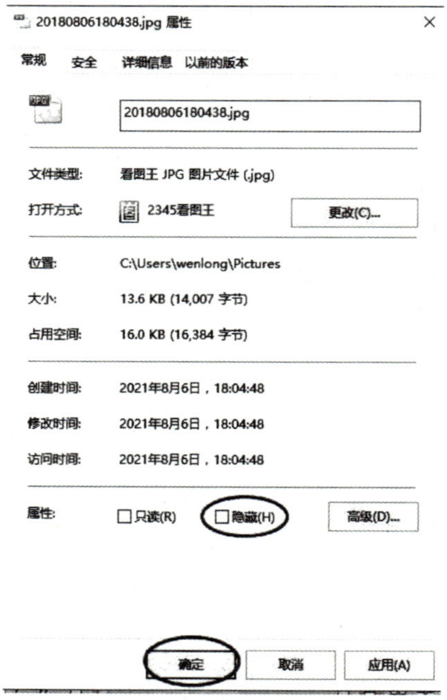

图 2-3-35

2. 显示/隐藏文件的扩展名

查找文件时，有时会根据文件的扩展名排序，以便快速地打开一类文件。默认的文件扩展名是显示出来的，如图 2-3-36 所示。

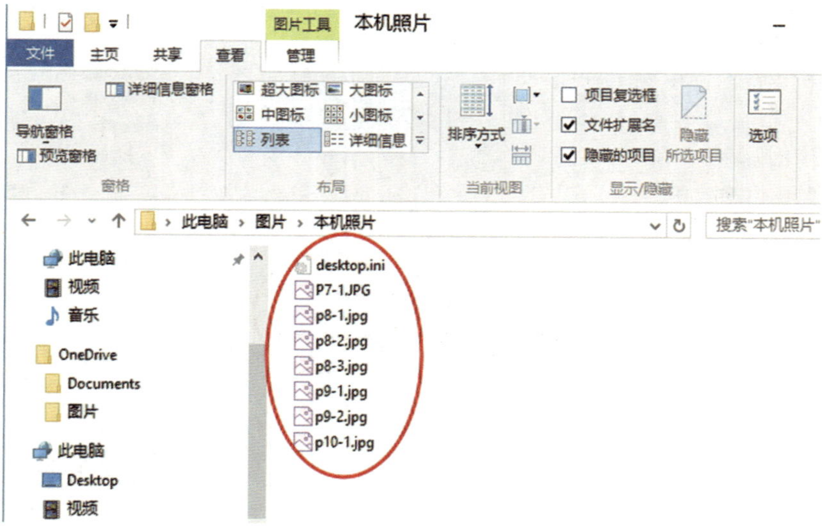

图 2-3-36

(1)隐藏文件扩展名

取消勾选“查看”选项卡下的“文件扩展名”复选框，如图 2-3-37 所示。

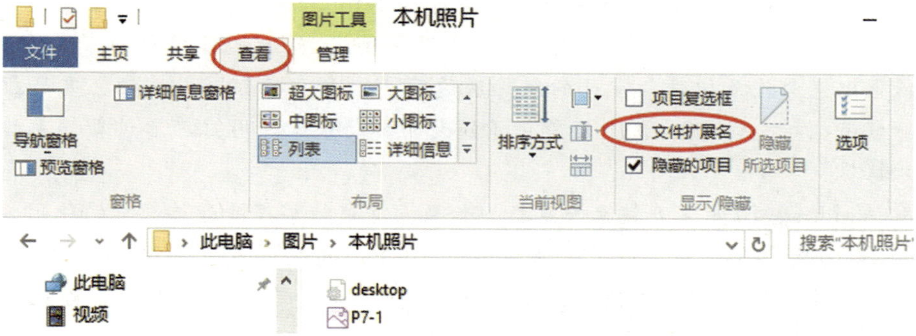

图 2-3-37

设置完成，资源管理器右窗格中的文件全部都隐藏文件扩展名了，如图 2-3-38 所示。

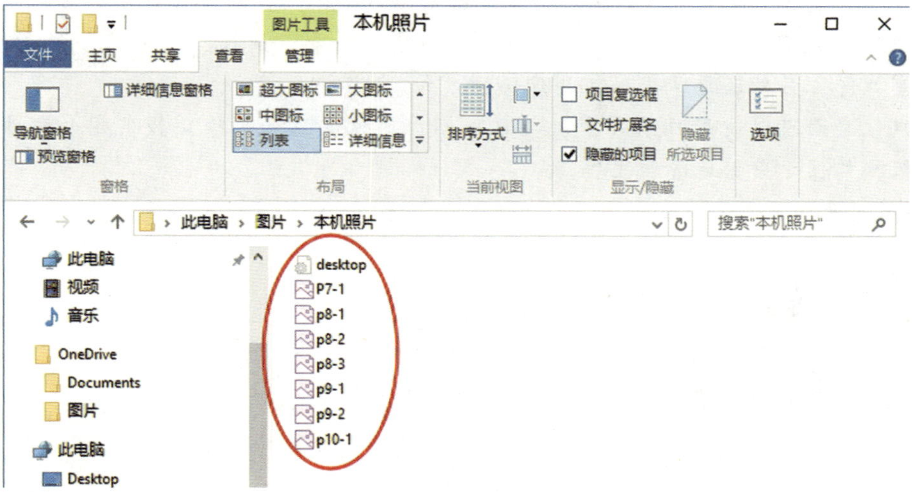

图 2-3-38

(2)显示文件扩展名

显示文件扩展名只需重复以上操作，在“查看”选项卡下把“显示已知文件类型的扩展名”前的钩打上，单击“应用”和“确定”按钮，完成操作。

小　结

Windows 10 是目前计算机上使用最广泛的操作系统之一。Windows 10 必须被安装到计算机上后才能使用。安装好 Windows 10 后，打开计算机即可启动 Windows 10，如果 Windows 10 的用户账户设置了密码，需要正确输入密码后才能进入 Windows 10 系统。计算机使用完后，不能直接关闭电源，应先退出 Windows 10，Windows 10 会自动关机。

用户成功登录 Windows 10 后，所显示的画面称为 Windows 10 的桌面。在桌面的底部有一个任务栏，任务栏分成 4 个区域：“开始”按钮、任务按钮区、通知区和“显示桌面”按钮。在桌面上还有一个浮动的语言栏，用来指示当前所使用的语言及输入法。在

Windows 10 中，运行一个程序会打开一个窗口。Windows 10 的窗口包括标题栏、菜单栏、工具栏、工作区和状态栏等几部分。在使用 Windows 10 的过程中，往往会打开对话框。对话框中包含许多组件，常见的组件有选项卡、命令按钮、单选钮、复选框、下拉列表框、数值框等。Windows 10 还提供了强大的帮助系统，用户可通过帮助系统找到疑难问题的解答。

使用 Windows 10 离不开键盘与鼠标，如果没有熟练掌握键盘与鼠标的使用方法，使用 Windows 10 时总会磕磕碰碰。在 Windows 10 中，要完成某项任务往往是运行某个程序，因此要掌握程序的运行方法。运行一个程序后，都会打开一个窗口，因此还要熟练掌握窗口的操作，如最大化、最小化、还原、移动、关闭等。

使用 Windows 10 离不开输入文字，其前提是熟练使用键盘，因此要掌握键盘指法和打字方法。要输入汉字，应掌握如何选择输入法、如何切换输入法状态。

文件管理是 Windows 10 的基本功能，也是用户必须掌握的操作。用户可通过资源管理器窗口进行文件操作。常用的文件操作有创建、查看、选择、重命名、复制、删除、移动、查找等。另外还要掌握如何创建快捷方式。

个性化桌面可以使用户的计算机耳目一新，字体安装和删除比较实用，文件与文件夹的高级操作便于更好地管理文件。

思 考

1. 对话框中通常有哪些组件？各有什么功能？
2. 窗口有哪些基本操作？
3. 搜狗拼音输入法是如何使用的？
4. 常用的文件操作有哪些？
5. 在资源管理器中，文件/文件夹有哪几种查看方式？有哪几种排序方式？
6. 如何让鼠标指针没有阴影？

项目 3

文字处理

我们经常看到的报纸、杂志、书籍上的文章，一般都要经过文字处理，这样的文章有利于阅读，更能突出主题、引人入胜。计算机中的文字处理软件已经在很大程度上取代了纸、笔、橡皮，成为人们学习和工作中处理文字的重要工具。

文字处理软件是办公软件的一种，一般用于文字的格式化和排版。文字处理软件的发展和文字处理的电子化是信息社会发展的标志之一。现有的中文文字处理软件主要有微软公司的 Word、金山公司的 WPS 套件、OpenOffice 套件和永中 Office 套件等。

Word 2016 是微软公司开发的办公软件 Microsoft Office 2016 的一个组件，利用它可以方便地完成文字编辑、表格制作和图像处理等。

主要学习目标

- 掌握 Word 2016 的基本操作。
- 掌握 Word 2016 文本编辑和排版。
- 掌握 Word 2016 表格处理的方法。
- 掌握 Word 2016 插图和艺术字处理方法。
- 掌握 Word 2016 图文混排的一般技巧。

任务 1 Word 2016 的基本操作

内容导读

Word 2016 的基本操作是学习 Word 的基础。本任务主要学习 Word 2016 的启动和退出的方法、工作界面、视图方式和文档的基本操作等知识。在知识拓展板块，还将学习文档保护的操作。

实例详解：新建“国庆节放假通知”

任务说明

放假通知是公司里常用的文件，通知一般都用文字处理软件完成。通过本例学习，你将学会打开、关闭、保存 Word 2016，还能够学会字符的输入，并对视图有初步了解。

操作步骤

1. 打开 Word 软件

执行“开始”菜单“所有程序”，找到 Word 2016 选项，单击打开 Word 2016 软件，如图 3-1-1 所示。

2. 输入文字

用组合键 Ctrl＋Shift 切换输入法到搜狗拼音输入法，输入如图 3-1-2 所示的文字。

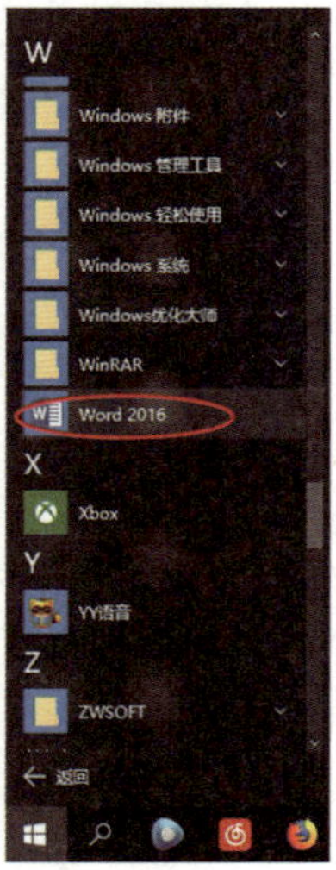

图 3-1-1

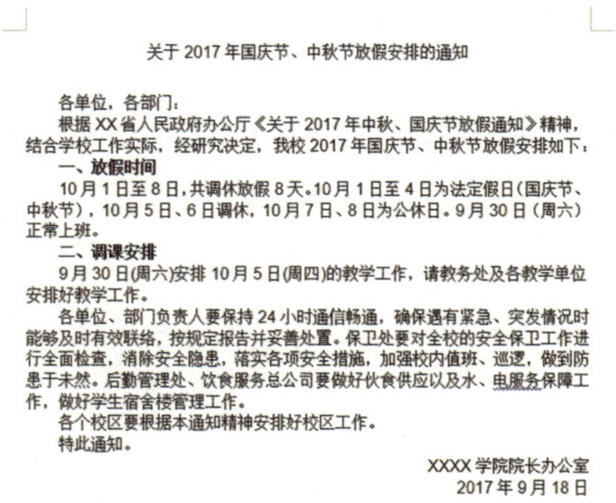

关于 2017 年国庆节、中秋节放假安排的通知

各单位，各部门：

根据 XX 省人民政府办公厅《关于 2017 年中秋、国庆节放假通知》精神，结合学校工作实际，经研究决定，我校 2017 年国庆节、中秋节放假安排如下：

一、放假时间

10 月 1 日至 8 日，共调休放假 8 天。10 月 1 日至 4 日为法定假日（国庆节、中秋节），10 月 5 日、6 日调休，10 月 7 日、8 日为公休日。9 月 30 日（周六）正常上班。

二、调课安排

9 月 30 日(周六)安排 10 月 5 日(周四)的教学工作，请教务处及各教学单位安排好教学工作。

各单位、部门负责人要保持 24 小时通信畅通，确保遇有紧急、突发情况时能够及时有效联络，按规定报告并妥善处置。保卫处要对全校的安全保卫工作进行全面检查，消除安全隐患，落实各项安全措施，加强校内值班、巡逻，做到防患于未然。后勤管理处、饮食服务总公司要做好伙食供应以及水、电服务保障工作，做好学生宿舍楼管理工作。

各个校区要根据本通知精神安排好校区工作。

特此通知。

XXXX 学院院长办公室
2017 年 9 月 18 日

图 3-1-2

3. 用草稿视图查看

执行“视图” →“草稿”命令，以草稿视图方式查看，如图 3-1-3 所示。

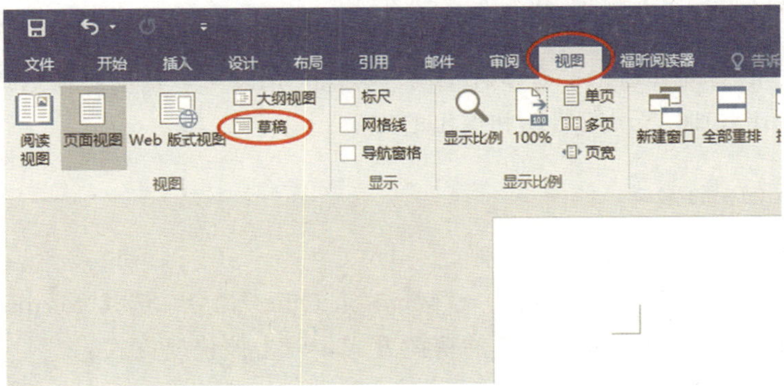

图 3-1-3

4. 保存 Word 文档

①执行“文件” →“保存”命令，如图 3-1-4 所示，打开“另存为”对话框。

②保存位置选择“此电脑”下的“本地磁盘(C:)”，文件名输入“国庆节放假通知”，单击“保存”按钮，如图 3-1-5 所示。

图 3-1-4

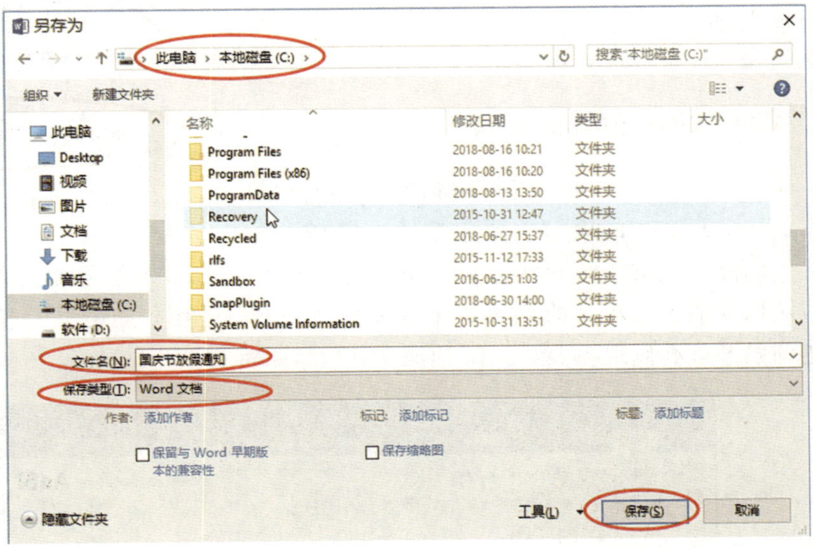

图 3-1-5

5. 退出 Word 软件

单击 Word 软件右上角的按钮，退出软件，如图 3-1-6 所示。

图 3-1-6

要点精讲

一、Word 2016 的启动与退出

Word 2016 的启动和退出都有多种不同的方法，用户可以根据习惯选择自己喜欢的一种，以下是 Word 2016 常用的启动和退出的方法。

1. Word 2016 的启动

Word 2016 常用的启动方法有三种。

方法一：执行“开始”→“所有程序”→“Microsoft Office”命令，选择“Microsoft Word 2016”。

方法二：如果建立了 Word 2016 的快捷方式，双击该快捷方式。

方法三：打开一个已有的 Word 文档文件。

2. Word 2016 的退出

Word 2016 常用的退出方法有三种。

方法一：单击 Word 2016 窗体右上角的窗口关闭按钮 ✕ 。

方法二：执行“文件”→“关闭”命令。

方法三：按组合键 Alt+F4。

退出时系统会打开保存提示对话框，用户可以选择是否保存修改，如图 3-1-7 所示。

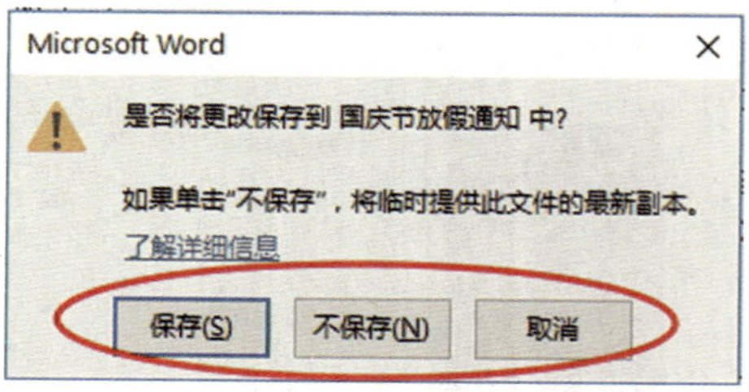

图 3-1-7

二、Word 2016 窗口的组成

启动 Word 2016 后，会出现如图 3-1-8 所示的窗口。Word 2016 的窗口主要包括 4 个区域：标题栏、功能区、文档区和状态栏。用户会发现 Word 2016 的界面一改以往的多级菜单，变成了以功能区为核心的界面。开始接触时，用户对其布局还不了解，但随着用户对它的逐渐熟悉就会发现 Word 2016 比原来任何版本都人性化。

图 3-1-8

1. 标题栏

标题栏位于 Word 2016 窗口的顶端，包括快速访问工具栏、标题和窗口控制按钮，如图 3-1-9 所示。

图 3-1-9

①快速访问工具栏。快速访问工具栏默认有保存、撤销和重复命令，用户可以自定义增删，增加了用户自主性。

②标题。标题名字包含文档名称和应用程序名称。

③窗口控制按钮。窗口控制按钮分别是最小化、最大化和关闭按钮。

2. 功能区

功能区包括“开始”等固定的选项卡和其他非固定的选项卡，每个选项卡下对应相应的功能区，使得操作更加直观。同时功能区还有帮助按钮，便于用户获得帮助信息，如图 3-1-10 所示。

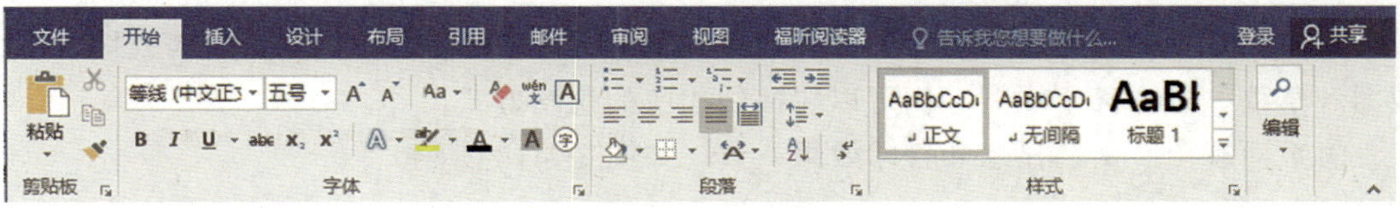

图 3-1-10

3. 文档区

文档区是编辑文档的主要区域，占据了大部分页面，它主要包括以下几个部分。

①文档编辑区。文档编辑区位于窗口的中央，文本显示、输入和编辑就在这个区域。左边一条闪动的光标，即文本当前操作的位置，如图 3-1-11 所示。

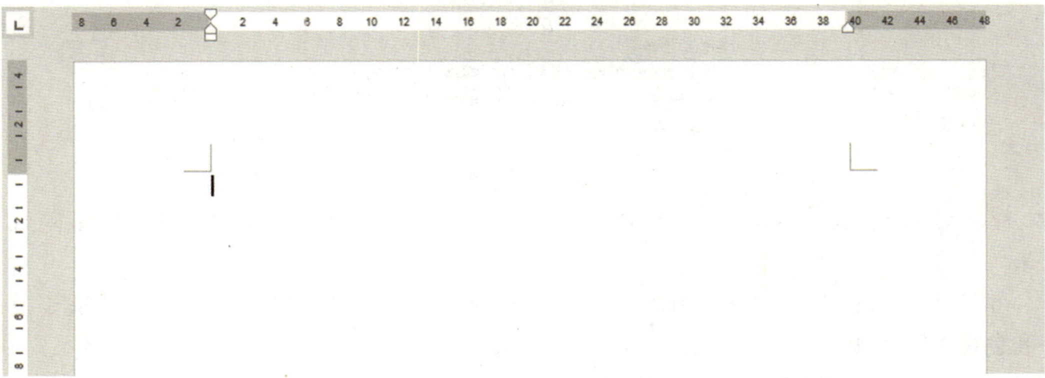

图 3-1-11

②标尺和标尺开关。标尺分为水平标尺和垂直标尺，标尺在对齐文档中的文本、图像、表格等元素时起着很好的作用。拖动标尺滑块可以对段落进行首行缩进、对齐方式等设置。标尺开关是显示/隐藏标尺的开关。

③ 滚动条。滚动条分水平滚动条和垂直滚动条，用于滚动显示文档内容。

④ 翻页按钮。翻页按钮实现对文档页面的向前/向后翻阅。

⑤ 窗口拆分按钮。窗口拆分按钮实现对窗口的拆分，便于文档对比和操作。

4. 状态栏

状态栏位于窗口的最下面，包括页码状态、字数统计、校对状态、语言状态、插入状态、视图状态和比例缩放等，如图 3-1-12 所示。

图 3-1-12

三、视图

1. 不同视图方式的功能

Word 2016 提供了 5 种视图方式：页面视图、阅读版式视图、Web 版式视图、大纲视图和草稿。选择某个视图，就可以切换到相应的视图方式。

①页面视图。文档显示和打印效果一致，如图 3-1-13 所示。

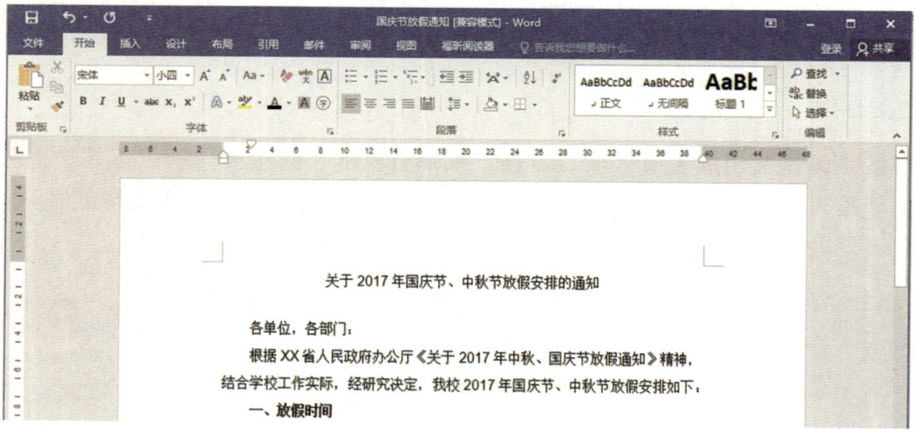

图 3-1-13

②阅读版式视图。以图书的分栏样式显示文档，除了必需的按钮，其他的都隐藏了起来，如图 3-1-14 所示。

③Web 版式视图。文本与图形的显示与在 Web 浏览器中的显示是一致的，适于发邮件和创建网页，如图 3-1-15 所示。

④大纲视图。根据文档的标题级别，显示文档的框架结构，特别适合组织写作大纲，如图 3-1-16 所示。

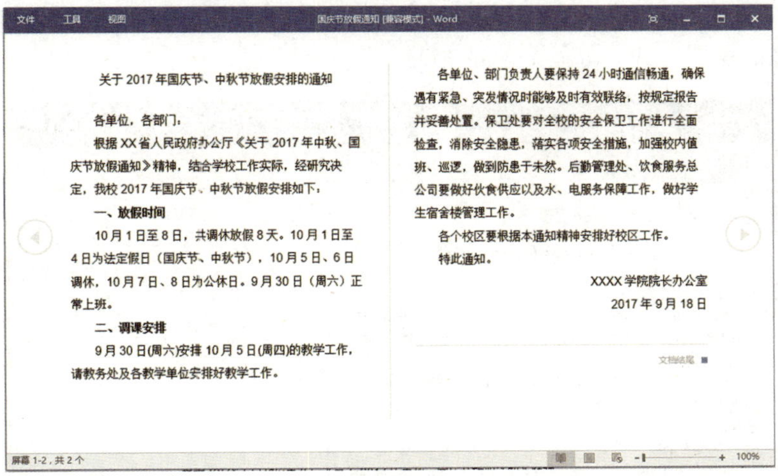

图 3-1-14

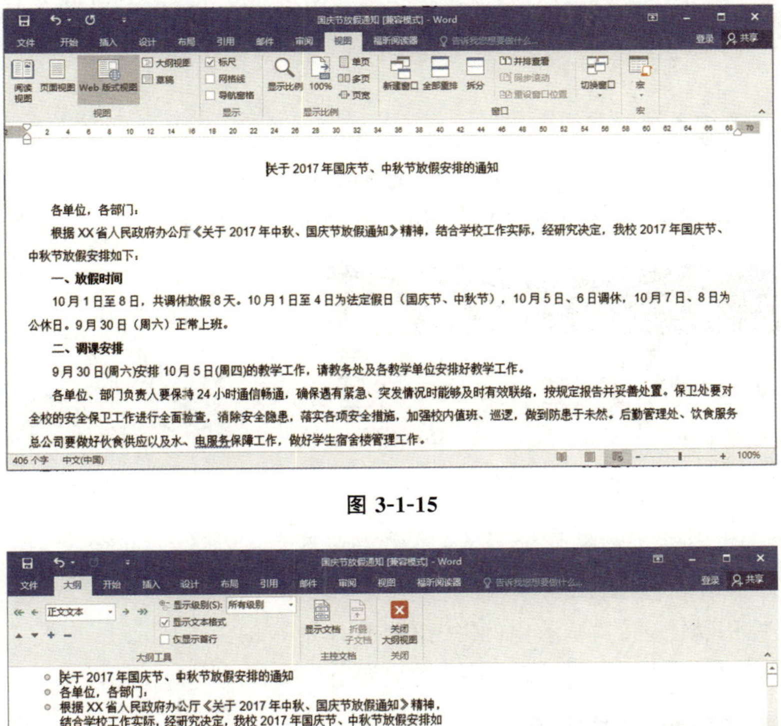

图 3-1-15

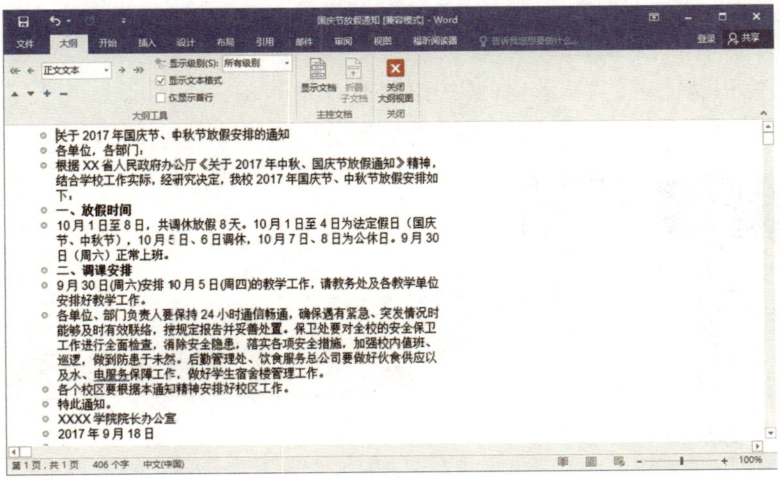

图 3-1-16

⑤草稿。取消了页面边距、分栏、页眉和页脚、图片等元素，仅显示标题和正文，是最节约资源的视图方式，如图 3-1-17 所示。

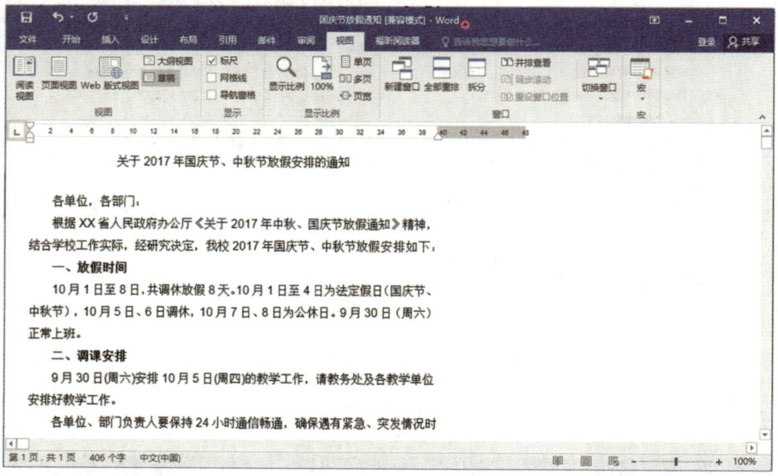

图 3-1-17

2. 不同视图方式的切换

方法一：在“视图”选项卡中，单击相应的视图按钮切换，如图 3-1-18 所示。

方法二：使用状态栏中的“视图”按钮切换，如图 3-1-19 所示。

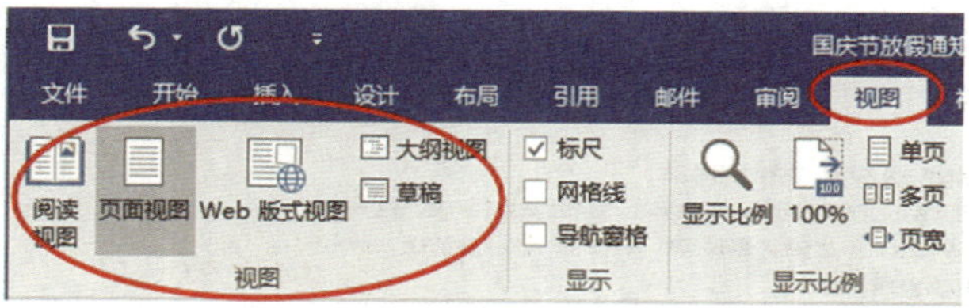

图 3-1-18

图 3-1-19

3. 调节文档的显示比例

方法一：使用功能区的“显示比例”按钮调节，如图 3-1-20 所示。

方法二：拖动状态栏中的“显示比例”滑块调节，如图 3-1-21 所示。

图 3-1-20

图 3-1-21

4. 比较查看文档

(1)同文档的比较查看

同文档的比较查看，使用“视图”选项卡“窗口”功能区中的“拆分”按钮，单击文档中需要拆分的位置即可，如图 3-1-22 所示。

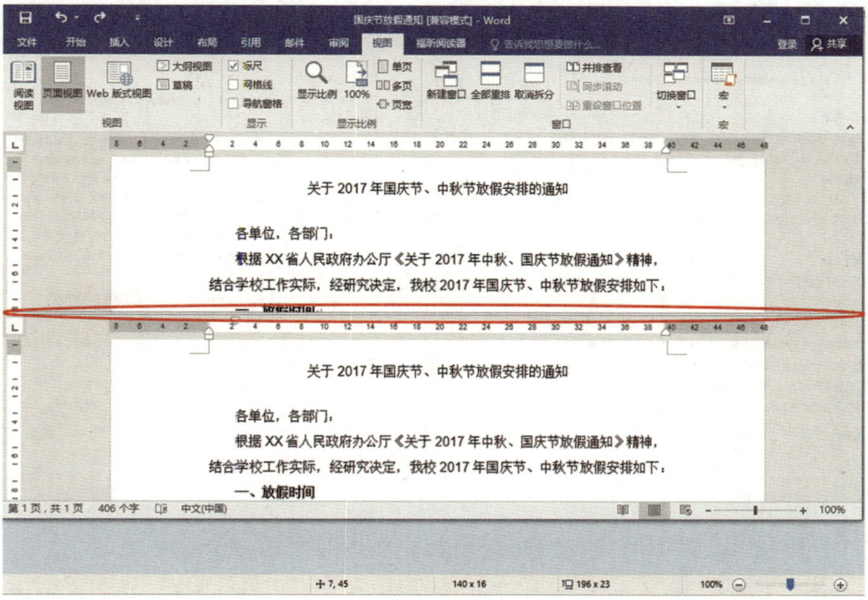

图 3-1-22

如果不需要比较查看，单击“取消拆分”按钮即可，如图 3-1-23 所示。

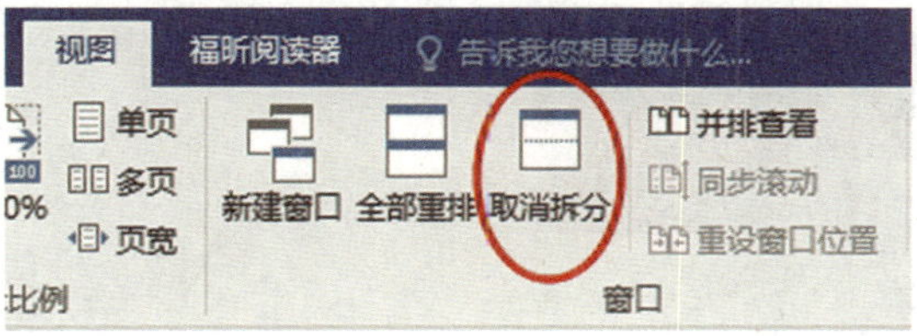

图 3-1-23

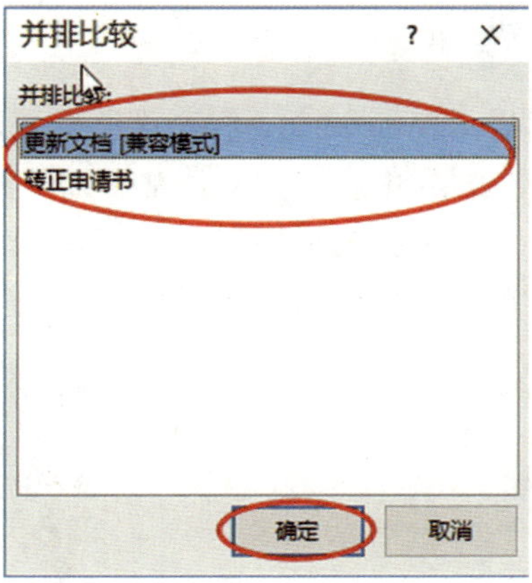

图 3-1-24

(2)不同文档间的比较查看

①单击“视图”选项卡下“窗口”功能区中的“并排查看”按钮，弹出“并排比较”对话框，如图 3-1-24 所示。

②选择要并排查看的文件，单击“确定”按钮，即可完成不同文档的比较查看，如图 3-1-25 所示。

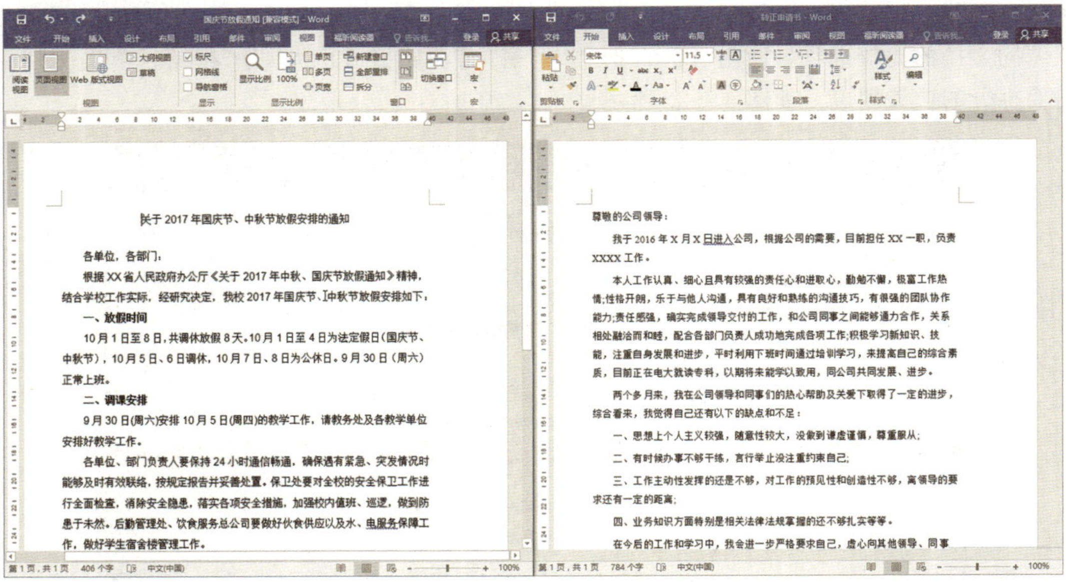

图 3-1-25

四、文档操作

文档是 Word 2016 创建的文件，一个文档对应一个文件。Word 2016 文档文件的扩展名是“. docx”，低版本的扩展名是“. doc”。

Word 2016 中常用的文档操作包括新建文档、保存文档、打开文档和关闭文档等。

1. 新建文档

启动 Word 2016 时，系统会自动建立一个空白文档，默认的文件名是“文档 1”。在 Word 2016 中，新建文档常有以下方法。

方法一：利用快速访问工具栏新建。

单击快速访问工具栏中的“新建”按钮，可以新建一个文档，如图 3-1-26 所示。

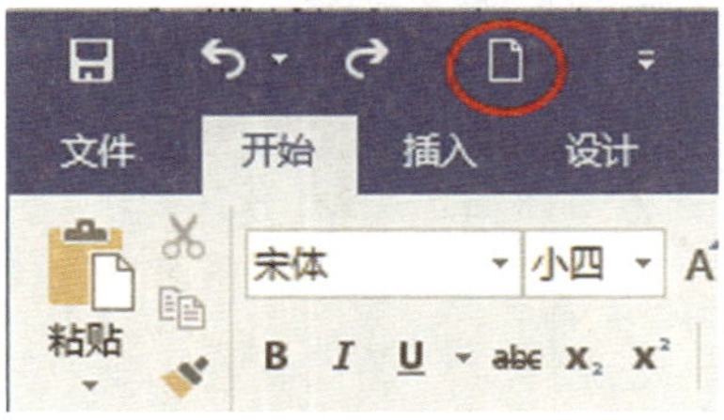

图 3-1-26

如果没有“新建”按钮，就单击快速访问工具栏的“扩展”按钮，把“新建”按钮调用出来，如图 3-1-27 所示。

方法二：通过“文件”菜单新建。执行“文件” →“新建” →“空白文档”命令，如图 3-1-28 所示。

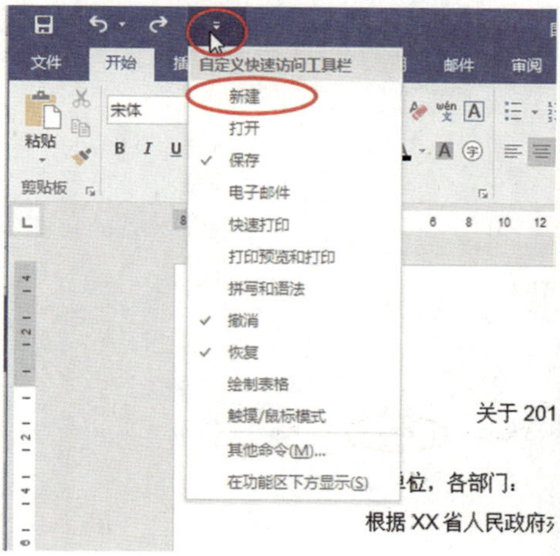

图 3-1-27

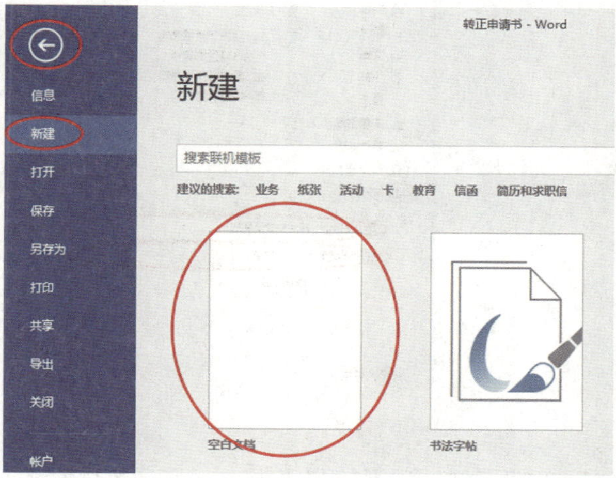

图 3-1-28

方法三：利用快捷方式，按组合键 Ctrl+N 即可。

2. 保存文档

在 Word 2016 中，保存文档有以下方法。

方法一：单击快速访问工具栏上的“保存”按钮，如图 3-1-29 所示。

方法二：执行“文件” →“保存”命令保存，如图 3-1-30 所示。

图 3-1-29

图 3-1-30

方法三：利用快捷方式，按组合键 Ctrl+S。

方法四：执行“文件” →“另存为”命令，弹出“另存为”对话框，文档可存为其他名字、类型和位置，如图 3-1-31 所示。

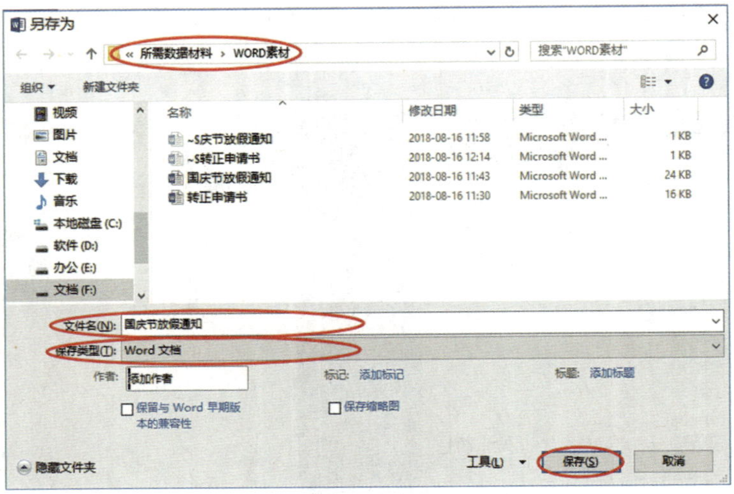

图 3-1-31

在“保存位置”下拉列表框中，选择要保存的位置。

在“文件名”下拉列表框中，输入或选择另存为的文件名。

在“保存类型”下拉列表框中，选择要保存的文件类型。

在 Word 2016 中，如果新建的文档尚未命名，按照前述的 3 种方法执行第一次保存操作时，也将打开“另存为”对话框。

3. 打开文档

在 Word 2016 中，打开文档有以下方法。

方法一：双击文档图标。这种方法针对已经创建好的 Word 文档。

方法二：利用“文件”菜单。

①执行“文件”→“打开”命令，如图 3-1-32 所示。

②在弹出的“打开”对话框中，找到需要打开文件的路径，然后输入或选择需要打开的文件，单击“打开”按钮即可，如图 3-1-33 所示。

图 3-1-32

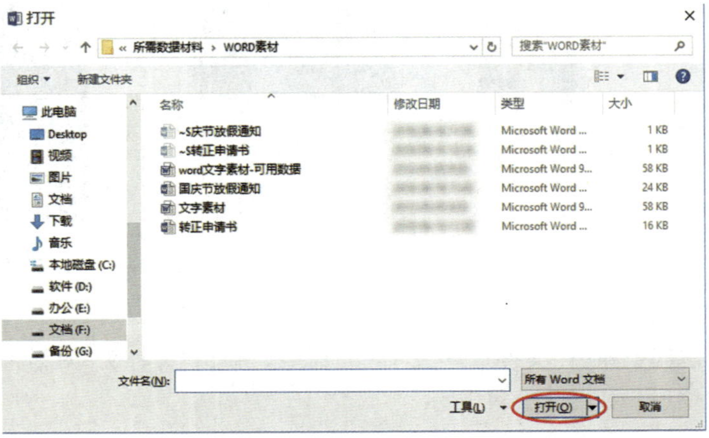

图 3-1-33

方法三：使用快捷键。按组合键 Ctrl+O 即可。

4. 关闭文档

在 Word 2016 中，关闭当前文档有以下方法。

方法一：通过任务栏关闭。右击任务栏中的 Word 文档的标签，选择“关闭窗口”即可，如图 3-1-34 所示。

方法二：通过“文件”菜单。

执行“文件”→“关闭”命令，如图 3-1-35 所示。

方法三：利用窗口“关闭”按钮。

单击窗口右上角的“关闭”按钮即可，如图 3-1-36 所示。

图 3-1-34

图 3-1-35

图 3-1-36

知识拓展

文档保护

1. 限制编辑

限制编辑功能是指在阅读文档时，对文档的格式编辑或者类型编辑进行限制，应用后文档只能阅读不能编辑。

①执行“文件”→“信息”→“保护文档”→“限制编辑”命令，如图 3-1-37 所示。

②弹出“限制编辑”对话框，如图 3-1-38 所示。

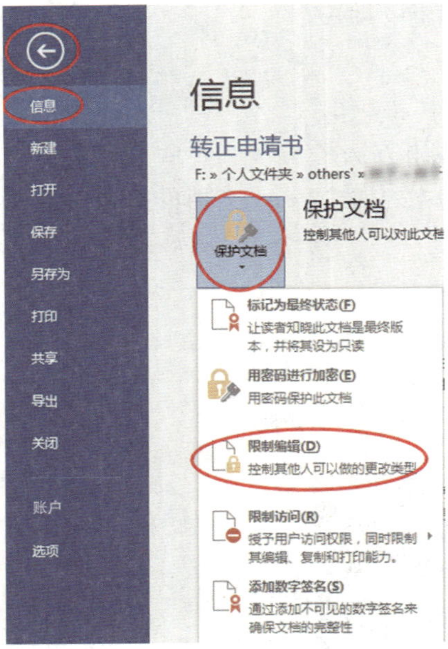

图 3-1-37

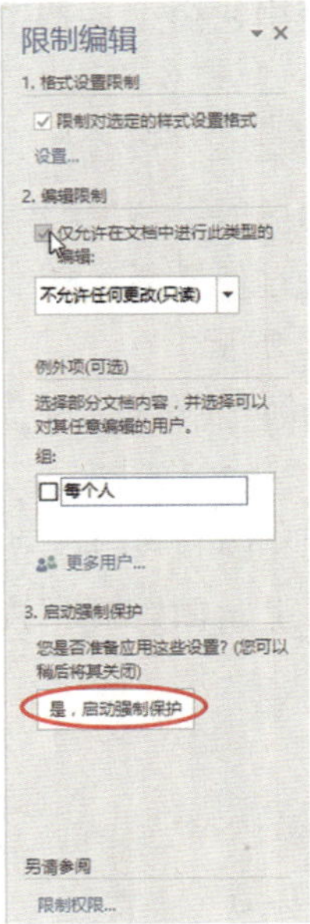

图 3-1-38

③单击“是，启动强制保护”按钮后，会打开“启动强制保护”对话框，如图 3-1-39 所示。

④输入密码，单击“确定”按钮后即可完成。打开“限制编辑”对话框，可以看到文档编辑已受到限制，如图 3-1-40 所示。

如果要取消保护，单击“停止保护”按钮，输入密码即可，如图 3-1-41 所示。

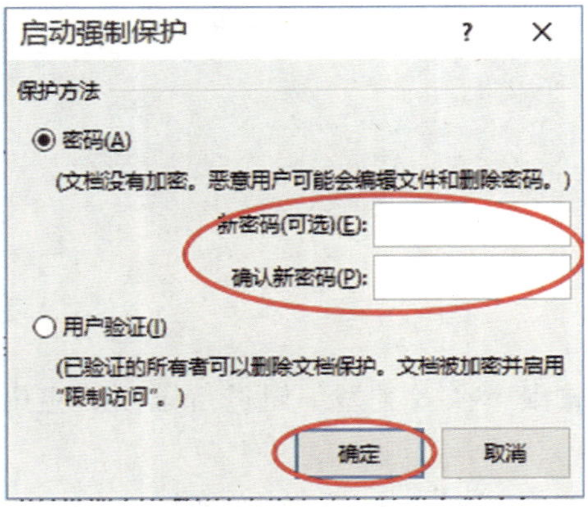

图 3-1-39

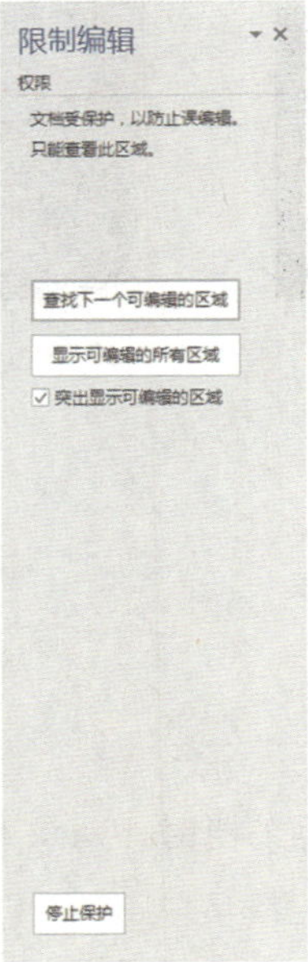

图 3-1-40

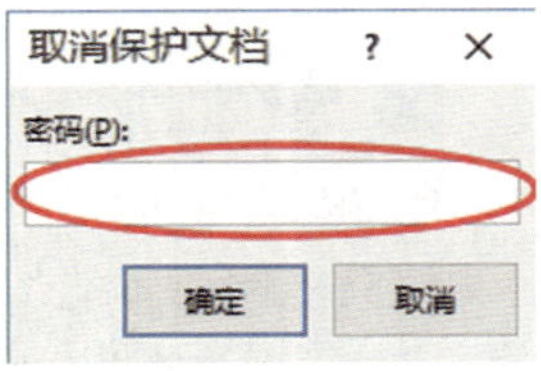

图 3-1-41

2. 密码保护

①执行“文件”→“信息”→“保护文档”→“用密码进行加密”命令，如图 3-1-42 所示。

②打开“加密文档”的对话框，如图 3-1-43 所示。

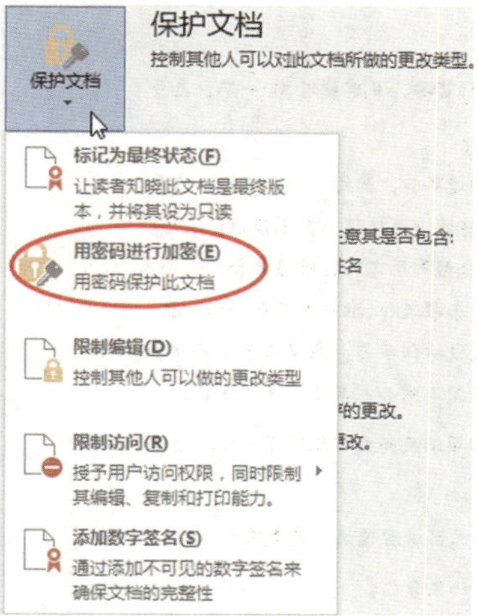

图 3-1-42

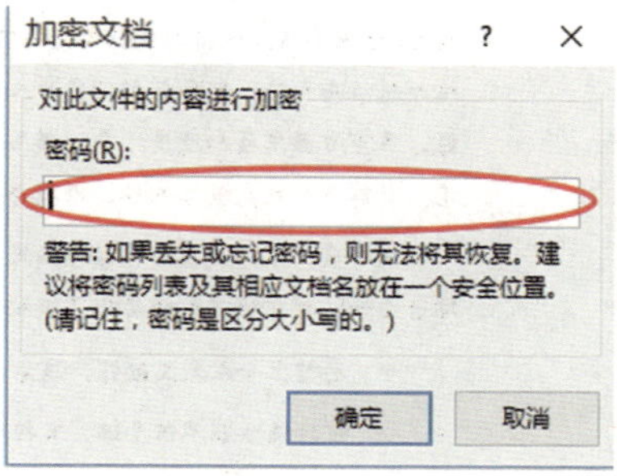

图 3-1-43

③输入保护密码，单击“确定”按钮即可完成密码保护，如图 3-1-44 所示，再次打开文档时就需输入密码才能进入文档。

如果要取消密码，找到密码加密权限，清除密码即可，如图 3-1-45 所示。

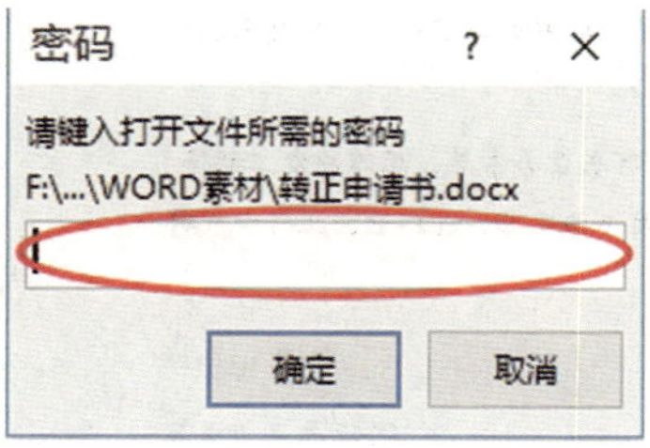

图 3-1-44

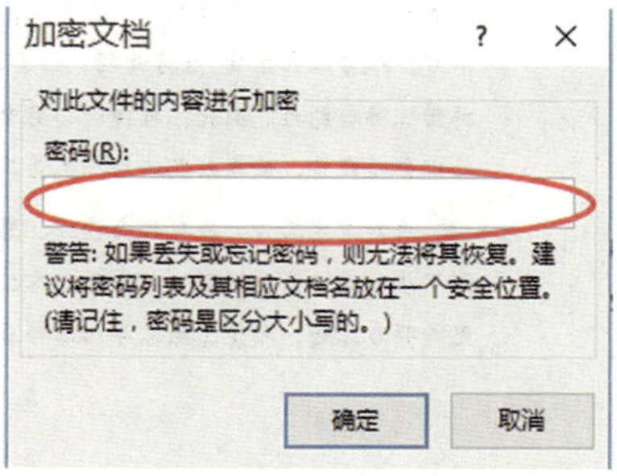

图 3-1-45

任务 2 文本编辑

内容导读

本任务主要学习文本编辑、字符格式设置、段落设置和项目编号设置。在知识拓展板块，还将学到分栏与取消分栏、复制与清除格式。

实例详解：编辑“转正申请书”

转正申请书

尊敬的公司领导：

我于 2016 年 X 月 X 日进入公司，根据公司的需要，目前担任 XX 一职，负责 XXXX 工作。

本人工作认真、细心且具有较强的责任心和进取心，勤勉不懈，极富工作热情;性格开朗，乐于与他人沟通，具有良好和熟练的沟通技巧，有很强的团队协作能力;责任感强，确实完成领导交付的工作，和公司同事之间能够通力合作，关系相处融洽而和睦，配合各部门负责人成功地完成各项工作;积极学习新知识、技能，注重自身发展和进步，平时利用下班时间通过培训学习，来提高自己的综合素质，目前正在电大就读专科，以期将来能学以致用，同公司共同发展、进步。

两个多月来，我在公司领导和同事们的热心帮助及关爱下取得了一定的进步，综合看来，我觉得自己还有以下的缺点和不足：

- ◇ 思想上个人主义较强，随意性较大，没做到谦虚谨慎，尊重服从;
- ◇ 有时候办事不够干练，言行举止没注重约束自己;
- ◇ 工作主动性发挥的还是不够，对工作的预见性和创造性不够，离领导的要求还有一定的距离。

在今后的工作和学习中，我会进一步严格要求自己，虚心向其他领导、同事学习，我相信凭着自己高度的责任心和自信心，一定能够改正这些缺点，争取在各方面取得更大的进步。

根据公司规章制度，试用人员在试用期满两个月合格后，即可被录用成为公司正式员工。本人在工作期间，工作认真、细心且具有较强的责任心和进取心，勤勉不懈，极富工作热情;性格开朗，乐于与他人沟通，具有熟练的沟通技巧，有很强的团队协作能力。因此，我特向公司申请：希望能根据我的工作能力、态度及表现给出合格评价，使我按期转为正式员工。

来到这里工作，我在敬业精神、思想境界,还有在业务素质、工作能力上都得到了很大的进步与提高，也激励我在工作中不断前进与完善。在以后的工作中我将更加努力上进，希望上级领导批准转正。

申请人：xxx

2017 年 X 月 X 日

任务说明

通过本例学习，你将学会分段，插入标题，设置字符的字体、字号、字型、颜色、下划线；同时学会段落的对齐、文字的首行缩进、段落间距、段落行间距、项目与编号、查找与替换等知识。制作完成如上样张所示。

操作步骤

①打开教学素材下的“转正申请书”。

②插入标题“转正申请书”。

● 将光标移动到“尊敬的”三字前面，单击使光标处于闪动状态，按回车键，完成分段。

● 输入文字“转正申请书”。

● 光标移到“转正申请书”五字前，按住鼠标左键不放，拖动使“转正申请书”五字处于被选中状态。

● 在“开始”选项卡中，单击“字体”功能区的对话框启动按钮(图 3-2-1)，在打开的“字体”对话框中，把“中文字体”设置成“黑体”，“字形”设置成“加粗”，“字号”设置成“三号”，单击“确定”按钮，如图 3-2-2 所示。

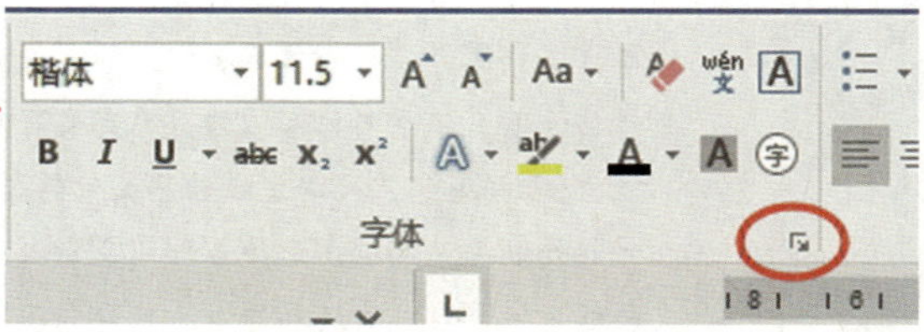

图 3-2-1

● 在右键快捷菜单中执行“格式”→“段落”命令，打开“段落”对话框，“对齐方式”选择“居中”，单击“确定”按钮，如图 3-2-3 所示。

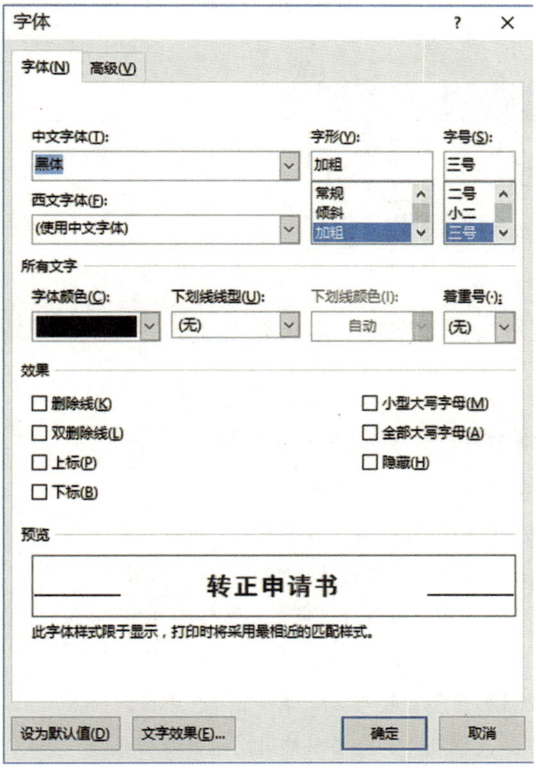

图 3-2-2

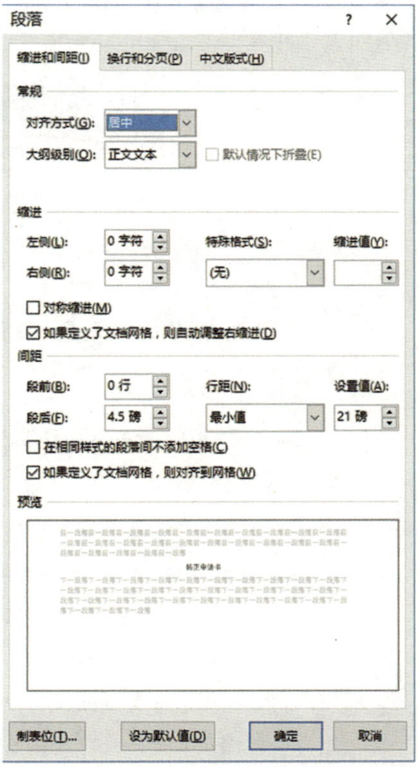

图 3-2-3

③设置正文字符格式，“中文字体”选择“楷体_GB2312”，“字号”选择“小四”，效果如图 3-2-4 所示。

转正申请书

尊敬的公司领导：

我于 2016 年 X 月 X 日进入公司，根据公司的需要，目前担任 XX 一职，负责 XXXX 工作。

本人工作认真、细心且具有较强的责任心和进取心，勤勉不懈，极富工作热情；性格开朗，乐于与他人沟通，具有良好和熟练的沟通技巧，有很强的团队协作能力；责任感强，确实完成领导交付的工作，和公司同事之间能够通力合作，关系相处融洽而和睦，配合各部门负责人成功地完成各项工作；积极学习新知识、技能，注重自身发展和进步，平时利用下班时间通过培训学习，来提高自己的

图 3-2-4

● 光标移动到“尊敬的”三字前，按住鼠标左键，向右下角拖动，选中除了标题外的所有文字。

● 进入“开始”选项卡，在“字体”功能区，“中文字体”选择“楷体_GB2312”，“字号”选择“小四”，如图 3-2-5 所示。

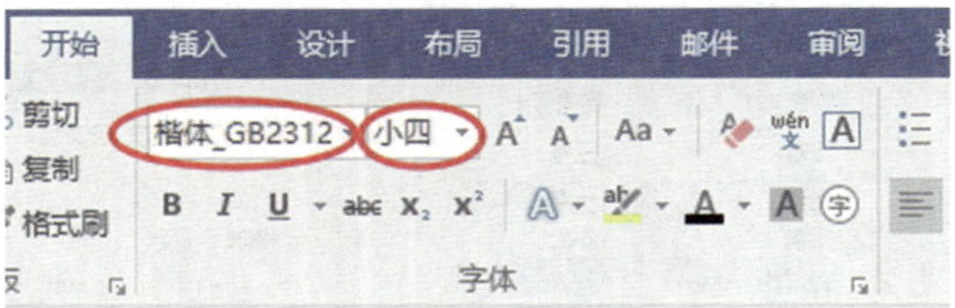

图 3-2-5

④设置文章段落样式，正文段落格式首行缩进 2 字符，效果如图 3-2-6 所示。

尊敬的公司领导：

　　我于 2016 年 X 月 X 日进入公司，根据公司的需要，目前担任 XX 一职，负责 XXXX 工作。

　　本人工作认真、细心且具有较强的责任心和进取心，勤勉不懈，极富工作热情；性格开朗，乐于与他人沟通，具有良好和熟练的沟通技巧，有很强的团队协作能力；责任感强，确实完成领导交付的工作，和公司同事之间能够通力合作，关系相处融洽而和睦，配合各部门负责人成功地完成各项工作；积极学习新知识、技能，注重自身发展和进步，平时利用下班时间通过培训学习，来提高自己的综合素质，目前正在电大就读专科，以期将来能学以致用，同公司共同发展、进步。

图 3-2-6

● 光标移动到“您好”两字前，选中“您好”至“此致”的正文段落，打开“段落”对话框，在“特殊格式”下拉列表框中选择“首行缩进”，“磅值”选择“2 字符”，如图 3-2-7 所示。

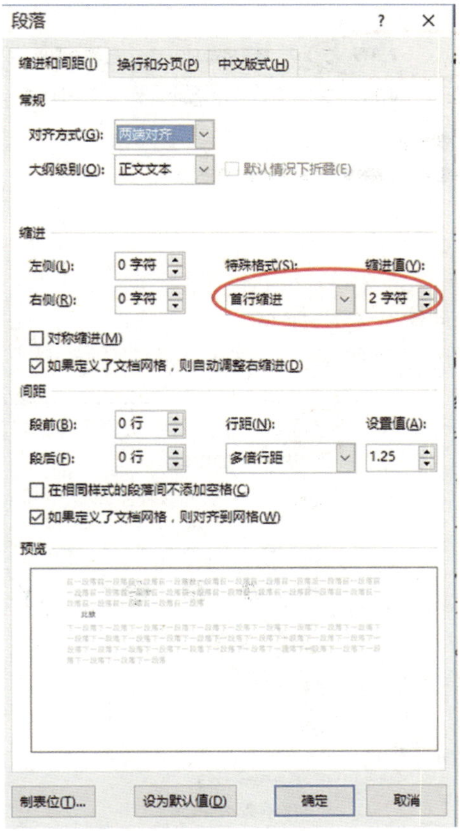

图 3-2-7

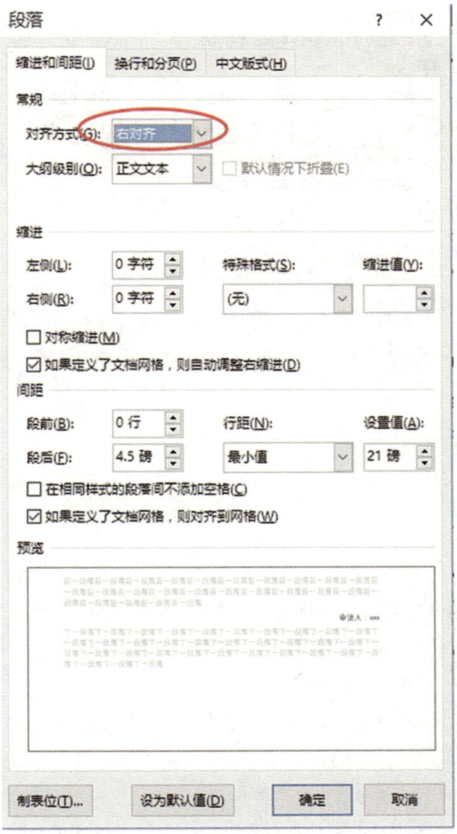

图 3-2-8

● 选中申请人和年月日两行，打开“段落”对话框，“对齐方式”选择“右对齐”，如图 3-2-8 所示。单击“确定”按钮，对齐效果如图 3-2-9 所示。

　　来到这里工作，我在敬业精神、思想境界，还有在业务素质、工作能力上都得到了很大的进步与提高，也激励我在工作中不断前进与完善。在以后的工作中我将更加努力上进，希望上级领导批准转正。

　　此致

敬礼

申请人：xxx

2017 年 X 月 X 日

图 3-2-9

⑤设置“行距”1.2 倍，“段后”0.5 行，“简要总结如下：”后 4 段左缩进 2 字符。

● 选中除标题外的所有文字，打开“段落”对话框，“段后”设置为 0.5 行，“行距”设置多行行距，“设置值”为 1.2，如图 3-2-10 所示。

● 选择“简要总结如下：”后 4 段，打开“段落”对话框，“左侧”缩进设置为“2 字符”，如图 3-2-11 所示。

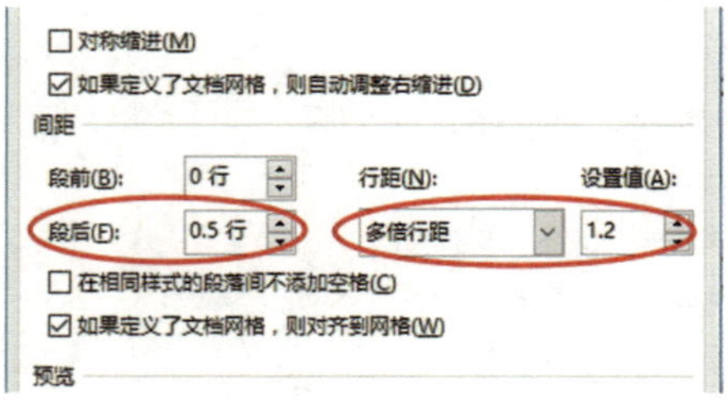

图 3-2-10

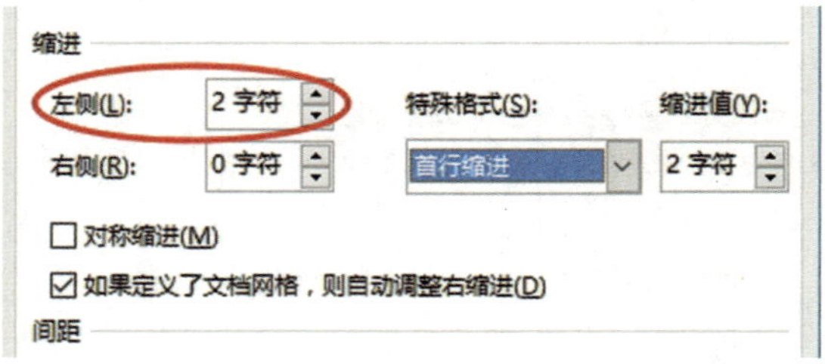

图 3-2-11

⑥为“简要总结如下:”后 4 段设置项目符号，如图 3-2-12 所示。

选择“简要总结如下:”后 4 段，在“段落”功能区选择如图 3-2-13 所示的项目符号。

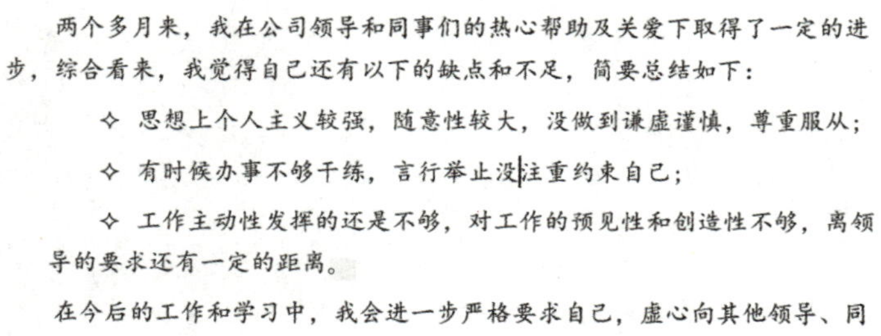
两个多月来，我在公司领导和同事们的热心帮助及关爱下取得了一定的进步，综合看来，我觉得自己还有以下的缺点和不足，简要总结如下：

✧ 思想上个人主义较强，随意性较大，没做到谦虚谨慎，尊重服从；

✧ 有时候办事不够干练，言行举止没注重约束自己；

✧ 工作主动性发挥的还是不够，对工作的预见性和创造性不够，离领导的要求还有一定的距离。

在今后的工作和学习中，我会进一步严格要求自己，虚心向其他领导、同

图 3-2-12

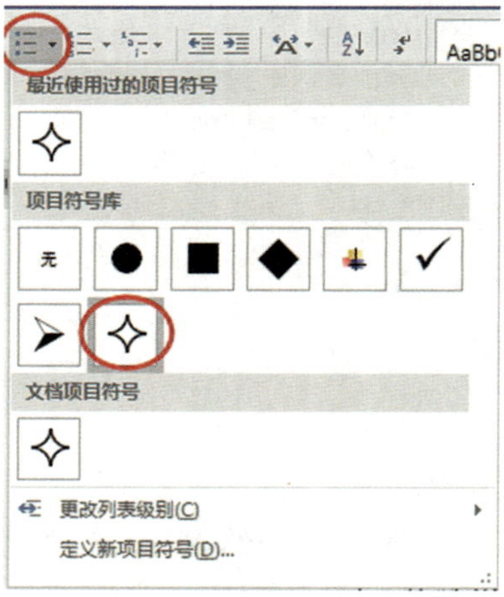

图 3-2-13

⑦删除“简要总结如下:”后 4 段中的 4 个“本人”，在“敬礼”后加上“!”。

- 分别选中 4 个“本人”，按 Delete 键。
- 光标移动到“敬礼”后，输入“!”。

⑧查找“美编”，替换为“文本编辑”。

- 在“开始”选项卡中，找到“编辑”功能区，单击“替换”按钮，打开“查找和替换”对话框，如图 3-2-14 所示。
- 在“查找内容”文本框中输入“美编”，在“替换为”文本框中输入“文本编辑”，单击“全部替换”按钮，完成替换。

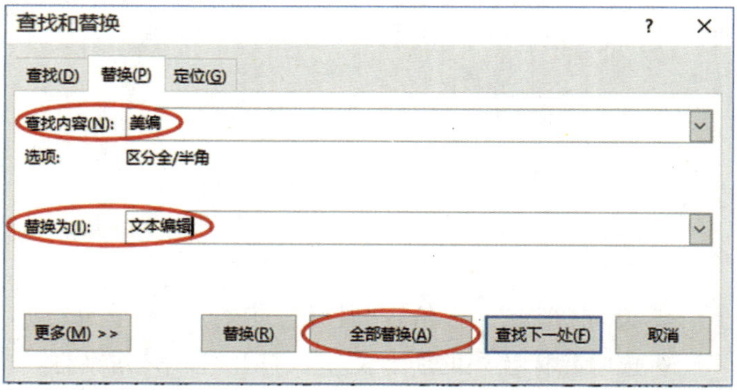

图 3-2-14

⑨执行“文件”→“保存”命令，退出软件。

要点精讲

一、文本编辑

在 Word 2016 中，大量的工作是对文本进行编辑，文本编辑是文档格式化的前提。文本编辑的常用操作包括选定文本、删除文本、复制与粘贴文体、查找和替换等。

1. 选定文本

Word 2016 中的许多操作都需要先选定文本。用鼠标和键盘都可选定文本，被选定的文本的底色为黑色。选定文本后，按任意光标移动键，或在文档任意位置单击鼠标，可取消文本的选定状态。

选定文本的常用方法有以下几种。

①拖动鼠标选文字。在文档中拖动鼠标，到要选定文本的结束位置时松开鼠标左键，选定鼠标光标经过的文本。

②双击鼠标选单词。双击鼠标，选定插入点光标所在位置的单词。

③三击鼠标选段落。快速单击鼠标 3 次，选定插入点光标所在位置的段落。

④配合键盘选全文。光标移到需要选定的文本最前面，按住 Shift 键不放，在需要选定的文本末单击。

2. 删除文本

删除文本有以下方法。

①向左删除。按 Backspace 键，删除插入点光标左面的一个汉字或字符。

②向右删除。按 Delete 键，删除插入点光标右面的一个汉字或字符。

3. 复制与粘贴文本

复制文本前，首先选定要复制的文本。有以下几种复制方法。

方法一：将鼠标指针移动到选定的文本上，按住 Ctrl 键的同时拖动鼠标，当虚竖线到达目标位置后，松开鼠标左键和 Ctrl 键，选定的文本被复制到目标位置。

方法二：先将选定的文本复制到剪贴板上，再将插入点光标移动到目标位置，然后把剪贴板上的内容粘贴在光标闪动点。

方法三：选中文本，在右键快捷菜单中执行“复制”命令，光标闪动点移到需要粘贴的位置，在右键快捷菜单中执行“粘贴”命令。

4. 查找与替换

在文档的编辑过程中，经常要在文档中查找某些内容，或需要对某一内容进行统一替换。对于较长的文档，如果手工逐字逐句去查找或替换，不仅费时费力，而且可能会有遗漏。利用查找或替换功能，可以很方便地完成这些工作。

(1)查找(快捷键 Ctrl＋F)

①打开“导航”窗格。在“开始”选项卡中，找到“编辑”功能区，单击“查找”按钮，打开“导航”窗格，如图 3-2-15 所示。

②输入查找内容。在“查找内容”文本框中，输入要查找的文本。例如，输入“员工”一词，如图 3-2-16 所示。

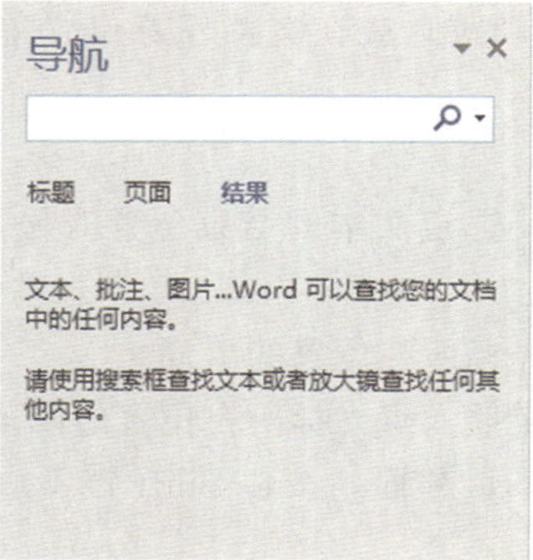

图 3-2-15

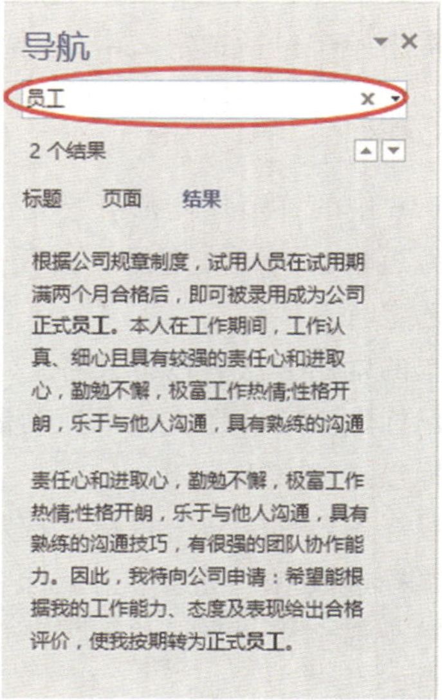

图 3-2-16

③进行查找。单击放大镜按钮，系统从插入点光标处开始查找，查找到的内容被选定显示为黄色，如图 3-2-17 所示。

单击“导航”窗格的下拉按钮，展开搜索选项，可进行高级查找设置，如图 3-2-18 所示。

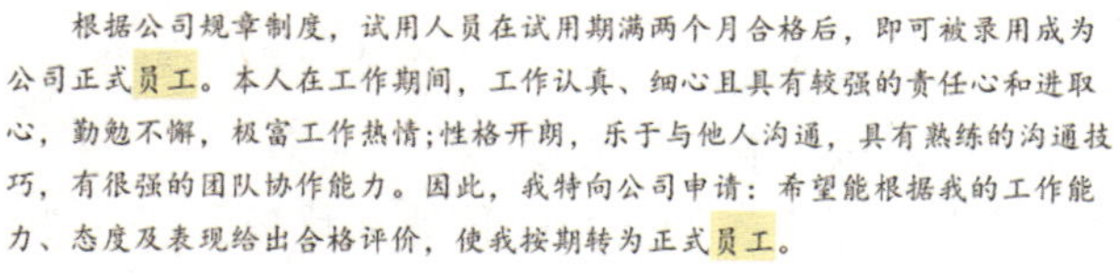
根据公司规章制度，试用人员在试用期满两个月合格后，即可被录用成为公司正式员工。本人在工作期间，工作认真、细心且具有较强的责任心和进取心，勤勉不懈，极富工作热情;性格开朗，乐于与他人沟通，具有熟练的沟通技巧，有很强的团队协作能力。因此，我特向公司申请：希望能根据我的工作能力、态度及表现给出合格评价，使我按期转为正式员工。

图 3-2-17

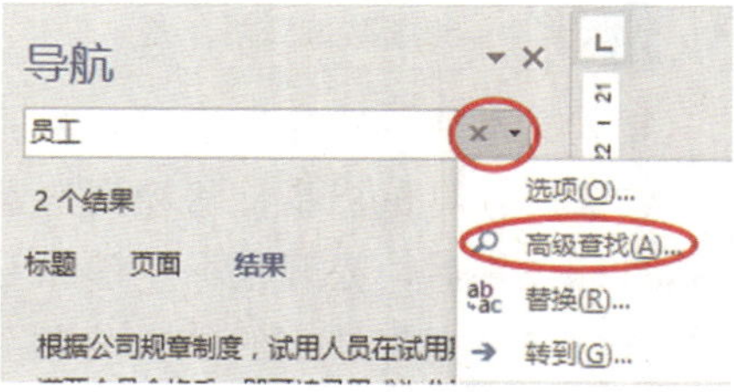

图 3-2-18

(2)替换(组合键 Ctrl＋H)

①在“开始”选项卡中，找到“编辑”功能区，单击“替换”按钮，选择“查找和替换”对话框中的“替换”选项卡，如图 3-2-19 所示。

②输入查找内容。在“查找内容”文本框中，输入被替换的文本。

③输入替换内容。在“替换为”文本框中，输入替换后的文本。

④开始查找定位。单击“查找下一处”按钮，系统从插入点光标处开始查找，查找到

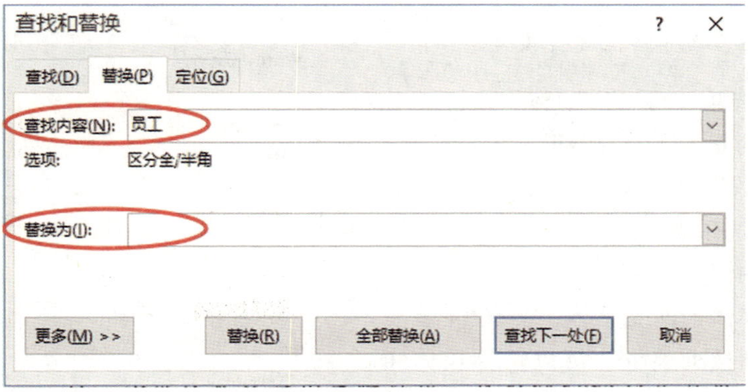

图 3-2-19

的内容被选定。

⑤对查找到的内容替换。单击“替换”按钮，替换查找到的内容；单击“全部替换”按钮，替换全部查找到的内容。

几组常用的组合键(用户自定义过快捷键的计算机除外)见表 3-2-1。

表 3-2-1

组合键	功　能	组合键	功　能
Ctrl+C	复制	Ctrl+V	粘贴
Ctrl+X	剪切	Ctrl+A	全选
Ctrl+Z	撤销	Ctrl+空格	中英文输入法切换
Ctrl+Shift	输入法切换		

二、字符格式设置

在 Word 2016 中，字符格式设置常包括字体、字号、字颜色、粗体、斜体、下划线、删除线、上标、下标等内容。

设置常用方法，所有字符格式设置遵循“先选中，后操作”的原则。

1. 通过“字体”功能区设置

在“开始”选项卡下有“字体”功能区，“字体”功能区可以快速对字号大小、字体颜色、字体效果进行设置，如图 3-2-20 所示。

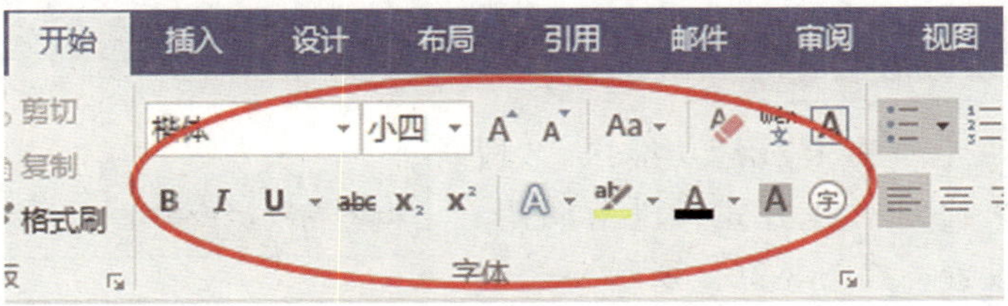

图 3-2-20

2. 通过“字体”对话框进行设置

在“开始”选项卡下的“字体”功能区右下角，有“字体”对话框启动按钮，单击打开“字体”对话框，如图 3-2-21 所示。

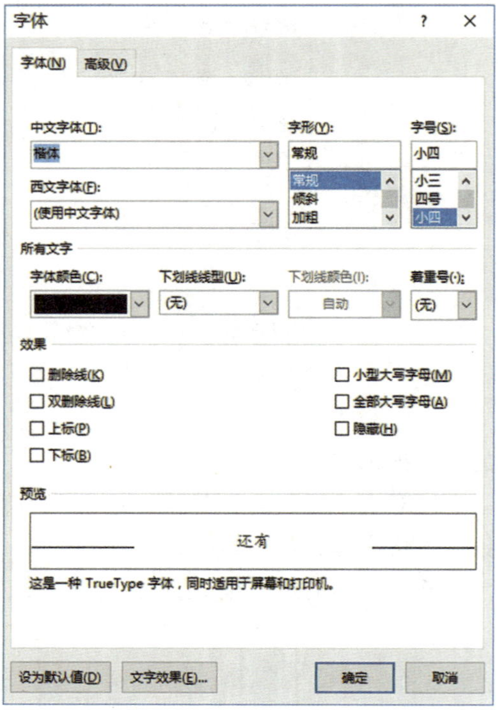

图 3-2-21

（1）“字体”选项卡

①“中文字体”和“西文字体”下拉列表框：可以选择中文字体、西文字体。

②“字形”下拉列表框：可以选择粗体和斜体样式。

③“字号”下拉列表框：可以选择字号大小。如果已有的字号不适合，可以输入任意数字（如 144）调整字号大小。

④“字体颜色”下拉列表框：可以选择字体的颜色。

⑤“下划线线型”和“下划线颜色”下拉列表框：可以设置下划线显示的样式和颜色。

⑥“效果”区域：可对文字显示进行进一步设置。

⑦“预览”区域：显示文字设置后的预览效果。

（2）“高级”选项卡

在“高级”选项卡中，可以对字符间距等进行设置，如图 3-2-22 所示。

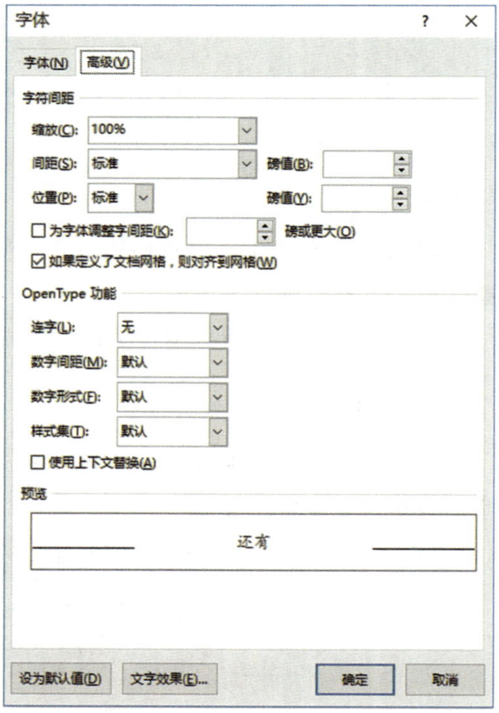

图 3-2-22

三、段落格式设置

在 Word 2016 中，段落格式设置主要包括对齐、缩进、行间距、段间距、边框和底纹等。

所有段落格式设置也遵循“先选中，后操作”的原则。

1. 通过“段落”功能区设置

在“开始”选项卡下有“段落”功能区，“段落”功能区可以快速对对齐方式、段落间距、项目符号等进行设置，如图 3-2-23 所示。

图 3-2-23

2. 通过“段落”对话框进行设置

在“开始”选项卡下的“段落”功能区右下角，有“段落”对话框启动按钮，单击可打开“段落”对话框，如图 3-2-24 所示。

在“缩进和间距”选项卡中，可以设置以下段落格式。

①对齐方式：分左对齐、右对齐、居中对齐、两端对齐和分散对齐。

②缩进：分左缩进和右缩进，常用单位为字符。

③特殊格式：分首行缩进和悬挂缩进，常用单位为字符。

④间距：分段前和段后，常用单位为行或者磅。

⑤行距：常用单位为磅或数倍行距。

“换行和分页”“中文版式”选项卡此处不作详述。

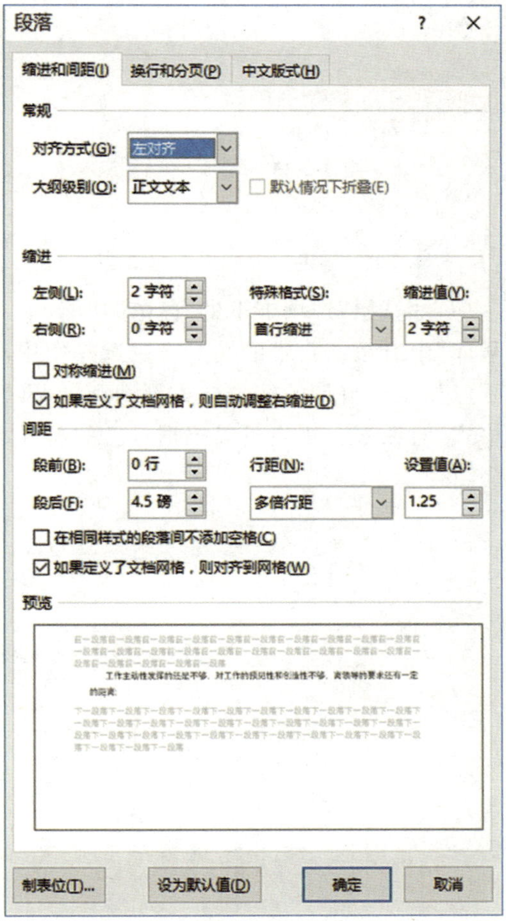

图 3-2-24

四、项目符号与编号

在 Word 2016 中，可以方便地为段落添加项目符号和编号，以合理地组织文档的内容。

所有设置同样遵循“先选中，后操作”的原则。

1. 项目符合设置

在“开始”选项卡下的“段落”功能区，有“项目符号”下拉列表框，单击打开“项目符号库”。“项目符号库”中有系统自带的项目符号可供选择使用，如图 3-2-25 所示。

如果对自带的项目符号不满意，就可以单击“定义新项目符号”按钮，打开自定义模式。根据需要选择合适的符号或者图片作为项目符号，如图 3-2-26 所示。

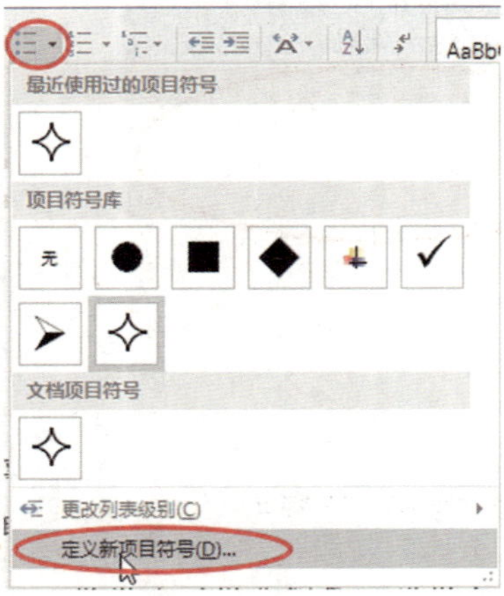

图 3-2-25

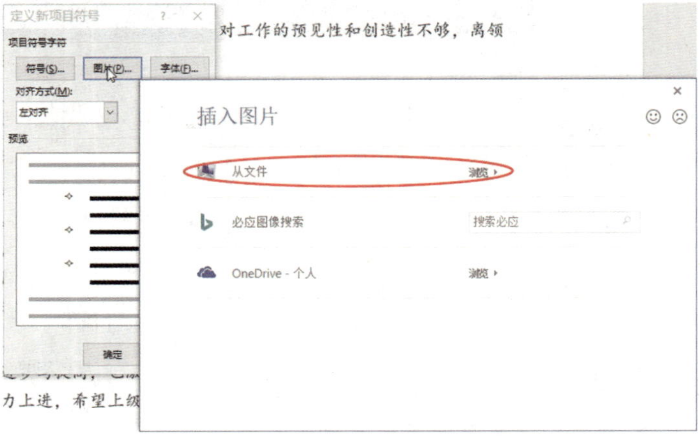

图 3-2-26

2. 编号设置

在“开始”选项卡下的“段落”功能区，有“编号”下拉列表框，单击打开“编号库”。“编号库”中有系统自带的编号可供选择使用，如图 3-2-27 所示。

如果对自带的编号样式不满意，可以单击“定义新编号格式”按钮，打开“定义新编号格式”对话框，用户可以根据自己的喜好定义新编号格式，如图 3-2-28 所示。

图 3-2-27

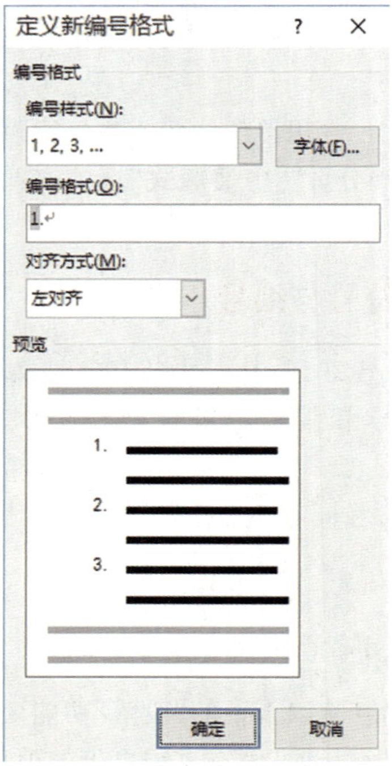

图 3-2-28

知识拓展

一、分栏与取消分栏

1. 分栏

在 Word 默认的情况下，所有文本只有一栏，为了便于排版的多样性和可读性，可以使用分栏进行文档排版。

①选中要分栏的内容，如图 3-2-29 所示。

一、软件介绍

PCAnywhere11.5 是赛门铁克公司的著名产品，该软件适用于所有版本的 Windows 操作系统，支持调制解调器拨号、并口/串口直接连接和 TCP/IP、NetBIOS 网络协议等多种连接方式。该软件的使用与管理方式比较灵活，用户可以按照自己的需要单独安装主控端或被控端的软件，根据需要在被控端上创建各种连接下的远程控制方案，并能根据不同的用户分配不同等级的权限。在安全性能方面，PCAnywhere 提供了多种验证方式和加密方式，用户可以直接使用网络系统上的用户资料库验证远程连接，也可以创建独立的远程控制账户，根据需要选择加密数据的方式，保证在传输的过程中数据不被窃取。

图 3-2-29

②选择“页面布局”选项卡下“页面设置”功能区，单击“分栏”按钮打开下拉列表框，可以根据需要设置分栏，如图 3-2-30 所示。图 3-2-31 是分两栏显示的效果。

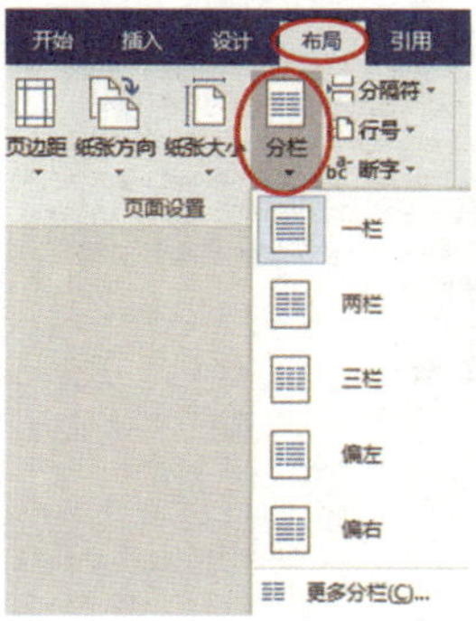

图 3-2-30

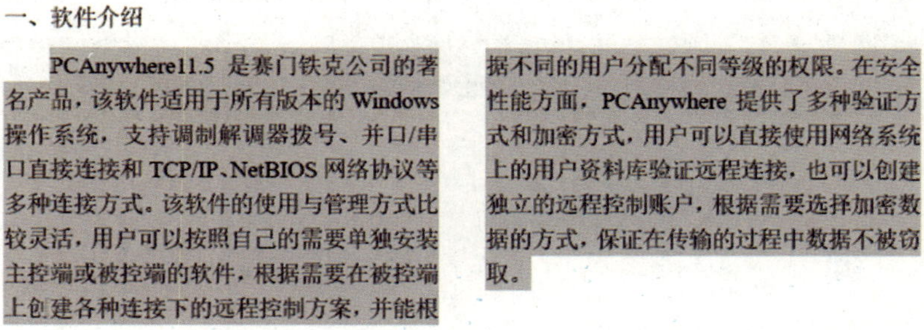

一、软件介绍

PCAnywhere11.5 是赛门铁克公司的著名产品，该软件适用于所有版本的 Windows 操作系统，支持调制解调器拨号、并口/串口直接连接和 TCP/IP、NetBIOS 网络协议等多种连接方式。该软件的使用与管理方式比较灵活，用户可以按照自己的需要单独安装主控端或被控端的软件，根据需要在被控端上创建各种连接下的远程控制方案，并能根据不同的用户分配不同等级的权限。在安全性能方面，PCAnywhere 提供了多种验证方式和加密方式，用户可以直接使用网络系统上的用户资料库验证远程连接，也可以创建独立的远程控制账户，根据需要选择加密数据的方式，保证在传输的过程中数据不被窃取。

图 3-2-31

如果对现有的分栏效果不满意，可以单击“更多分栏”按钮，自定义分栏的样式。

2. 取消分栏

取消分栏只需要再次单击打开“分栏”下拉列表框，选择“一栏”选项，即可取消原来的分栏。

二、复制与清除格式

1. 复制格式

在文本编辑时，当需要设置多处为同一种格式时，不必多次重复设置，可以使用格式刷来完成格式的复制。

①选中已经设置好格式的文本，如图 3-2-32 所示。

②在“开始”选项卡下的“剪贴板”功能区，单击“格式刷”按钮，如图 3-2-33 所示。

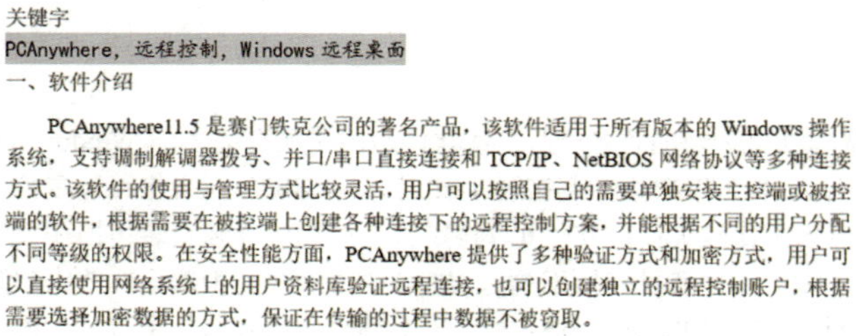
关键字
PCAnywhere，远程控制，Windows 远程桌面
一、软件介绍
PCAnywhere11.5 是赛门铁克公司的著名产品，该软件适用于所有版本的 Windows 操作系统，支持调制解调器拨号、并口/串口直接连接和 TCP/IP、NetBIOS 网络协议等多种连接方式。该软件的使用与管理方式比较灵活，用户可以按照自己的需要单独安装主控端或被控端的软件，根据需要在被控端上创建各种连接下的远程控制方案，并能根据不同的用户分配不同等级的权限。在安全性能方面，PCAnywhere 提供了多种验证方式和加密方式，用户可以直接使用网络系统上的用户资料库验证远程连接，也可以创建独立的远程控制账户，根据需要选择加密数据的方式，保证在传输的过程中数据不被窃取。

图 3-2-32

图 3-2-33

③当鼠标指针变成刷子形状时，拖动鼠标选中要应用的段落文本(图 3-2-34)，松开鼠标就可以应用格式的复制了，如图 3-2-35 所示。单击格式刷只能复制一次格式，双击格式刷可以多次复制格式。

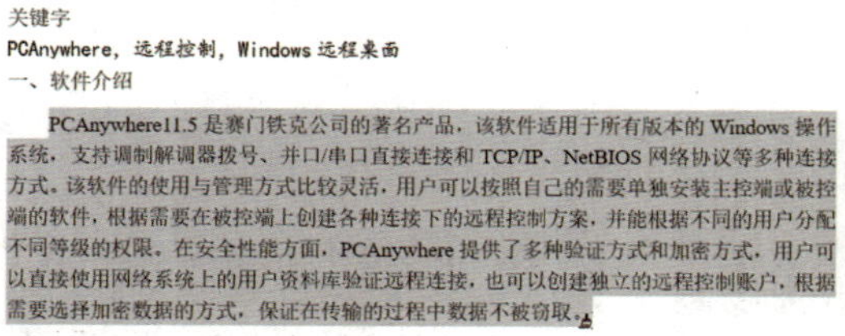
关键字
PCAnywhere，远程控制，Windows 远程桌面
一、软件介绍
PCAnywhere11.5 是赛门铁克公司的著名产品，该软件适用于所有版本的 Windows 操作系统，支持调制解调器拨号、并口/串口直接连接和 TCP/IP、NetBIOS 网络协议等多种连接方式。该软件的使用与管理方式比较灵活，用户可以按照自己的需要单独安装主控端或被控端的软件，根据需要在被控端上创建各种连接下的远程控制方案，并能根据不同的用户分配不同等级的权限。在安全性能方面，PCAnywhere 提供了多种验证方式和加密方式，用户可以直接使用网络系统上的用户资料库验证远程连接，也可以创建独立的远程控制账户，根据需要选择加密数据的方式，保证在传输的过程中数据不被窃取。

图 3-2-34

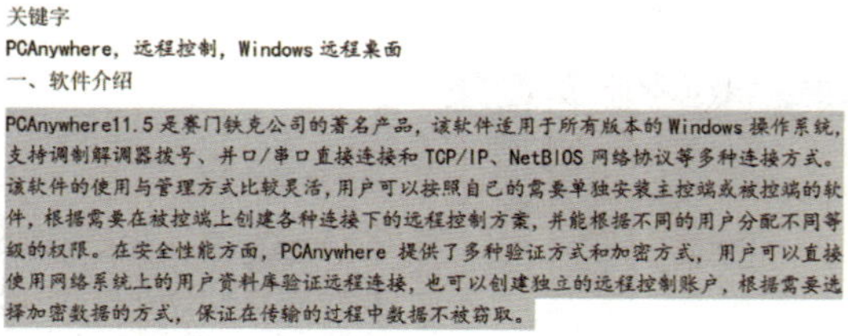
关键字
PCAnywhere，远程控制，Windows 远程桌面
一、软件介绍
PCAnywhere11.5 是赛门铁克公司的著名产品，该软件适用于所有版本的 Windows 操作系统，支持调制解调器拨号、并口/串口直接连接和 TCP/IP、NetBIOS 网络协议等多种连接方式。该软件的使用与管理方式比较灵活，用户可以按照自己的需要单独安装主控端或被控端的软件，根据需要在被控端上创建各种连接下的远程控制方案，并能根据不同的用户分配不同等级的权限。在安全性能方面，PCAnywhere 提供了多种验证方式和加密方式，用户可以直接使用网络系统上的用户资料库验证远程连接，也可以创建独立的远程控制账户，根据需要选择加密数据的方式，保证在传输的过程中数据不被窃取。

图 3-2-35

2. 清除格式

当不需要文本格式时，可以清除格式，还原成默认格式状态。清除格式的方法如下。

选中已经设置了格式的文本，在“开始”选项卡下的“字体”功能区，单击“清除格式”按钮，就可以完成格式的清除了，如图 3-2-36 所示。

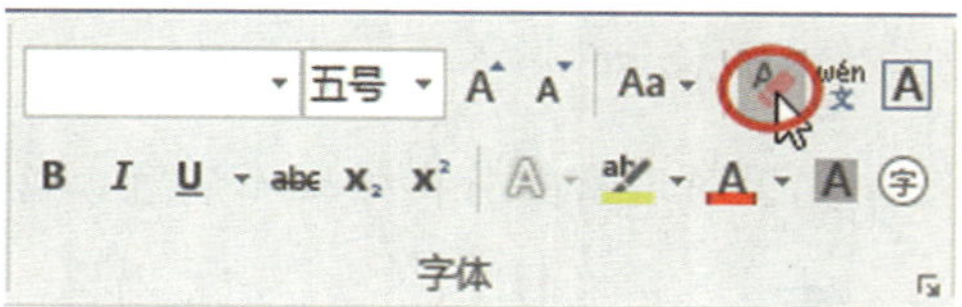

图 3-2-36

任务 3　表格应用

内容导读

Word 虽然是以文字编排为主，但是 Word 中的表格制作和处理对日常工作学习也很有用处。本任务主要学习编辑表格和设置表格等知识。在知识拓展板块，还将学到 Word 表格中数据的简单计算。

实例详解：制作“产品加工报价单”

产品加工报价单

报价单号：021010

加工方：				供货方：	
公司名称	上海蓝天工贸有限公司			公司名称	浙江天堂商贸有限公司
地址	上海市浦东新区康花路 100 号			地址	浙江省杭州市体育场路 33 号
电话	86-021-55566666			电话	86-0571-33221133
传真	86-021-55566666			传真	86-0571-33221133
联系人	张翔			联系人	刘振
加工项目	客户产品编号	加工单价		币别	备注
		不含税	含税 6%		
背光组装	Zj01010		212 万元	人民币	
交易条款： 1. 品质要求按供货方提供的样品或工程图纸加工生产 2. 材料损耗和付款方式依照《背光源加工合同》协议 3. 特殊要求依照订单要求					
加工方：上海蓝天工贸有限公司				供货方：浙江天堂商贸有限公司	
代表签字： 公司盖章： 日期：				代表签字： 公司盖章： 日期：	

非常荣幸能够为贵公司报价，请于一周内确认回复我公司，谢谢！

任务说明

报价单在采购中经常用到，本例我们制作一个简单的报价单。通过本例学习，你将学会表格基本操作，包括表格的插入、合并与拆分、文字录入、设置边框与底纹等。制作完成如样张所示。

操作步骤

1. 设计样单

打开教学素材中的“产品加工报价单”，根据要求设计。

2. 制作报价单名和报价单号

①输入“产品加工报价单”，设置为“宋体”“小二”“加粗”“居中对齐”。

②另起一段，输入“报价单号：021010”，设置为“宋体”“五号”“加粗”，如图 3-3-1 所示。

图 3-3-1

3. 插入表格

①在“插入”选项卡下的“表格”功能区，单击 “插入表格”按钮，如图 3-3-2 所示。

②在打开的“插入表格”对话框里，在“列数”列表框输入“8”，在“行数”列表框输入“12”，插入一个 8 列 12 行的表格，如图 3-3-3 所示。

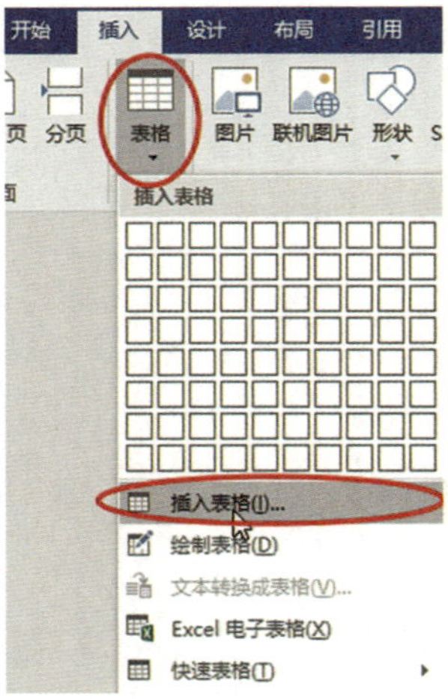

图 3-3-2

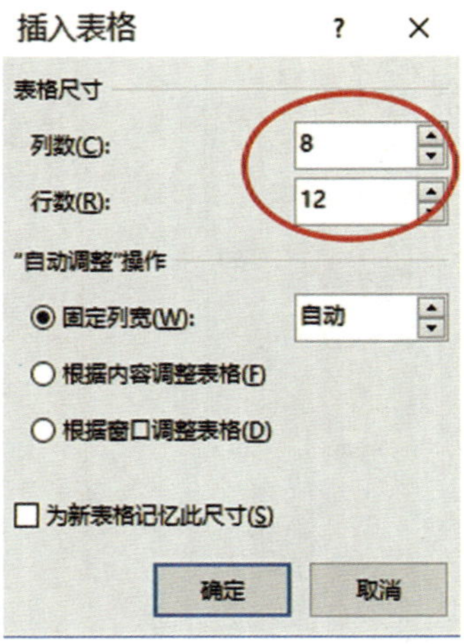

图 3-3-3

4. 制作加工方和供货方基本信息

①合并单元格。选中要合并的单元格，在“布局”选项卡下的“合并”功能区中，单击“合并单元格”按钮，完成对单元格的合并，如图 3-3-4 所示。

②按照样张输入文字，设置字体为“宋体”，大小为“五号”，加粗需要强调的单元格，如图 3-3-5 所示。

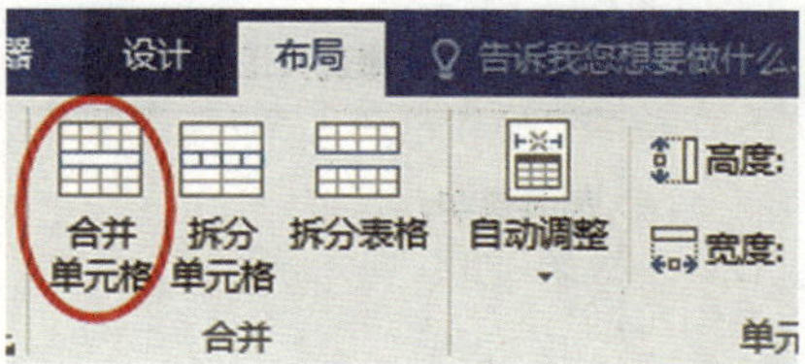

图 3-3-4

加工方：		**供货方：**	
公司名称	**上海蓝天工贸有限公司**	**公司名称**	**浙江天堂商贸有限公司**
地址	**上海市浦东新区康花路 100 号**	**地址**	**浙江省杭州市体育场路 33 号**
电话	**86-021-55566666**	**电话**	**86-0571-33221133**
传真	**86-021-55566666**	**传真**	**86-0571-33221133**
联系人	**张翔**	**联系人**	**刘振**

图 3-3-5

5. 编辑加工项目板块

按照样张合并单元格并输入文字，设置字体为“宋体”，大小为“五号”，加粗标题栏文字，如图 3-3-6 所示。

加工项目	**客户产品编号**	**加工单价**		**币别**	**备注**
		不含税	**含税 6%**		
背光组装	Zj01010		212 万元	人民币	

图 3-3-6

6. 编辑交易条款板块

按照样张合并单元格并输入文字，设置字体为“宋体”，大小为“五号”，加粗文字“交易条款”，如图 3-3-7 所示。

交易条款：

1. 品质要求按供货方提供的样品或工程图纸加工生产
2. 材料损耗和付款方式依照《背光源加工合同》协议
3. 特殊要求依照订单要求

图 3-3-7

7. 编辑签名盖章板块

按照样张合并单元格并输入文字，设置字体为“宋体”，大小为“五号”，加粗加工方和供货方的文字，如图 3-3-8 所示。

加工方：上海蓝天工贸有限公司	供货方：浙江天堂商贸有限公司
代表签字： 公司盖章： 日期：	代表签字： 公司盖章： 日期：

图 3-3-8

8. 输入表格注释文字

在表格下方输入感谢文字，如图 3-3-9 所示。

日期：	日期：

非常荣幸能够为贵公司报价，请于一周内确认回复我公司，谢谢！

图 3-3-9

9. 美化表格

(1)设置行距

选中所有表格文字，在“开始”选项卡下的“段落”功能区中，选择行间距调整，把行间距调整为 1.5 倍，如图 3-3-10 所示。

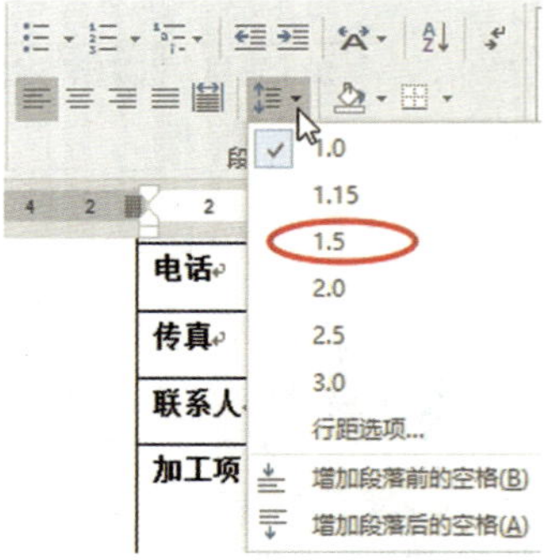

图 3-3-10

(2)设置表格样式

①选中表格。在“设计”选项卡下的“表格样式”功能区中，单击“表格样式”下拉列表框，如图 3-3-11 所示。

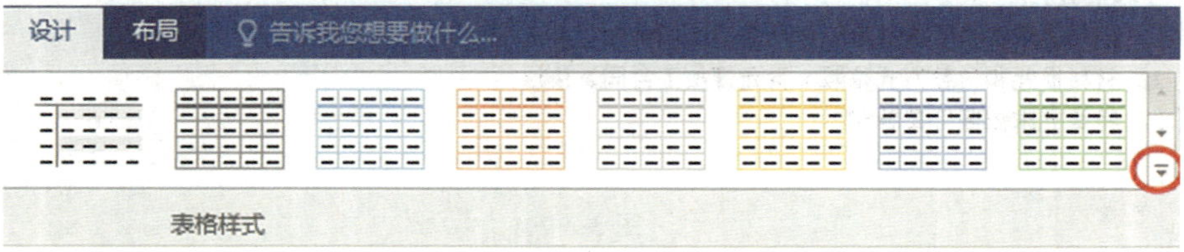

图 3-3-11

②选择内置样式。选择“浅色网格－强调文字颜色 2”，即第三行第三列表格样式，如图 3-3-12 所示。

图 3-3-12

(3)调整文字

调整文字，完成“产品加工报价单”的制作，如图 3-3-13 所示。

报价单号：021010

加工方：		供货方：	
公司名称	上海蓝天工贸有限公司	**公司名称**	浙江天堂商贸有限公司
地址	上海市浦东新区康花路 100 号	**地址**	浙江省杭州市体育场路 33 号
电话	86-021-55566666	**电话**	86-0571-33221133
传真	86-021-55566666	**传真**	86-0571-33221133

图 3-3-13

10. 保存

完成制作后进行保存。

要点精讲

一、创建表格

表格是行与列的集合，行和列的交叉形成的单元叫作单元格。可以插入表格，也可以绘制表格，表格的引入增添了 Word 2016 的排版方式。可以采取以下几种方法创建表格。

1. 拖动行列数创建表格

在“插入”选项卡下的“表格”功能区中，在打开的预设方框内拖动鼠标到所需的行数和列数，松开鼠标即可创建表格，如图 3-3-14 所示。该设置可以创建行列数比较少的表格。

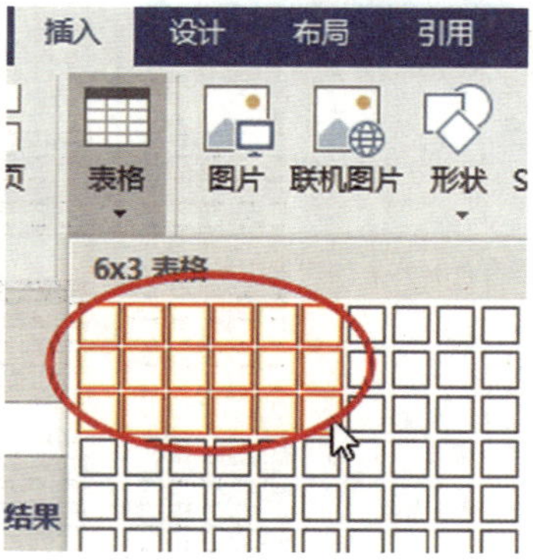

图 3-3-14

2. 指定行列数创建表格

如果要插入行列数比较多的表格，就需要使用“插入表格”对话框来完成创建。

①单击要创建表格的位置，在“插入”选项卡下的“表格”功能区中，单击 “插入表格”按钮，如图 3-3-15 所示。

②打开“插入表格”对话框，如图 3-3-16 所示。

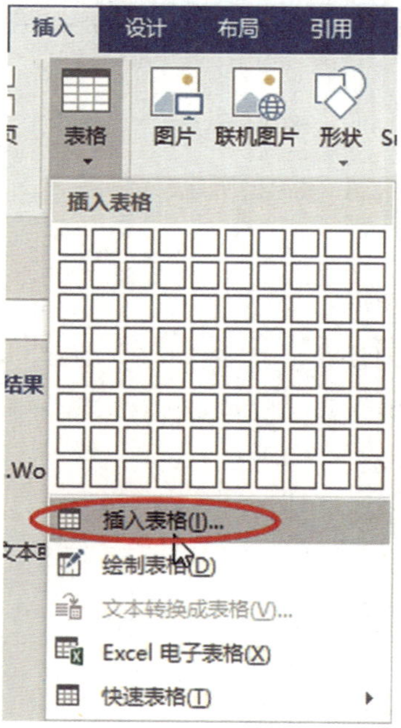

图 3-3-15

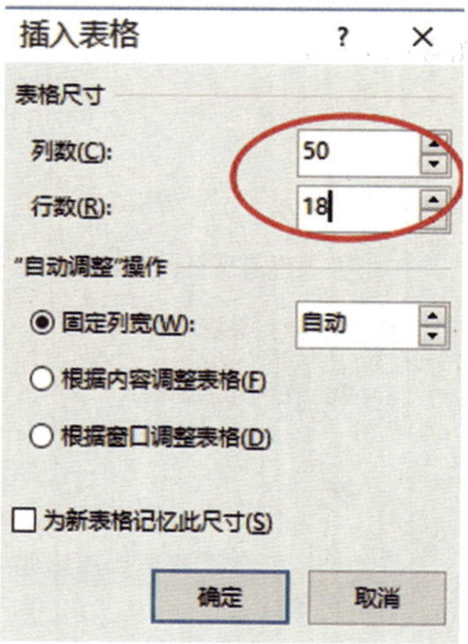

图 3-3-16

在“列数”和“行数”数值框中输入或调整列数和行数。

选中“固定列宽”单选项，宽度的默认值是“自动”，即表格宽度与正文宽度相同，也可在右边的数值框中输入或调整列宽。

选中“根据内容调整表格”或者“根据窗口调整表格”单选项，可调整表格显示样式。

3. 手动绘制创建表格

以上两种方式都是创建比较规则的表格，如果要创建不规则的表格，那么手动绘制不失为最好的方式。

①单击要创建表格的位置，在“插入”选项卡下的“表格”功能区中，单击“绘制表格”按钮，如图 3-3-17 所示。

②拖动鼠标从左上角到右下角，绘制表格的大小，然后按住鼠标在合适的位置从左向右拖动绘制行线，从上到下拖动绘制列线。

图 3-3-17

二、编辑表格

1. 选择表格

（1）选择整个表格

鼠标指针移动到表格上，当表格左上角出现十字双向箭头时，在该处单击就可以选中整个表格，如图 3-3-18 所示。

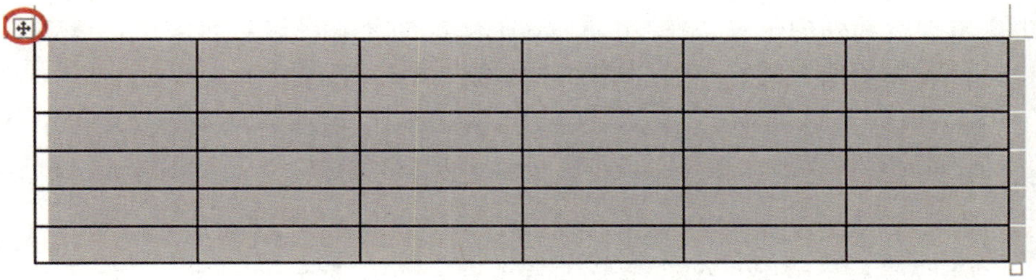

图 3-3-18

（2）选择行

鼠标指针移动到表格的左侧外边，待鼠标指针变成向右的箭头时，单击就可以选中该行，如图 3-3-19 所示。如果要选择多行，可以拖动选择。

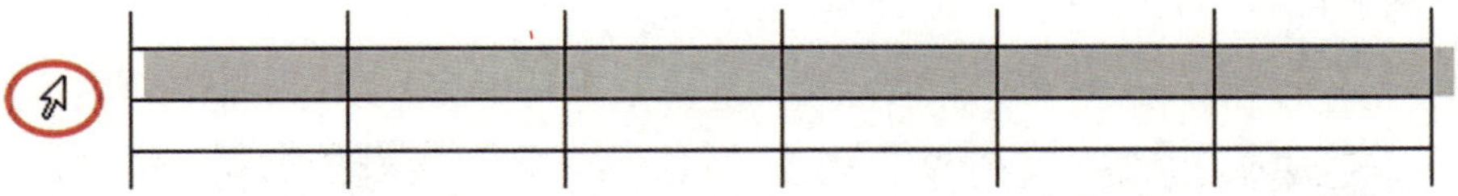

图 3-3-19

（3）选择列

鼠标指针移动到所需选择列的上方，当鼠标指针变成一个竖直向下的黑色箭头时，单击就可以选中该列，如图 3-3-20 所示。如果要选择多列，可以拖动选择。

（4）选择单元格

只需要把鼠标指针移动到要选择的单元格，拖动鼠标即可以选择一个或者多个单元格。

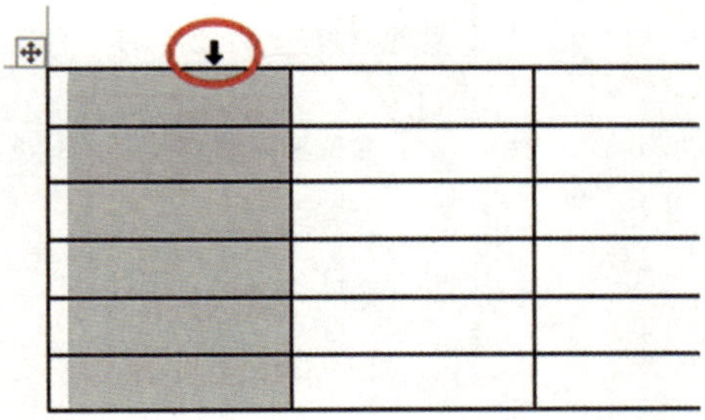

图 3-3-20

除了上述用鼠标选择外，单击表格，在“布局”选项卡下的“表”功能区里，也可以完成对表格、行、列和单元格的选择，如图 3-3-21 所示。

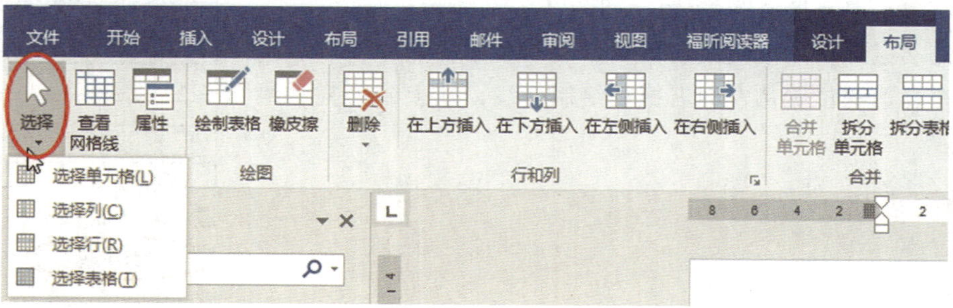

图 3-3-21

2. 增删行和列

（1）增加行和列

选中要增加行和列的位置，在“布局”选项卡下的“行和列”功能区里，选择要增加行和列的按钮，可方便地完成行和列的增加，如图 3-3-22 所示。

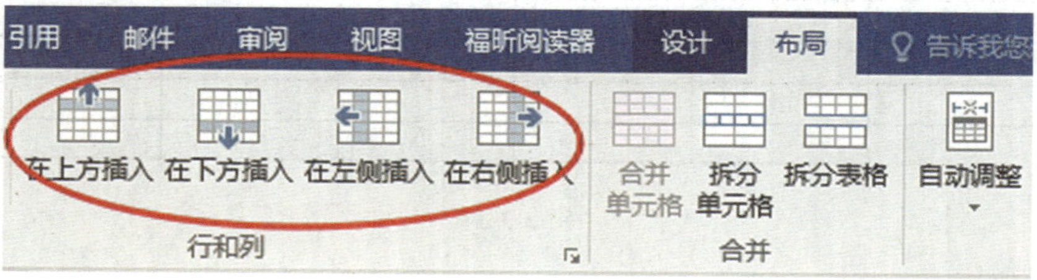

图 3-3-22

（2）删除行和列

选中要删除行和列的位置，在“布局”选项卡下的“行和列”功能区里，单击“删除”下拉按钮，可方便地完成行和列的删除，如图 3-3-23 所示。

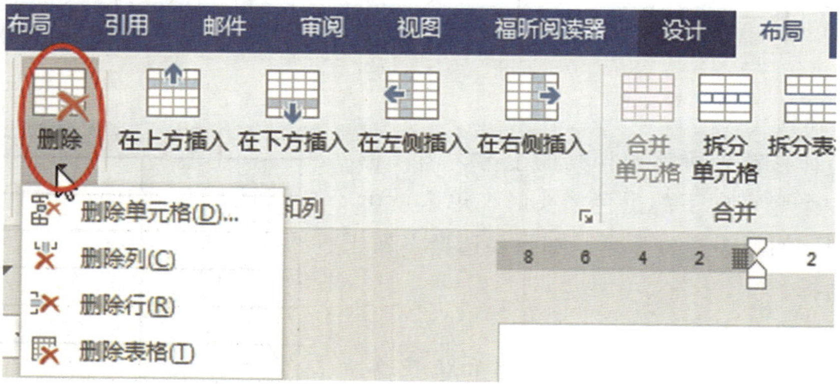

图 3-3-23

3. 合并与拆分单元格

(1) 合并单元格

选中要合并的单元格，在“布局”选项卡下的“合并”功能区里，单击“合并单元格”按钮，完成单元格的合并，如图 3-3-24 所示。

(2) 拆分单元格

选中要拆分的单元格，在“布局”选项卡下的“合并”功能区里，单击“拆分单元格”按钮，打开“拆分单元格”对话框，如图 3-3-25 所示。在对话框里面输入行数和列数，单击“确定”按钮，完成拆分。

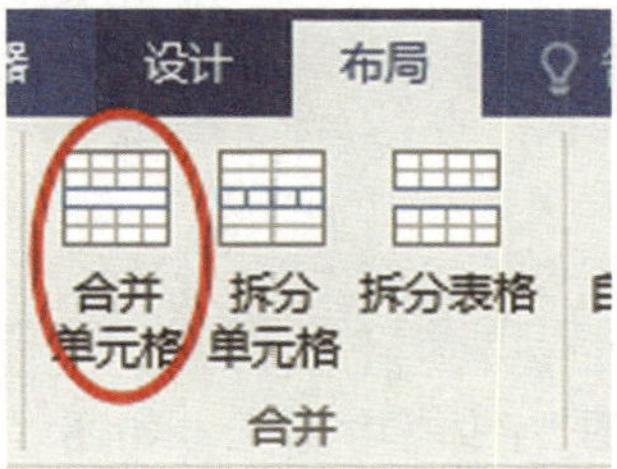

图 3-3-24

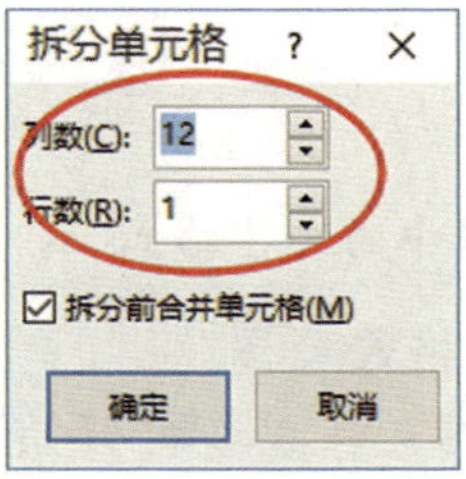

图 3-3-25

除了上述方法，使用右键快捷菜单也可以完成单元格的合并和拆分。

4. 调整行高和列宽

选中要调整的单元格，选择“布局”选项卡下的“单元格大小”功能区，在“高度”和“宽度”中输入行高和列宽的数字，可以完成行高和列宽的设置，如图 3-3-26 所示。

除了上述方法，还可以将鼠标指针移动到要调整的单元格下边线(行高)或者右边线(列宽)，当其变成双向箭头时拖动鼠标到适当的位置，完成行高和列宽的设置，如图 3-3-27 所示。

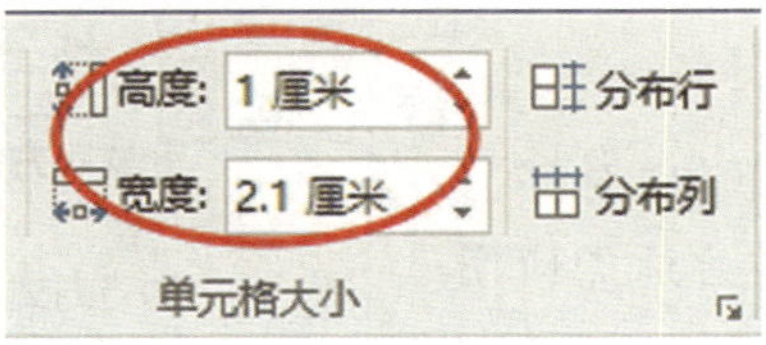

图 3-3-26

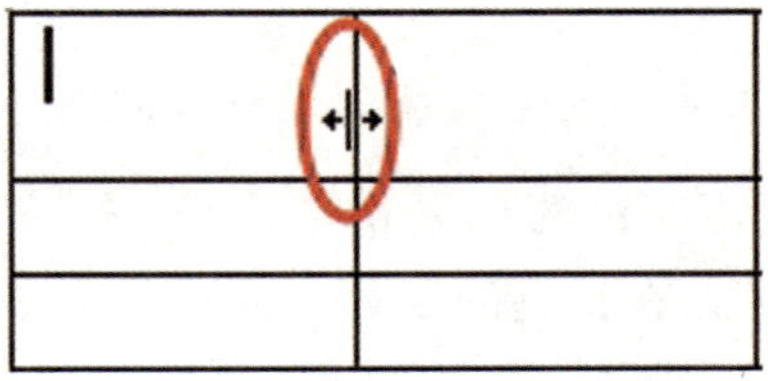

图 3-3-27

三、设置表格样式

1. 快速应用表格格式

选中表格的任何地方，单击“设计”下的“表格样式”功能区里的“其他”按钮，可以快速应用 Word 内置的表格样式，如图 3-3-28 所示。

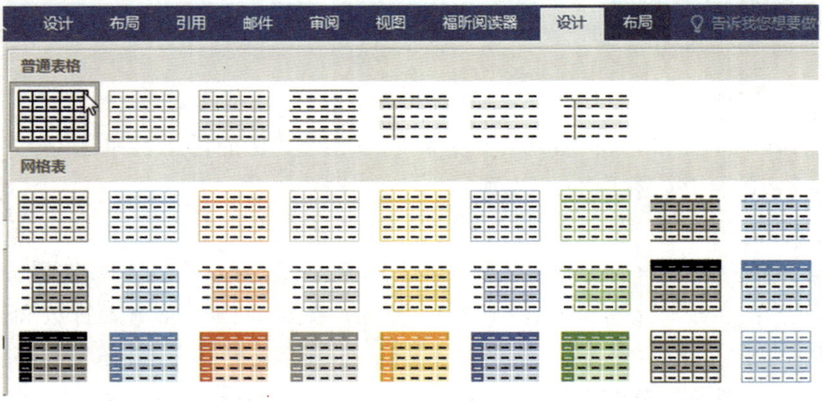

图 3-3-28

2. 设置表格中的文字格式

(1)设置字体格式

选中要设置的文字，选择“开始”选项卡下的“字体”功能区，如图 3-3-29 所示。详细设置步骤可参照本项目任务 2。

(2)设置段落格式

选中要设置的文字，选择“开始”选项卡下的“段落”功能区，如图 3-3-30 所示。详细设置步骤可参照本项目任务 2。

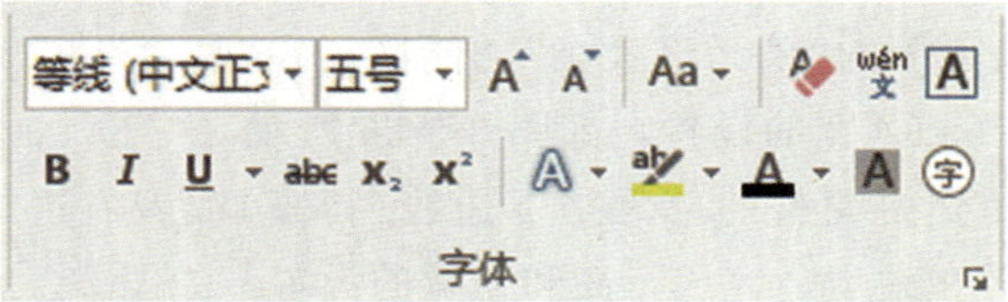

图 3-3-29

图 3-3-30

3. 设置单元格文字的对齐方式

选中要设置的单元格，选择“布局”选项卡下的“对齐方式”功能区，在提供的 9 种对齐方式中，选择一种合适的应用于单元格，如图 3-3-31 所示。

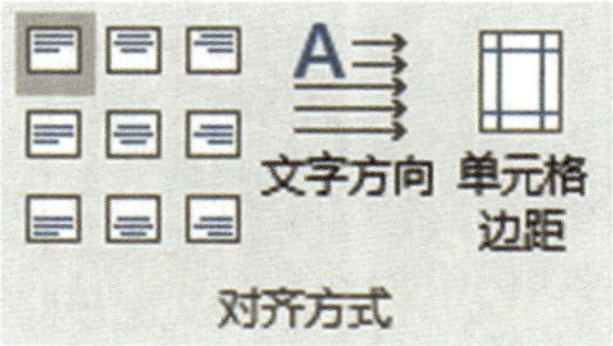

图 3-3-31

4. 设置表格的边框与底纹

(1)设置边框

①选中要设置的表格元素，选择“设计”选项卡下的“绘图边框”功能区，单击“边框和底纹”按钮，如图 3-3-32 所示。

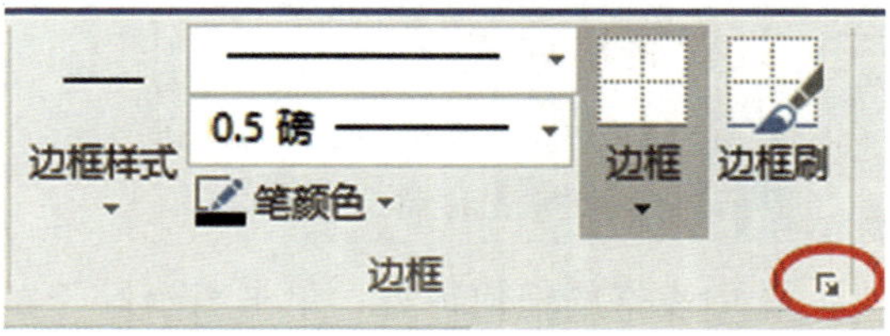

图 3-3-32

② 在打开的“边框和底纹”对话框里，

可以对文字、段落、单元格和表格的边框进行设置，如图 3-3-33 所示。

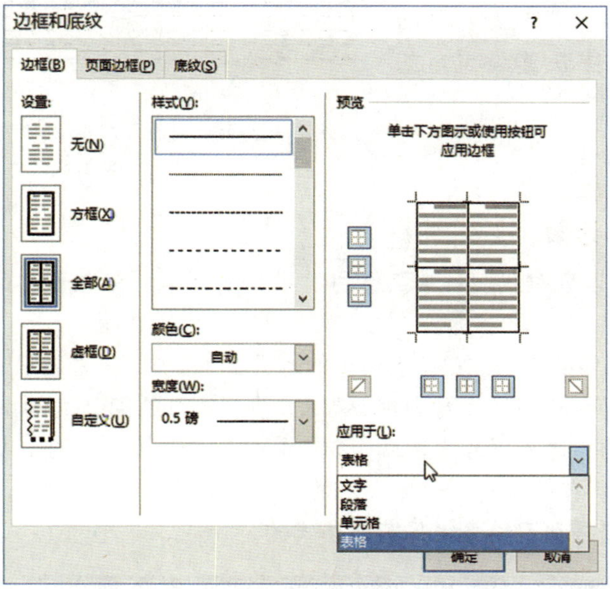

图 3-3-33

(2)设置底纹

①选中要设置的表格元素，选择“设计”选项卡下的“绘图边框”功能区，单击“边框和底纹”按钮，如图 3-3-34 所示。

②在打开的“边框和底纹”对话框里，选择“底纹”选项卡，可以对文字、段落、单元格和表格的底纹进行设置，如图 3-3-35 所示。

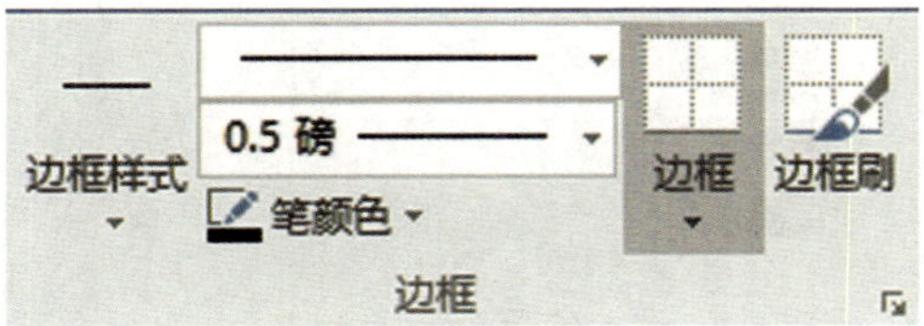

图 3-3-34

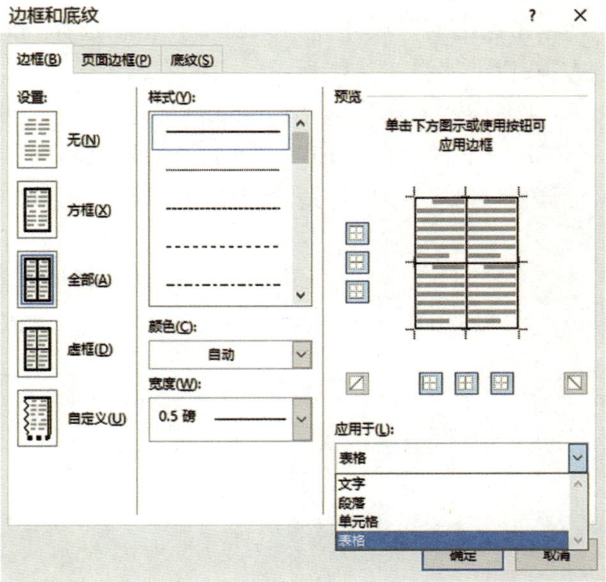

图 3-3-35

除了上述方法外，边框和底纹的设置，也可以在“设计”选项卡下的“表格样式”功能区中快速设置，如图 3-3-36 所示。

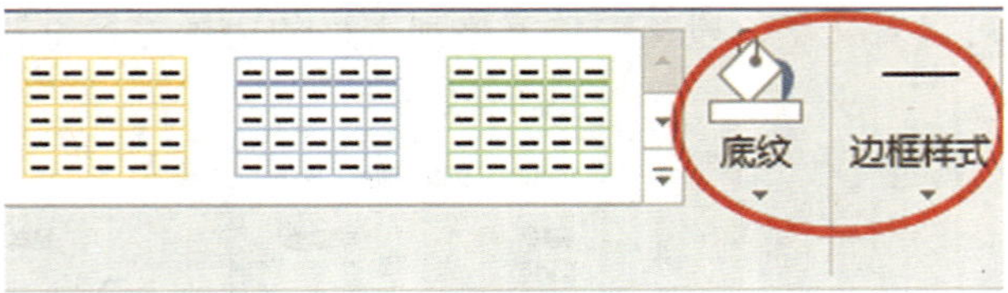

图 3-3-36

知识拓展

表格中的简单运算

Word 中的简单运算对我们日常工作和学习非常有用，在讲解运算前，先简单明白一些概念。

①行、列、单元格的表示方法。表格中的行用 1，2，3，…来表示，列用 A，B，C，…来表示，单元格用行号和列号组合表示，如 C5 表示第 5 行第 3 列的单元格。

②冒号和逗号的用途。冒号表示两个单元格之间的所有单元格，如 C3:E6 表示 C3 到 E6 这个矩形区域的所有单元格。逗号表示两个单独的单元格，如 C3,E6 表示 C3 和 E6 两个单元格。这里的冒号和逗号必须是英文格式的。

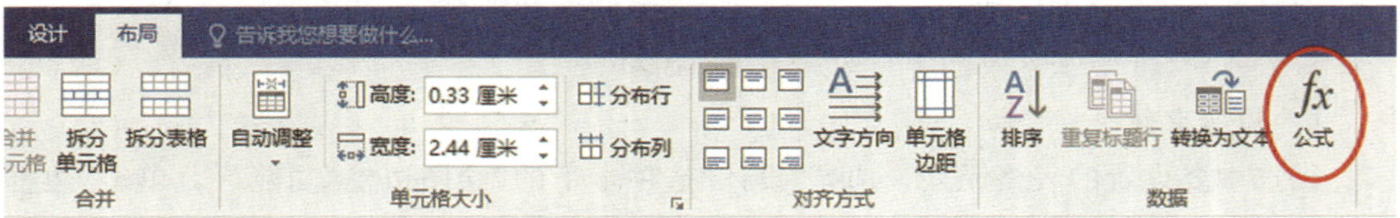

图 3-3-37

1. 求和运算

①选中要存放计算结果的单元格，选择“布局”选项卡下的“数据”功能区，单击“公式”按钮，如图 3-3-37 所示。

②打开“公式”对话框，单击“确定”按钮，可以完成对总成绩的求和。可以把公式中 SUM(LEFT)中的“LEFT”(左边)改成“RIGHT”(右边)、“ABOVE”(上边)、“BELOW”(下边)，以完成对不同表格数据的求和，如图 3-3-38 所示。

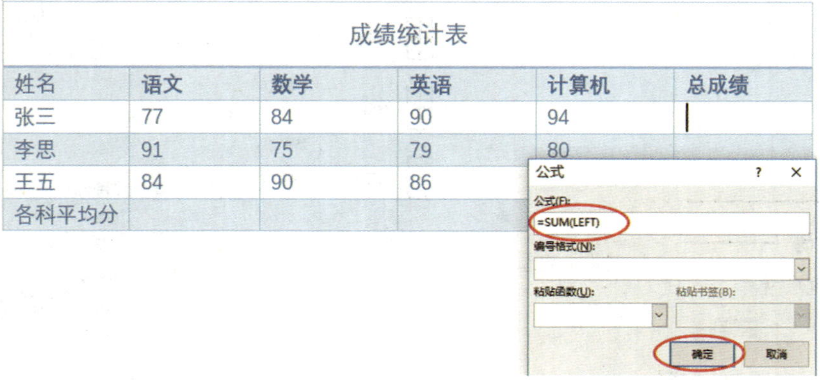

图 3-3-38

2. 求平均值运算

①选中要存放计算结果的单元格，选择“布局”选项卡下的“数据”功能区，单击“公式”按钮，如图 3-3-39 所示。

②打开“公式”对话框，把原来的公式删除，单击“粘贴函数”下拉按钮，找到平均值函数 AVERAGE。

③在单元格地址的括号中输入“B3:B5”，如图 3-3-40 所示，单击“确定”按钮，完成计算。

图 3-3-39

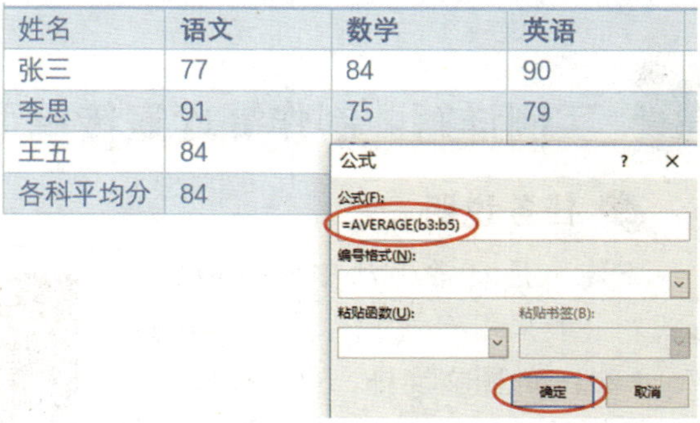

图 3-3-40

3. 自定义公式

有时软件提供的函数并不能满足我们的计算，比如成绩统计表中的求和，除了使用 SUM 函数外，也可以自定义公式。

①选中要存放计算结果的单元格，选择“布局”选项卡下的“数据”功能区，单击“公式”按钮，如图 3-3-41 所示。

图 3-3-41

②打开“公式”对话框，把原来的公式删除，按照图 3-3-42 所示输入公式也可以求和。

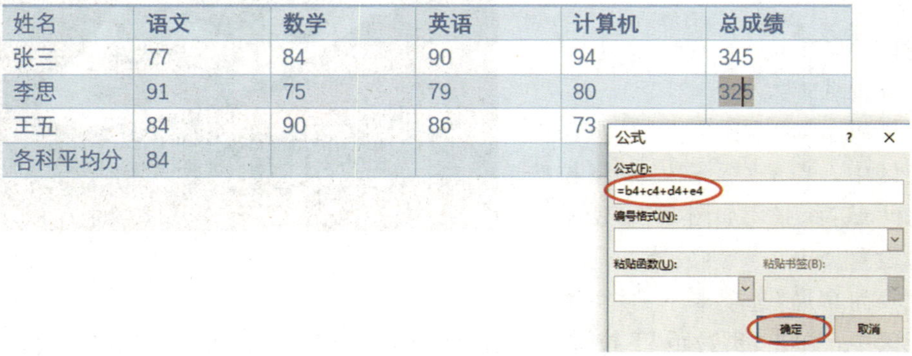

图 3-3-42

任务 4 图文混排

内容导读

图文混排是 Word 2016 中的高级操作，如何熟练使用 Word 的图片和文字设置效果，排出理想的图文作品是值得深入学习的。本任务主要学习图片设置、艺术字设置和页面设置及打印等内容。在知识拓展板块，还将学到 SmartArt 图形的使用。

实例详解：制作餐厅宣传单页

任务说明

宣传单是日常生活中常见的广告形式，一般采用专业软件制作。其实，Word 2016 的图文混排，也可以应对一般的宣传单制作。通过本例学习，你将学会图文的基本操作，包括绘图工具的使用，颜色、大小、版式的设置，艺术字和图片的编辑等。制作完成如图 3-4-1 所示。

图 3-4-1

操作步骤

1. 制作要求

打开教学素材文件里面的“餐馆宣传单页”文档，根据要求制作。

2. 页面设置

（1）设置纸张大小

在“页面布局”选项卡下的“页面设置”功能区中，单击“纸张大小”下拉按钮，选择“A5”纸张，如图 3-4-2 所示。

（2）设置页边距

在“页面布局”选项卡下的“页面设置”功能区中，单击“页边距”下拉按钮，选择自带的“窄”边距，如图 3-4-3 所示。

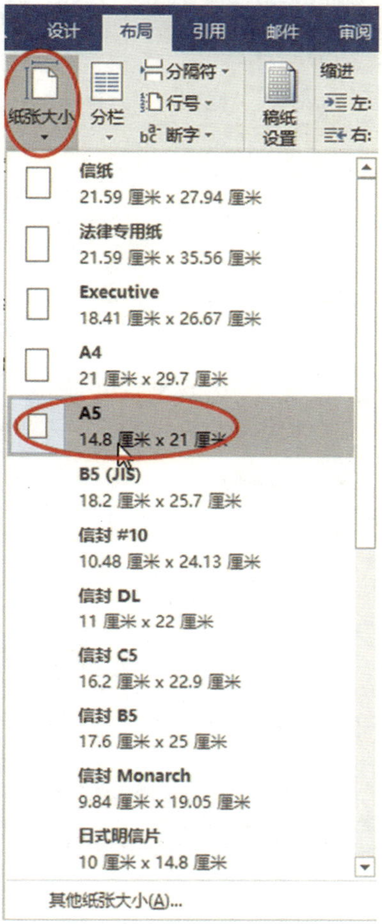

图 3-4-2

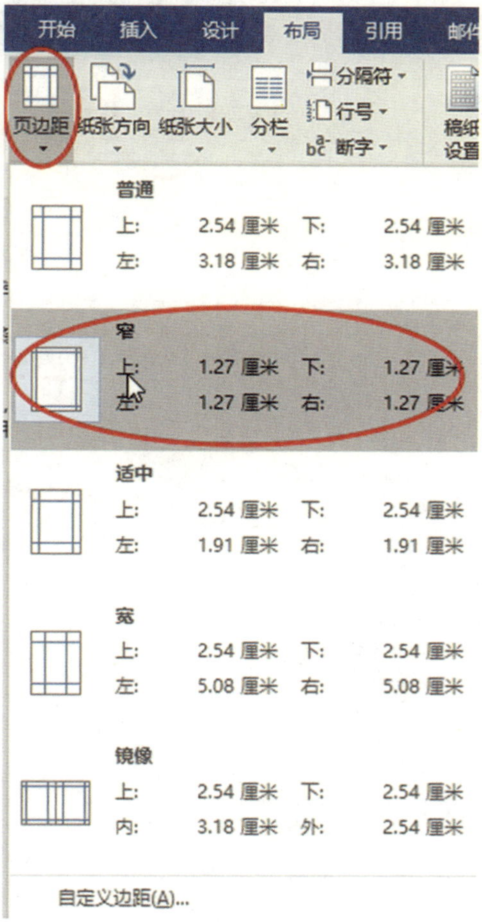

图 3-4-3

3. 背景设置

在“页面布局”选项卡下的“页面背景”功能区中，单击“页面颜色”下拉按钮，选择“橙色，强调文字颜色 6，深色 25%”，如图 3-4-4 所示。

图 3-4-4

4. 插入图片

(1)插入教学素材中的“白菜叶.gif”

①在“插入”选项卡下的“插图”功能区里，单击“图片”按钮，如图 3-4-5 所示。

②在“插入图片”对话框中，找到图片所在的地址，选中“白菜叶.gif”，单击“插入”按钮，插入素材图片，如图 3-4-6 所示。

图 3-4-5

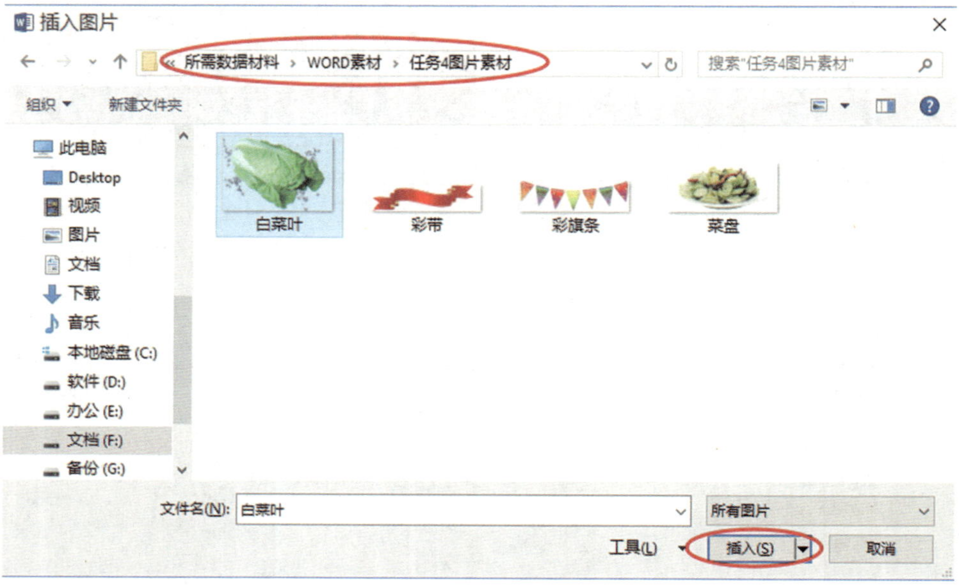

图 3-4-6

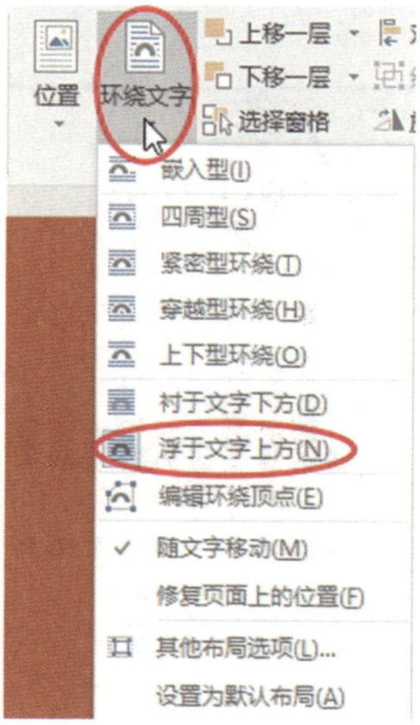

图 3-4-7

③由于图片嵌在文字中间，所以不能移动。先选中素材图片，在“格式”选项卡下的“排列”功能区里，单击“自动换行”下拉按钮，选中“浮于文字上方”，如图 3-4-7 所示。

(2)调整图片的位置和大小

选中素材图片，在图片的周围出现 8 个白色的小点，按住鼠标拖动白色小点可以变换图片大小，如图 3-4-8 所示。

图 3-4-8

用同样的方法插入“彩带. gif”“彩旗条. gif”“菜盘. gif”，适当调整图片位置和大小。

将“白菜叶”“菜盘”“彩带”依次由下向上排列，排列时选中要移动排列的图片，在“格式”选项卡下的“排列”功能区里，单击“上移一层”或“下移一层”按钮，以完成图层的上下层移动，如图 3-4-9 所示。

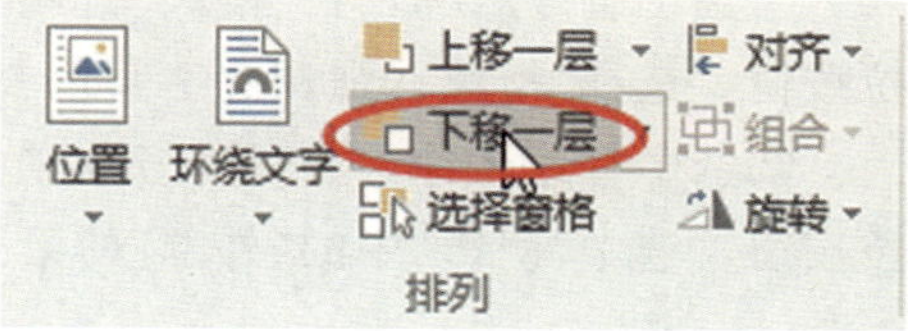

图 3-4-9

5. 制作餐厅名字

(1)设置文字格式

在“插入”选项卡下的“文本”功能区里，单击“文本框”下拉按钮，选中“简单文本框”，如图 3-4-10 所示，插入横排文本框。输入文字“上海星期八餐厅”，设置字体为“黑体”，颜色为“白色”，字形为“加粗”，字号为“48”。

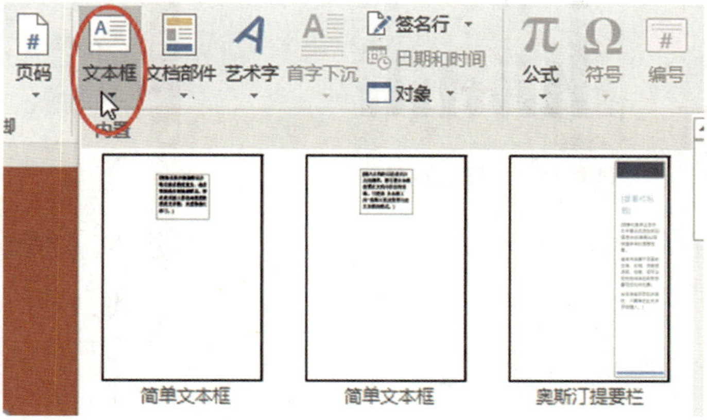

图 3-4-10

(2)设置文本框样式

①选中文本框，在“格式”选项卡下的“形状样式”功能区里，单击“形状填充”下拉按钮，选中“无颜色填充”，如图 3-4-11 所示。

②选中文本框，在“格式”选项卡下的“形状样式”功能区里，单击“形状轮廓”下拉按钮，选中“无轮廓”，如图 3-4-12 所示。

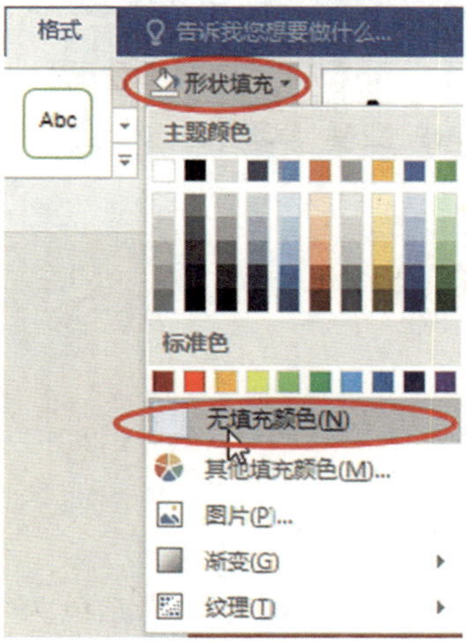

图 3-4-11

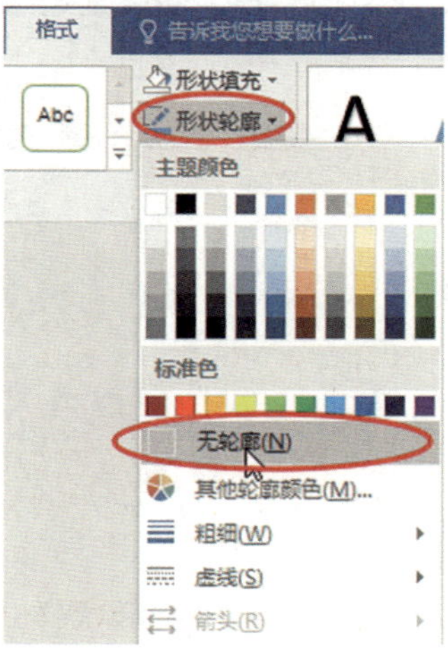

图 3-4-12

（3）设置文字艺术字样式

①选中餐厅名称，在“格式”选项卡下的“艺术字样式”功能区里，单击“文本轮廓”下拉按钮，选择“橙色，强调文字颜色 6，淡色 40%”，如图 3-4-13 所示。

②选中餐厅名称，在“格式”选项卡下的“艺术字样式”功能区里，单击“文本效果”下拉按钮，选中“阴影”中的“外部”的第一个样式，如图 3-4-14 所示。

图 3-4-13

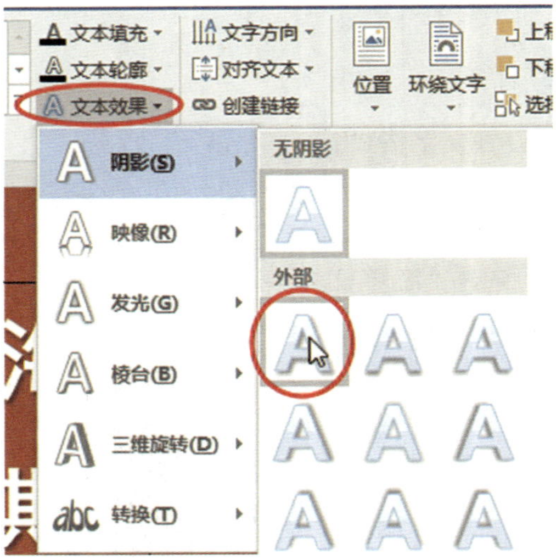

图 3-4-14

6. 制作“您家的第二个厨房!”艺术字

①在“插入”选项卡下的“插图”功能区中，单击“形状”下拉按钮，选择矩形，如图 3-4-15 所示。在文档中按住鼠标左键，拖动出一个矩形。

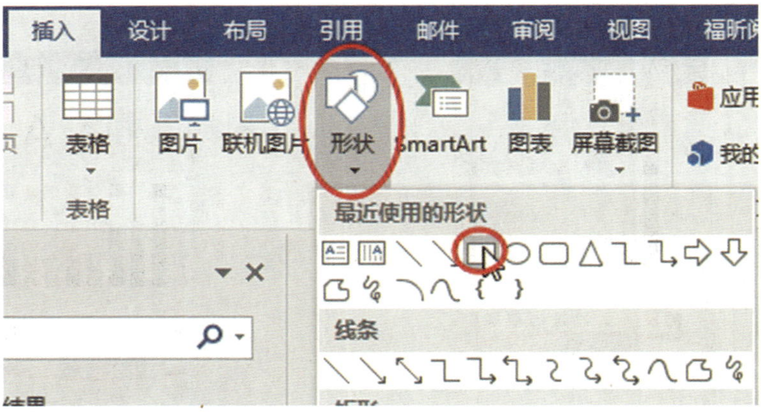

图 3-4-15

②在“格式”选项卡下的“形状样式”功能区中，选择形状填充，填充色为“白色”，形状轮廓选择“白色”。调整大小，调整好后如图 3-4-16 所示。

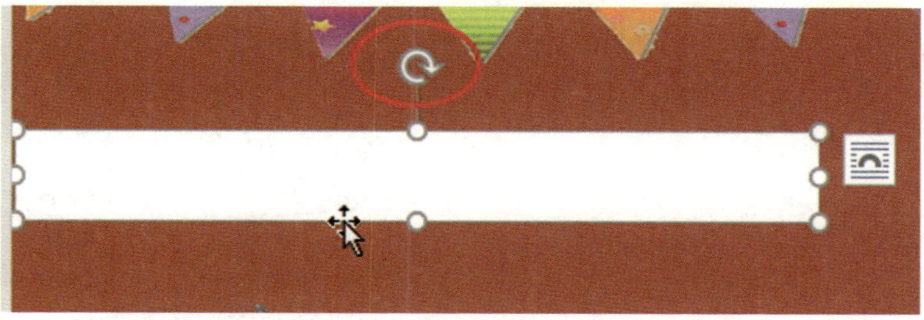

图 3-4-16

③选中矩形，鼠标指针移动到绿色的旋转手柄处，当出现一个带箭头的黑色的半封闭圆时，按住鼠标旋转矩形，如图 3-4-17 所示。

图 3-4-17

④选中矩形，在“格式”选项卡下的“插入形状”功能区中，单击“编辑形状”下拉按钮，选择“编辑顶点”选项，对顶点进行编辑，如图 3-4-18 所示。编辑结果如图 3-4-19 所示。

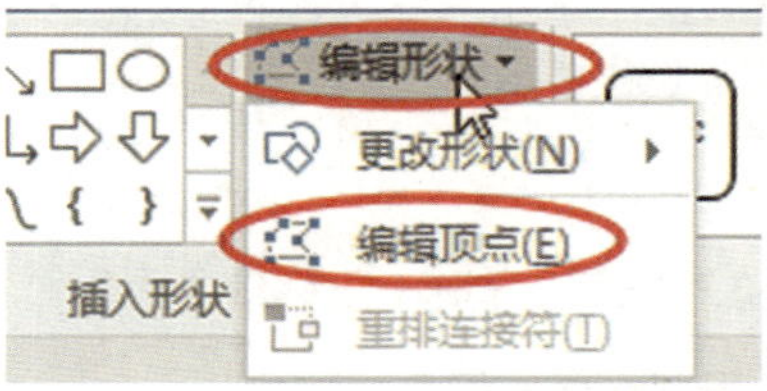

图 3-4-18

图 3-4-19

⑤在“插入”选项卡下的“文本”功能区里，单击“艺术字”下拉按钮，插入“填充—红色，强调文字颜色 2，暖色粗糙棱台”，如图 3-4-20 所示。输入文字：“您家的第二个厨房！”

⑥调整文字大小，调整位置，像旋转矩形一样旋转到合适的位置。

⑦在“开始”选项卡下的“字体”功能区中打开“字体”对话框，把字符间距调整为“3 磅”，如图 3-4-21 所示。

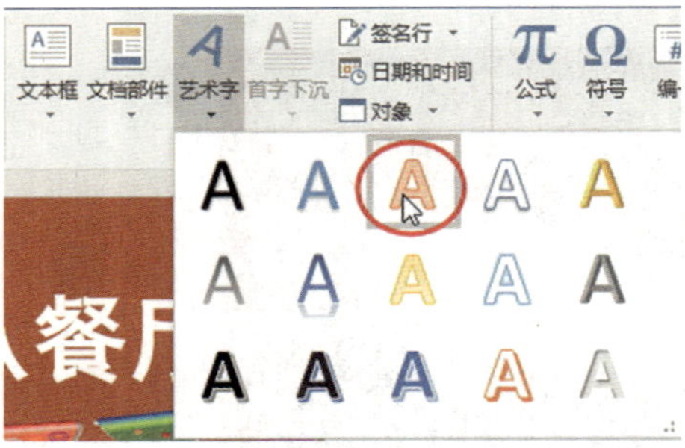

图 3-4-20

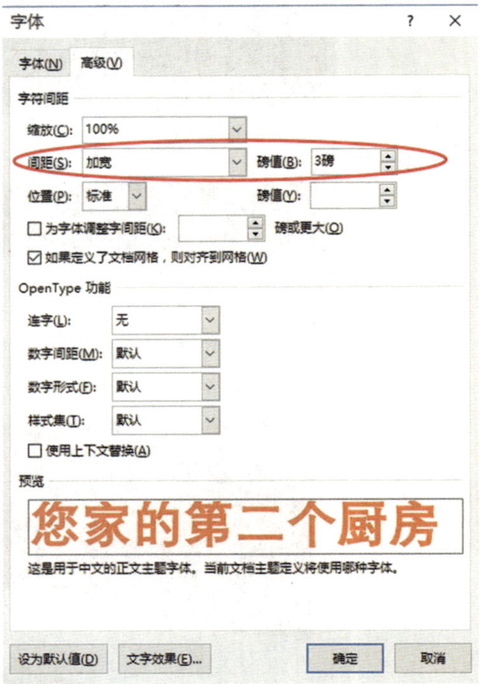

图 3-4-21

7. 制作优惠时间区域

①在“插入”选项卡下的“插图”功能区里，单击“形状”下拉按钮，选择“星与旗帜”中的“爆炸形 1”，如图 3-4-22 所示。在图中合适的位置拖选出一个爆炸形。

图 3-4-22

②在“格式”选项卡下的“形状样式”功能区中，填充色设为“无填充颜色”，轮廓设为“白色”，线条设为“6 磅”。

③在“格式”选项卡下的“排列”功能区中，把爆炸形移动到底层，如图 3-4-23 所示。

图 3-4-23

④插入一个文本框，输入“即日起至2013年5月31日”，在“格式”选项卡下的“形状样式”功能区中，填充色设为“无填充颜色”，轮廓设置为“无轮廓”。调整文字大小、颜色、行距、对齐方式和位置，如图3-4-24所示。

图 3-4-24

8. 制作抵用券区域

①在“插入”选项卡下的“插图”功能区里，单击“形状”下拉按钮，选中椭圆。左手按住Shift键，右手按住鼠标左键在文档合适的位置绘制一个正圆，使其叠放在文档的底层，如图3-4-25所示。

②在“格式”选项卡下的“形状样式”功能区中，单击形状样式的“其他”选项，打开系统内置的形状样式，选择“中等效果—红色，强调颜色2”，如图3-4-26所示。

图 3-4-25

图 3-4-26

③插入两个文本框，一个输入“60”，另外一个输入“消费满120元免费送元抵用券”，文本框填充色和轮廓都设置成“无”，调整文字大小、颜色、行距、对齐方式和位置，如图3-4-27所示。

图 3-4-27

④插入文本框，输入文字“全市三店同时可以使用”，文本框填充色和轮廓都设置成“无”。

⑤在“格式”选项卡下的“艺术字样式”功能区中，单击“文本效果”下拉按钮，选择“转换”下“跟随路径”里的“圆”，如图3-4-28所示。

⑥调整文本框的大小，调整文字大小、颜色、行距、对齐方式和位置，使其半包围抵用券，如图 3-4-29 所示。

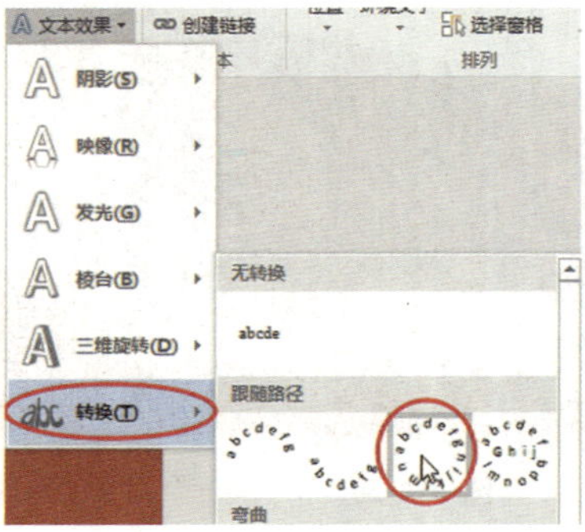

图 3-4-28

图 3-4-29

9. 设置图片效果

(1)设置阴影效果

①按住 Ctrl 键，单击“白菜叶”“彩带”“彩旗条”“菜盘”，使它们全部被选中。

②在“格式”选项卡下的“图片样式”功能区里，单击“设置图片格式”启动按钮，如图 3-4-30 所示。

图 3-4-30

③打开“设置图片格式”对话框后，选择“阴影”选项卡，阴影预设“外部”中的“右下斜偏移”，其他设置如图 3-4-31 所示。

(2)设置映像效果

选中菜盘图片，在“格式”选项卡下的“图片样式”功能区中，单击“图片效果”下拉按钮，选择“映像”下“映像变体”里的“全映像，接触”，如图 3-4-32 所示。

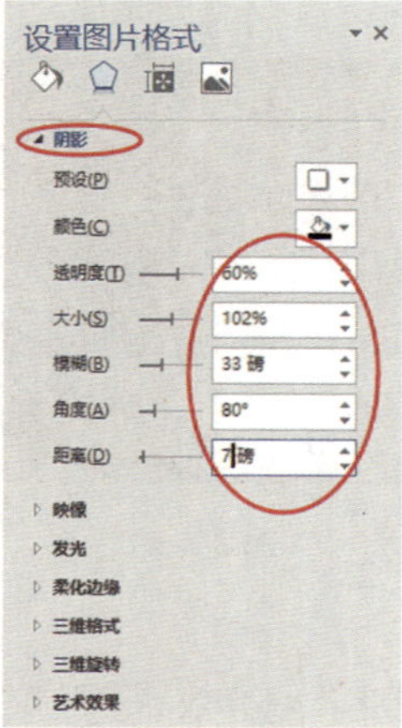

图 3-4-31

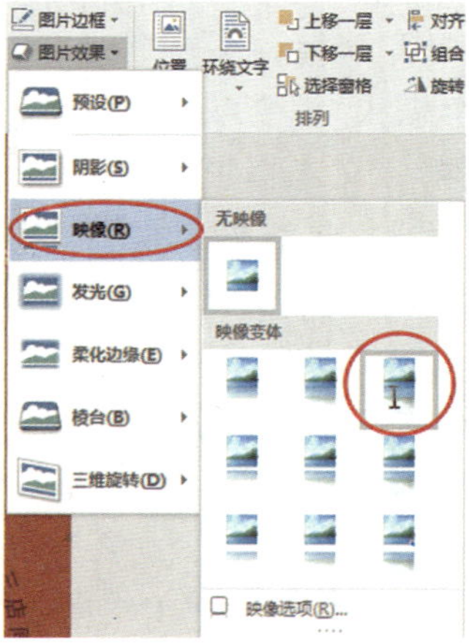

图 3-4-32

10. 制作餐厅地址栏

①插入文本框，输入以下文字。

一店：上海浦东新区莲花路 101 号，电话 86—021—33344555

二店：上海浦东新区莲花路 101 号，电话 86—021—33344655

三店：上海浦东新区莲花路 101 号，电话 86—021—33344556

②文本框填充色和轮廓都设置成“无”，调整文字大小、颜色、行距、对齐方式和位置，如图 3-4-33 所示。

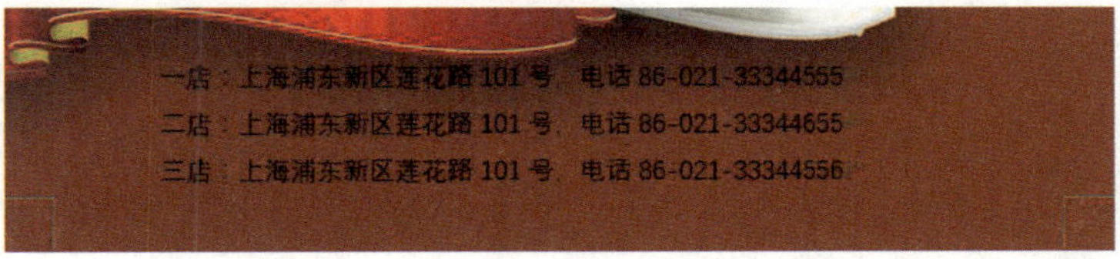

图 3-4-33

11. 保存

制作完成后进行保存。

要点精讲

一、图片对象的创建和编辑

1. 插入剪切画

加载项是 Word 2016 提供的网络图片，包括人物、图画、表情包、动植物等，需要联网使用。其插入方法如下。

在“插入”选项卡下的“加载项”功能区中，单击“应用商店”按钮，打开在线商店，选择需要的图画类别，单击“添加”按钮，如图 3-4-34 所示。

在“插入”选项卡的“加载项”功能区中，单击“我的加载项”按钮，可以查看已经添加到本地的各类图画，选择相应的类别，双击图画加入文档中，如图 3-4-35 所示。

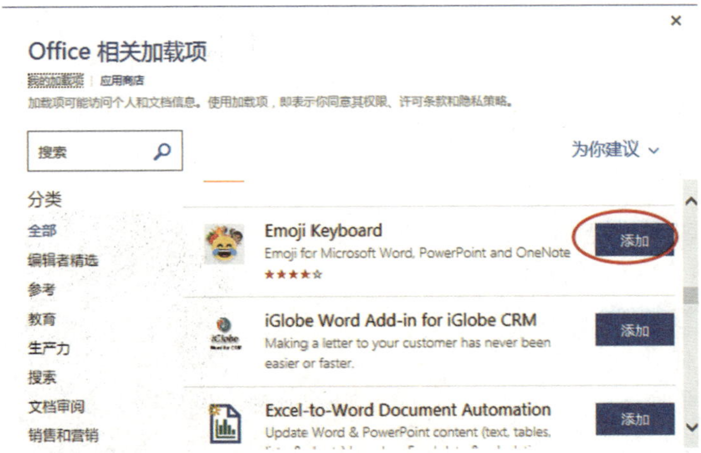

图 3-4-34

图 3-4-35

2. 插入外部图片

方法一：通过“插入图片”对话框插入。

在“插入”选项卡下的“插图”功能区里，单击“图片”按钮，打开“插入图片”对话框，如图 3-4-36 所示。根据图片所在的路径，选中图片，单击“插入”按钮，图片就显示在文档里了。

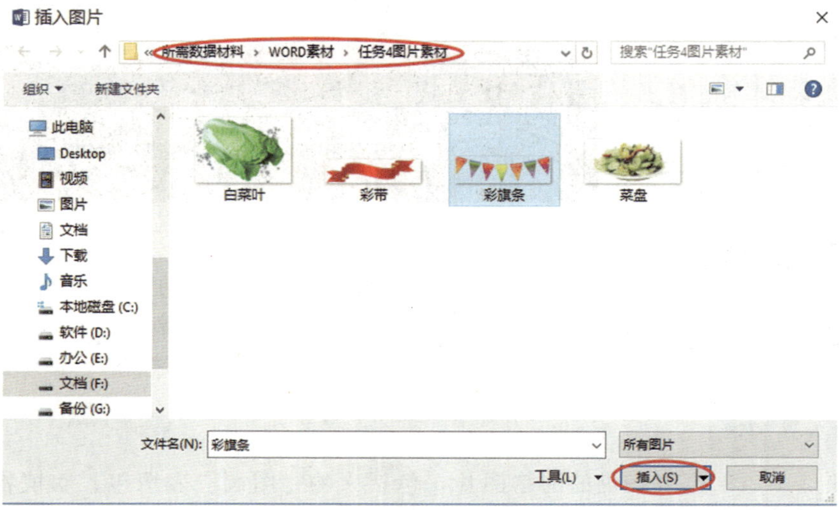

图 3-4-36

方法二：通过鼠标拖曳插入。

选中要插入的图片，按住鼠标左键不放，直接拖曳到文档里面，完成图片的插入，如图 3-4-37 所示。

图 3-4-37

3. 设置图片大小

图片大小不能适应文档中的文字布局时，可以调整其大小。

方法一：用鼠标拖曳调整。

当图片被选中时，4 边有四个白色的小圆圈，4 角也有四个白色的小圆圈，它们都是调整图片大小的控制点，鼠标指针移动到它们的上方，当指针变成双向箭头时，拖动鼠标就可以改变图片的大小，如图 3-4-38 所示。

图 3-4-38

方法二：精确输入数据调整。

在“格式”选项卡下的“大小”功能区中，分别在“高度”或“宽度”文本框中输入数字或者单击增减按钮，可以精确地调整图片大小，如图 3-4-39 所示。

如果需要更准确地调整，单击“大小”功能区右下角的“布局扩展”按钮，打开“布局”对话框，进行详细设置，如图 3-4-40 所示。

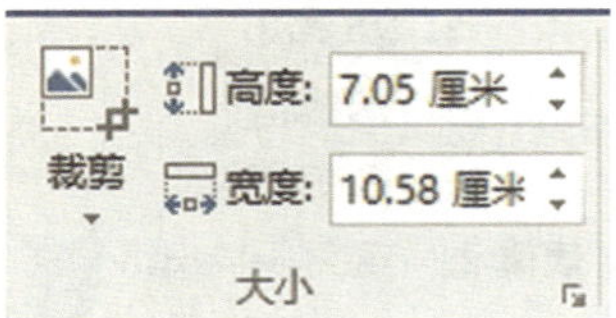

图 3-4-39

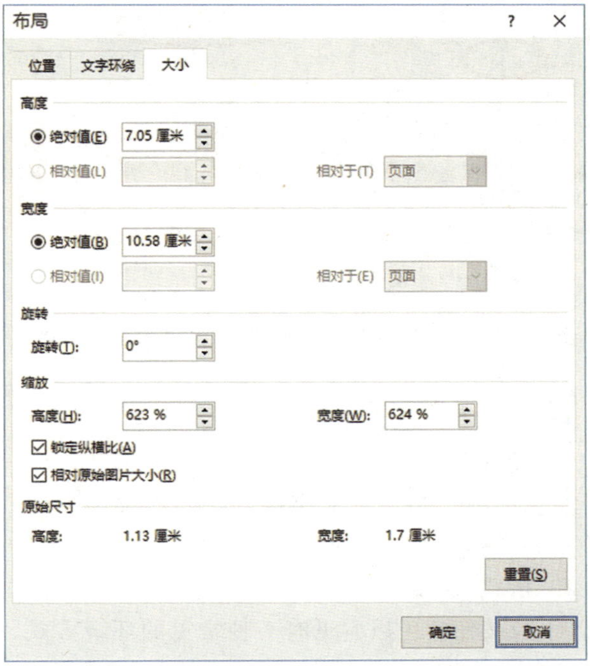

图 3-4-40

4. 裁剪图片

裁剪图片可以去除图片中多余的部分。Word 2016 不但可以裁剪图片，还可以根据比例或者某个形状图片进行裁剪，功能比较强大。

（1）任意裁剪

在“格式”选项卡下的“大小”功能区中，单击“裁剪”按钮，可看见图片显示 8 个黑色的裁剪控制点，像调整图片大小一样，拖曳它们即可完成图片的裁剪，如图 3-4-41 所示。

图 3-4-41

（2）形状裁剪

在“格式”选项卡下的“大小”功能区中，单击“裁剪”下拉按钮，选择“裁剪为形状”选项，如图 3-4-42 所示。

选中一个形状后，图片则根据用户的选择变形了，如图 3-4-43 所示。

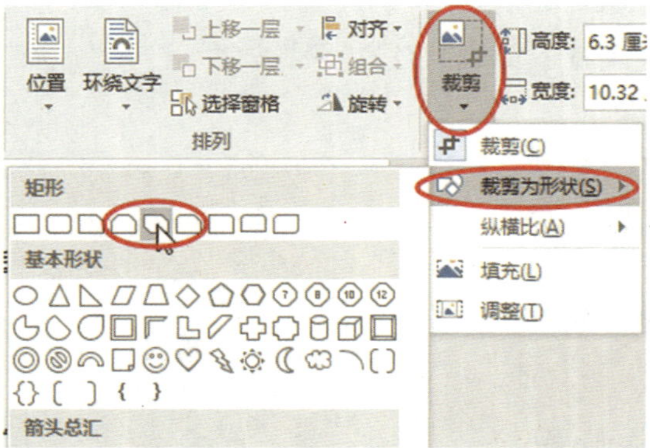

图 3-4-42

图 3-4-43

除此之外，打开右键快捷菜单，选择“设置图片格式”命令也可以进行裁剪。

5. 设置排列方式

(1)设置图片与文字的环绕方式

默认的图片是嵌在文字中的，操作很不方便。为了美观和操作方便，通过设置图片的环绕方式来完成。

在“格式”选项卡下的“排列”功能区中，单击“自动换行”下拉按钮，可以看见有 7 种常见的环绕方式，选择其中的一种即可，如图 3-4-44 所示。如果不满意，还可以选择“其他布局选项”进行调整。

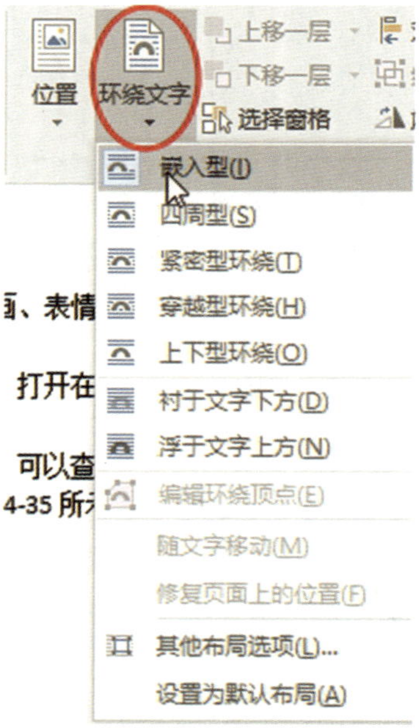

图 3-4-44

(2)设置图片的排列顺序

当不止一张图片需要重点地显示，图片有叠加时，就需要设置图片叠加的秩序，即设置图片的排列顺序。

在“格式”选项卡下的“排列”功能区中，可以看见“上移一层”和“下移一层”按钮，单击这两个按钮即可调整图片的排列顺序，如图 3-4-45 所示。这两个按钮的扩展功能还有置于顶层、浮于文字上方、浮于文字下方等。

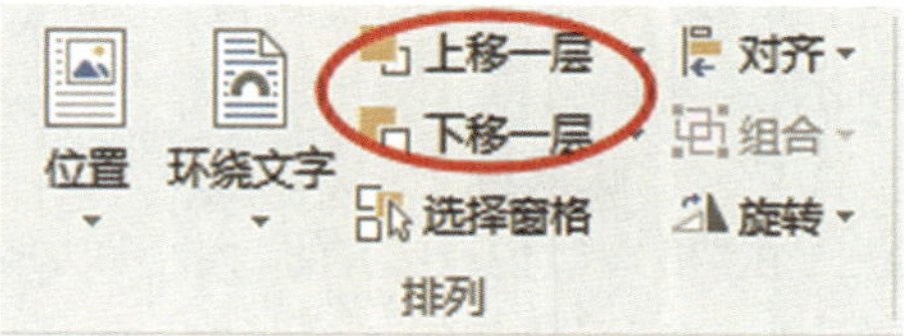

图 3-4-45

(3)设置图片在文档中的位置

设置图片在文档中的位置，可以使版面更整齐。

在“格式”选项卡下的“排列”功能区中，单击“位置”下拉按钮，可以看见 10 种图片在文档中位置的排列方式，如图 3-4-46 所示。图 3-4-47 是选择将图片排在文字左侧的效果。

图 3-4-46

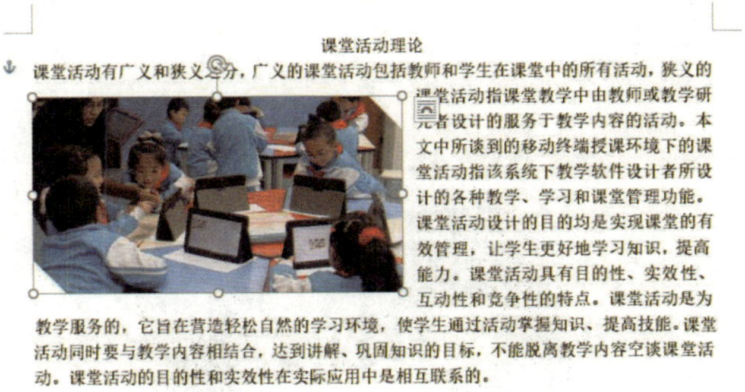
课堂活动理论

课堂活动有广义和狭义之分，广义的课堂活动包括教师和学生在课堂中的所有活动，狭义的课堂活动指课堂教学中由教师或教学研究者设计的服务于教学内容的活动。本文中所谈到的移动终端授课环境下的课堂活动指该系统下教学软件设计者所设计的各种教学、学习和课堂管理功能。课堂活动设计的目的均是实现课堂的有效管理，让学生更好地学习知识，提高能力。课堂活动具有目的性、实效性、互动性和竞争性的特点。课堂活动是为教学服务的，它旨在营造轻松自然的学习环境，使学生通过活动掌握知识、提高技能。课堂活动同时要与教学内容相结合，达到讲解、巩固知识的目标，不能脱离教学内容空谈课堂活动。课堂活动的目的性和实效性在实际应用中是相互联系的。

图 3-4-47

(4)旋转图片

图片选中后会有一个旋转轴，按住它可以对图片进行任意角度的旋转，如图 3-4-48 所示。

图 3-4-48

除此之外，在“格式”选项卡下的“排列”功能区中，也有“旋转”选项。

6. 设置图片样式

在“格式”选项卡下的“图片样式”功能区中，包括快速样式、图片边框、图片版式设置。快速样式就是系统内置的样式，图片边框用于为图片加边框的相关设置，图片版式主要是给图片添加说明文字。图 3-4-49 是设置的一种图片样式。

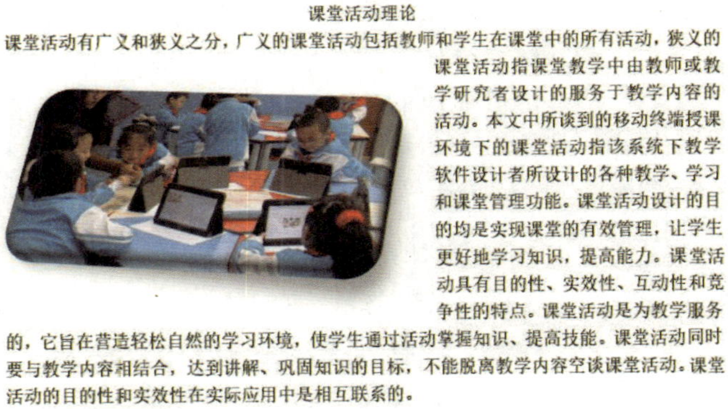
课堂活动理论

课堂活动有广义和狭义之分，广义的课堂活动包括教师和学生在课堂中的所有活动，狭义的课堂活动指课堂教学中由教师或教学研究者设计的服务于教学内容的活动。本文中所谈到的移动终端授课环境下的课堂活动指该系统下教学软件设计者所设计的各种教学、学习和课堂管理功能。课堂活动设计的目的均是实现课堂的有效管理，让学生更好地学习知识，提高能力。课堂活动具有目的性、实效性、互动性和竞争性的特点。课堂活动是为教学服务的，它旨在营造轻松自然的学习环境，使学生通过活动掌握知识、提高技能。课堂活动同时要与教学内容相结合，达到讲解、巩固知识的目标，不能脱离教学内容空谈课堂活动。课堂活动的目的性和实效性在实际应用中是相互联系的。

图 3-4-49

7. 设置图片效果

在“格式”选项卡下的“调整”功能区中，包括删除背景、颜色更正、艺术效果、压缩图片等选项，可以完成对图片亮度、颜色、文件大小、艺术风格的调整，同时可以删除图片上多余的部分，功能比较齐全。图 3-4-50 是设置的一个图片效果。

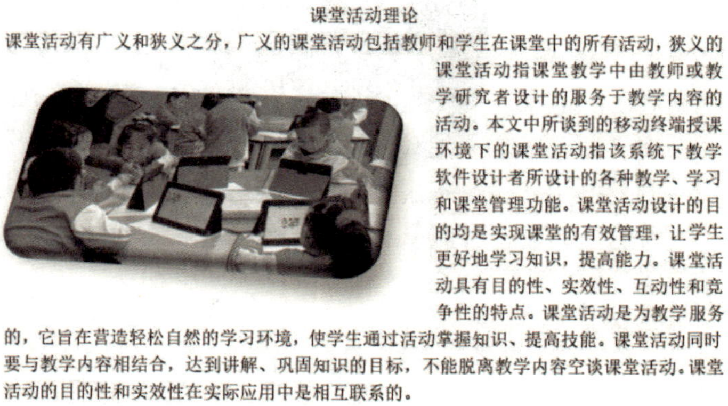

课堂活动理论

课堂活动有广义和狭义之分，广义的课堂活动包括教师和学生在课堂中的所有活动，狭义的课堂活动指课堂教学中由教师或教学研究者设计的服务于教学内容的活动。本文中所谈到的移动终端授课环境下的课堂活动指该系统下教学软件设计者所设计的各种教学、学习和课堂管理功能。课堂活动设计的目的均是实现课堂的有效管理，让学生更好地学习知识，提高能力。课堂活动具有目的性、实效性、互动性和竞争性的特点。课堂活动是为教学服务的，它旨在营造轻松自然的学习环境，使学生通过活动掌握知识、提高技能。课堂活动同时要与教学内容相结合，达到讲解、巩固知识的目标，不能脱离教学内容空谈课堂活动。课堂活动的目的性和实效性在实际应用中是相互联系的。

图 3-4-50

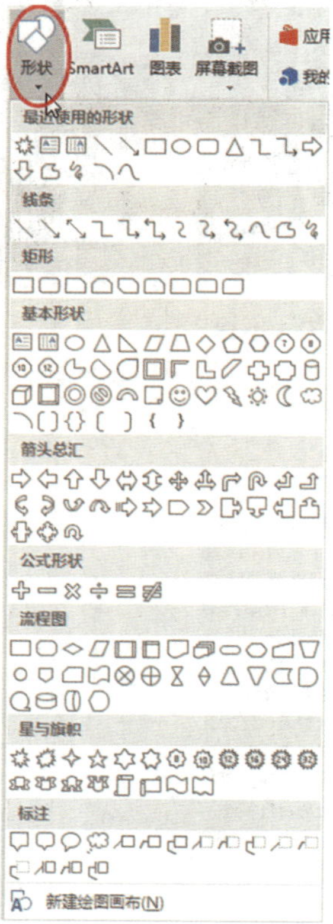

图 3-4-51

图片的大多设置可以通过右键快捷菜单，打开“设置图片格式”对话框来完成。

二、形状的创建

形状是图片的一个补充，有效地利用形状可以为图文混排增添丰富的排版手法。

1. 插入形状

在“插入”选项卡的“插图”功能区，单击“形状”下拉按钮，可以看见数种形状，选择一种，在文档中拖曳绘制就可以完成形状的插入，如图 3-4-51 所示。

2. 编辑形状

形状的编辑和图片的编辑大同小异，在如图 3-4-52 所示的“格式”选项卡的功能区中，可以对边框、颜色、形状效果、环绕方式、版式等进行设置，具体操作请参照图 3-4-52 的编辑。

图 3-4-52

3. 两个特色功能

(1)编辑形状

在“格式”选项卡下的“插入形状”功能区里，有一个编辑形状功能，它可以完成对插入形状的任意编辑，用户可以使用该功能编辑出需要的任意形状。

(2)添加文字

选中形状后，打开右键快捷菜单，执行“添加文字”命令，就可以在形状区域输入文字了，以方便用户排版，如图 3-4-53 所示。

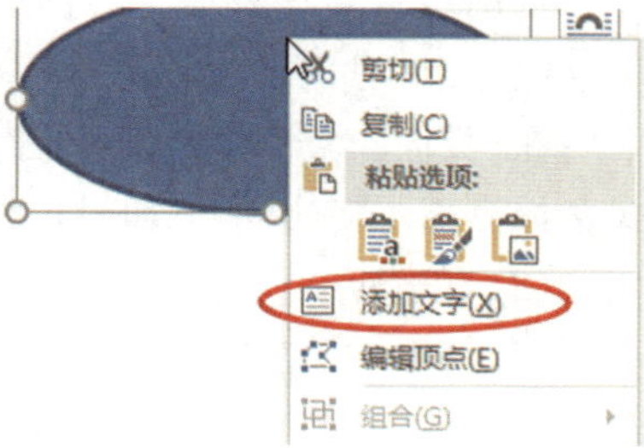

图 3-4-53

形状的大多设置可以通过右键快捷菜单，打开“设置形状格式”对话框来完成。

三、艺术字的创建

在 Word 2016 中，艺术字的操作更加简单，功能更加强大。

1. 插入艺术字

在“格式”选项卡下的“文本”功能区，单击“艺术字”按钮，在艺术字样式中选择一种，然后输入需要的艺术字即可完成操作，如图 3-4-54 所示。

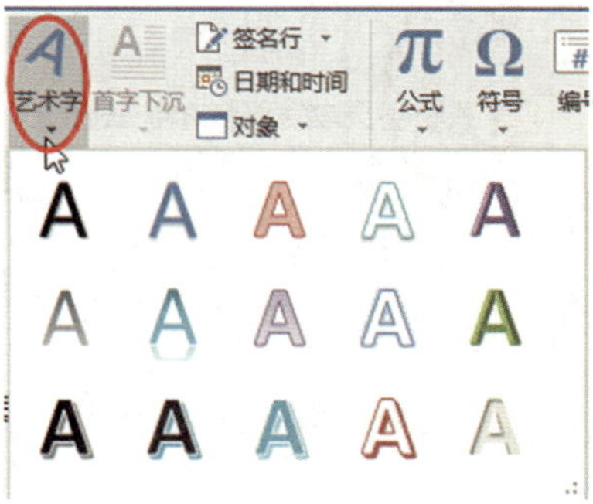

图 3-4-54

2. 编辑艺术字

由于艺术字也是一种形状对象形式，所以它的编辑大多和形状编辑类似，在如图 3-4-55 所示的“格式”选项卡的功能区，主要有边框、颜色、形状效果、环绕方式、版式等设置，具体操作请参照形状的编辑。

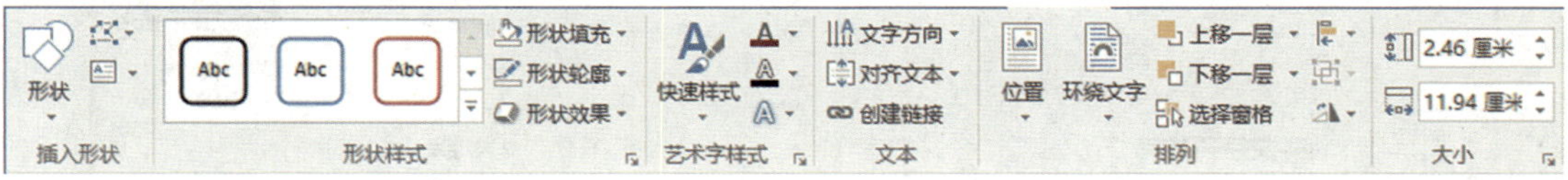

图 3-4-55

在“格式”选项卡下的“形状样式”功能区的形状效果，对艺术字形状的设计比较有用，用户可以多体验一下。图 3-4-56 是编辑的一种艺术字效果。

图 3-4-56

四、页面设置与打印

1. 页面设置

页面设置主要有文字方向、页边距、纸张方向、纸张大小等设置。

(1)文字方向

在“页面布局”选项卡下的“页面设置”功能区里，文字方向一般有水平和垂直两种格式，如图 3-4-57 所示。如果用户需要其他样式，可以单击“文字方向选项”按钮自行设置。

(2)页边距

在“页面布局”选项卡下的“页面设置”功能区里，系统提供了普通、窄、适中、宽等页边距样式，用户也可以根据需要自行设置，如图 3-4-58 所示。

(3)纸张方向

在“页面布局”选项卡下的“页面设置”功能区里，纸张方向有横向和纵向两种，如图 3-4-59 所示。

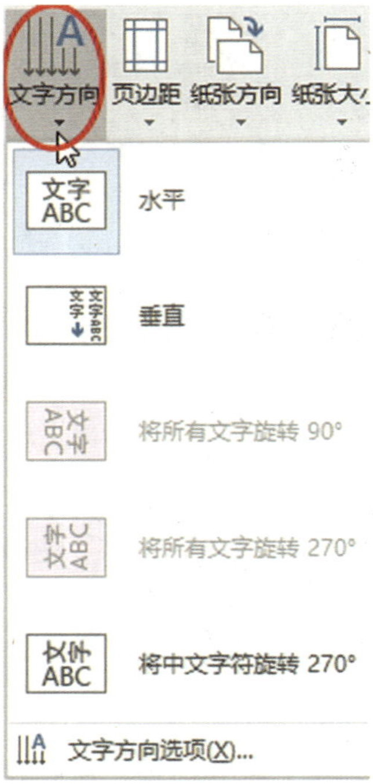

图 3-4-57

图 3-4-58

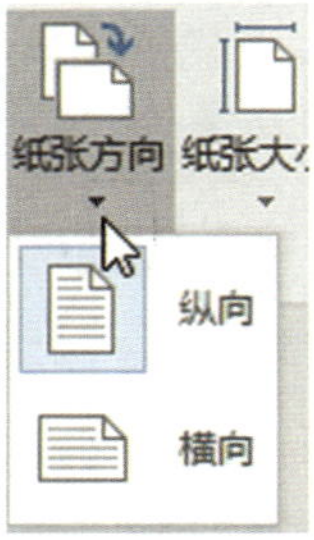

图 3-4-59

(4)纸张大小

在“页面布局”选项卡下的“页面设置”功能区里，有很多种纸张大小类型，用户也可根据需要自行设置，如图3-4-60所示。

(5)水印

用户可以根据需要在“页面布局”选项卡下的“页面背景”功能区里选择一种水印，为文档添加文本或者图片水印，如图3-4-61所示。

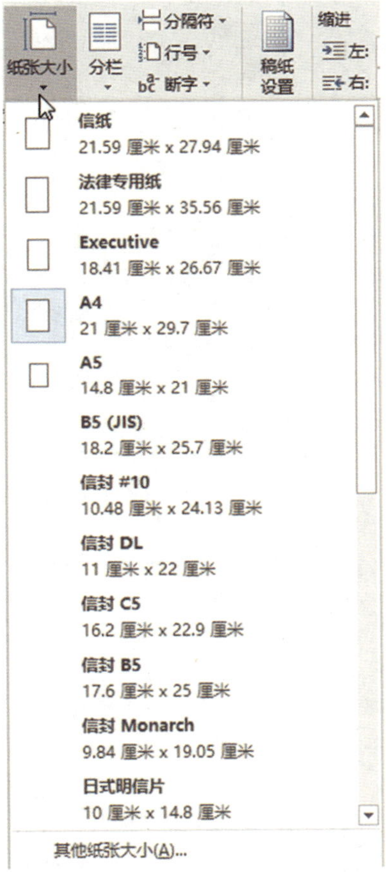

图3-4-60

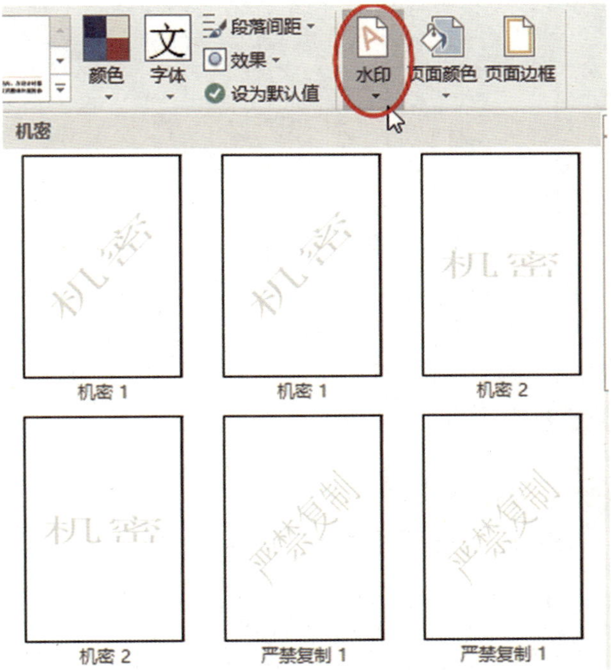

图3-4-61

(6)背景

用户可以根据需要在“页面布局”选项卡下的“页面背景”功能区里选择页面颜色，为文档设置背景颜色，如图3-4-62所示。

(7)页眉与页脚

在“插入”选项卡下的“页眉和页脚”功能区里，提供了样式多样的页眉、页脚和页码的样式，用户可以根据需要插入页眉、页脚和页码，如图3-4-63所示。

图 3-4-62

图 3-4-63

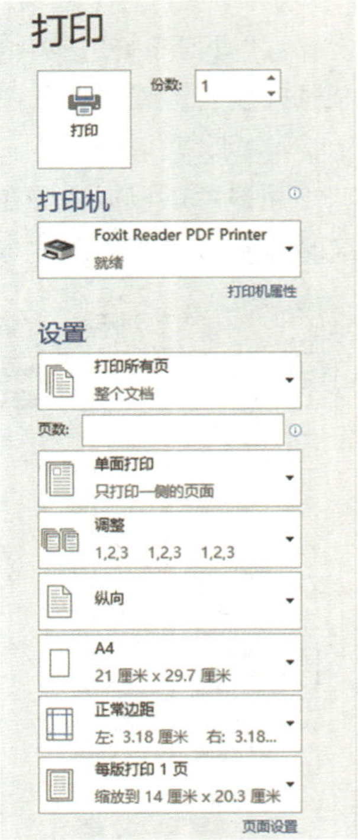

图 3-4-64

2. 文档打印

设置好的文档需要打印输出，为了更符合用户的要求，在打印时可以进一步对文档进行设置。

在“文件”菜单下有打印设置。通过设置，可以完成打印份数、打印机选择、打印页码范围、单双面打印、纸张方向、纸张大小、页边距、缩放打印等项目的选择，如图 3-4-64 所示。

知识拓展

SmartArt 图形的使用

1. 插入 SmartArt 图形

①在“插入”选项卡下的“插图”功能区里，单击“SmartArt”按钮，如图 3-4-65 所示。

图 3-4-65

②打开“选择 SmartArt 图形”对话框，选择一种 SmartArt 图形，单击“确定”按钮即可，如图 3-4-66 所示。

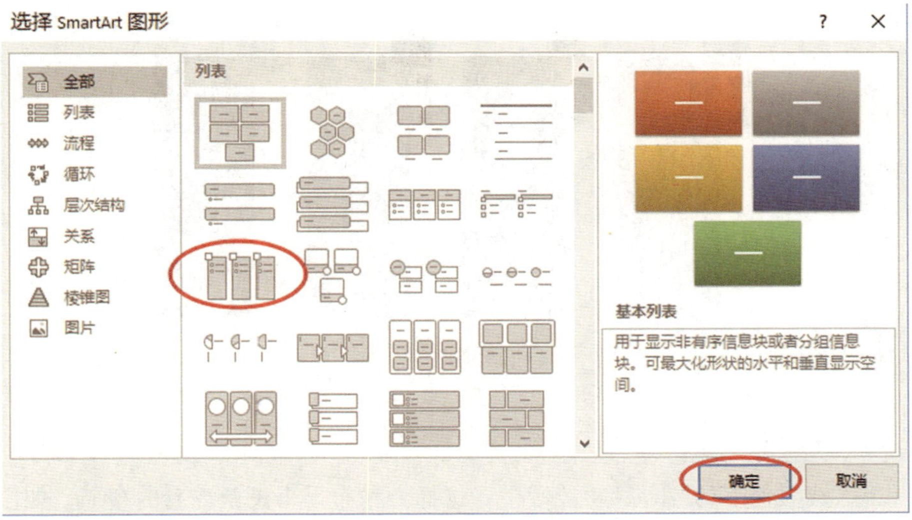

图 3-4-66

2. 在 SmartArt 图形中添加内容

(1)添加图片

双击图片占位符处，打开“添加图片”对话框，选择图片添加，如图 3-4-67 所示。

(2)添加文字

单击文本处，输入文字，如图 3-4-68 所示。

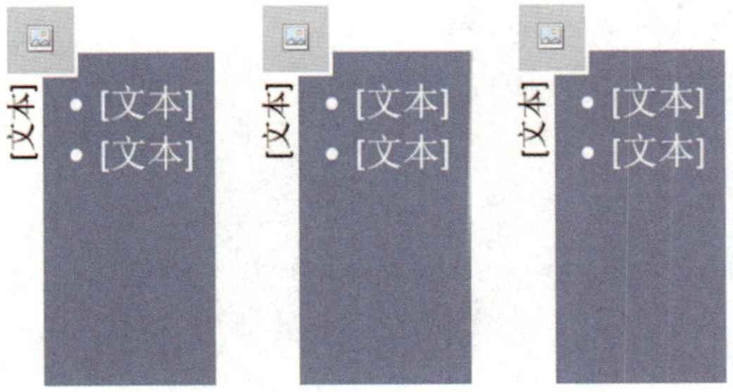

图 3-4-67

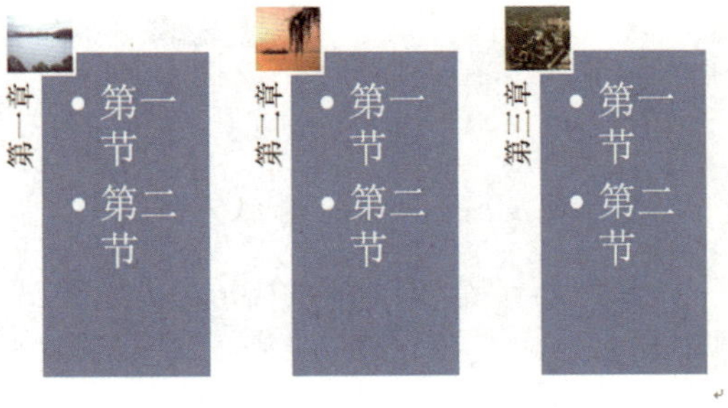

图 3-4-68

3. 为 SmartArt 图形添加形状

①在“格式”选项卡下的“创建图形”功能区里，单击“添加形状”下拉按钮，选择“在后面添加形状”或“在前面添加形状”选项，如图 3-4-69 所示。

②在打开的对话框中按需要选择一种添加方式，确认完成，如图 3-4-70 所示。

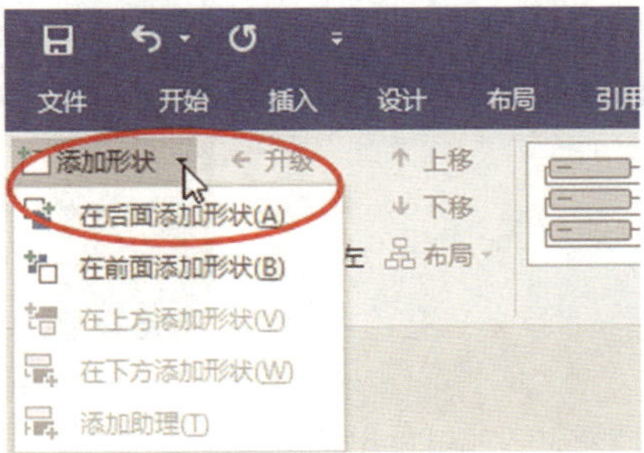

图 3-4-69

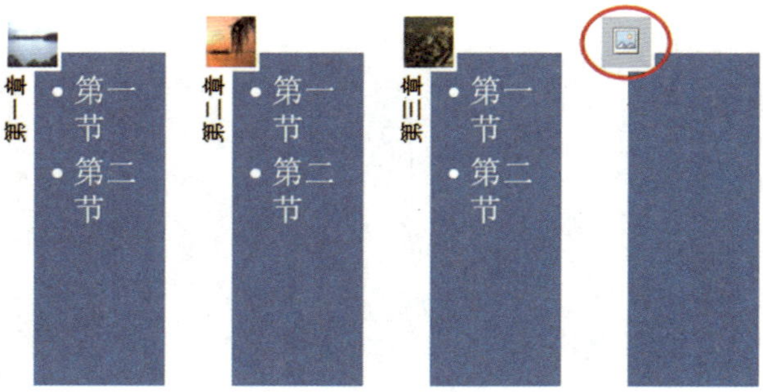

图 3-4-70

4. 更改 SmartArt 图形的布局

在“设计”选项卡下的“布局”功能区中，选择一种布局来更新现有的布局，如图 3-4-71 所示。

图 3-4-71

5. 更改 SmartArt 图形的样式

在“设计”选项卡下的 SmartArt 样式中，可以进行样式和颜色的更新，如图 3-4-72 所示。

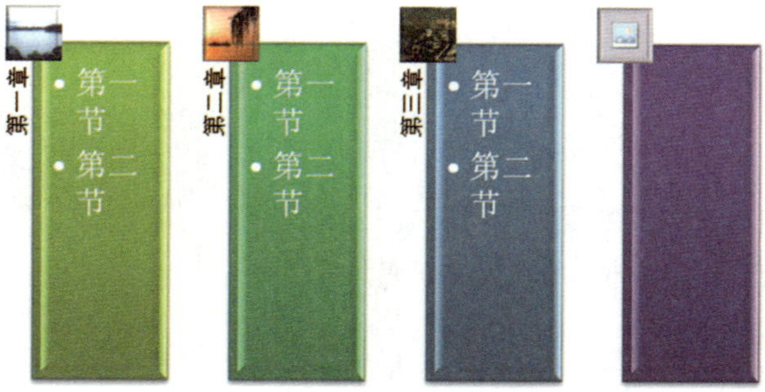

图 3-4-72

小 结

Word 2016 是文档编辑排版软件，使用时必须先启动它。Word 2016 启动后出现 Word 2016 窗口，Word 2016 窗口由标题栏、功能区、文档区和状态栏 4 部分组成。Word 2016 有 5 种视图方式：页面视图、阅读版式视图、Web 版式视图、大纲视图和草稿，其中最常用的视图方式是页面视图。Word 2016 常用的文档操作有新建文档、保存文档、打开文档、关闭文档等。退出 Word 2016 前应先保存建立的文档，以避免造成不必要的损失。

Word 2016 的许多工作需要选定文本，插入、删除与改写是基本的文本编辑操作。编辑文本时，应时刻注意当前是插入状态还是改写状态，以免出差错。复制与移动文本也是文本编辑的常用操作，查找、替换与定位是文本编辑的高级操作，要掌握相应对话框的操作。

文档排版是 Word 2016 的基本操作，包括设置字符格式、设置段落格式、设置项目符号和编号等操作。基本的字符格式设置可通过“字体”功能区的工具来完成，基本的段落格式设置以及设置项目符号和编号，可通过“段落”功能区的工具来完成。

要打印文档应先设置页面，包括设置纸张和排版页面。设置纸张包括纸张大小、纸张方向和页边距的设置。打印文档前可先进行打印预览，完全满足要求时再打印。

表格处理是 Word 2016 的重要功能，常用的操作有编辑表格和设置表格。编辑表格的常用操作包括选定、插入、删除、合并、拆分等。设置表格的常用操作包括设置数据对齐、设置行高和列宽、设置位置和大小、设置对齐和环绕、设置边框和底纹等。

在 Word 2016 中，艺术字、图片和剪贴画统称为对象，它们的处理包括插入、编辑和设置。设置包括调整、设置样式、设置排列、设置大小等操作，能理解和合理使用它们可以使得图文混排更美观。

文档保护可以防止误操作，分栏可以使得版式更美观，格式复制能提高操作效率，Word 中简单运算有时很有用，SmartArt 图形可用来绘制组织结构图。

思 考

1. 文档有哪几种视图方式？各有什么特点？如何切换？

2. 在文档中，设置文本格式有哪些方法？设置文本段落有哪些操作？设置页面有哪些步骤？

3. 在文档中，插入表格有哪些方法？编辑表格有哪些操作？设置表格有哪些步骤？

4. 在文档中，插入图片有哪些方法？编辑图片有哪些操作？设置图片有哪些步骤？

5. 在文档中，插入艺术字有哪些方法？编辑艺术字有哪些操作？设置艺术字有哪些步骤？

项目 4

电子表格

我们在工作、生活和学习中会遇到大量表格，如学校的成绩单、生产中的统计报表等。各类表格的共同特点是都由行和列组成，包括字符、数字等。利用功能强大的电子表格软件处理表格会更加方便、快捷，它还可以将表格的数据以各式各样的图表形式显示出来。

Excel 2016 是微软公司开发的办公软件 Office 2016 中的一个组件，利用它可以方便地制作电子表格。在电子表格中可输入文字或数字，进行公式计算、数据管理与分析等。

主要学习目标

- 掌握 Excel 2016 的基本操作。
- 掌握 Excel 2016 工作表的编辑方法。
- 掌握 Excel 2016 工作表的格式化。
- 掌握 Excel 2016 的公式和函数计算。
- 掌握 Excel 2016 的数据管理和分析。

任务 1 Excel 2016 的基本操作

内容导读

Excel 2016 的基本操作是 Excel 的基础，本任务主要学习 Excel 2016 的启动和退出方法、Excel 2016 窗口的组成、工作簿的操作和工作表的管理等知识。在知识拓展板块，还将学习文档的安全与保护。

实例详解：新建“员工档案表”

任务说明

员工档案一般是公司的基础数据，通过本例学习，你将学会 Excel 2016 的创立和保存、启动和退出、工作表的插入等内容。制作完成如图 4-1-1 所示。

员工档案表							
工号	姓名	部门	职务	性别	学历	年龄	进公司时间
zz2010025	李瑶	制造部	操作工	男	大专	25	
hq2010026	周海平	后勤部	采购	男	大专	45	
zx2010027	黄芩	行政部	文员	女	大专	21	
zj2010028	谢东山	质检部	质检员	男	本科	28	
qh2010029	吴江敏	企划部	策划	男	本科	30	
zz2010030	杨海杰	制造部	操作工	男	大专	24	
sc2010031	赵明月	行政部	人事科长	女	研究生	35	
zz2010032	林红	制造部	操作工	男	大专	23	
zz2010033	朱启南	制造部	副部长	男	本科	52	
zz2020034	孙卓琳	制造部	操作工	男	中专	19	
zz2020035	张麦东	制造部	操作工	男	大专	24	
zj2010036	王晓雨	质检部	质检员	女	大专	24	
qh2010037	曹长春	企划部	策划	男	本科	29	

图 4-1-1

操作步骤

1. 打开 Excel 软件

执行“开始”→“所有程序”→“Microsoft Office”命令，选择“Microsoft Excel 2016”选项，如图 4-1-2 所示。

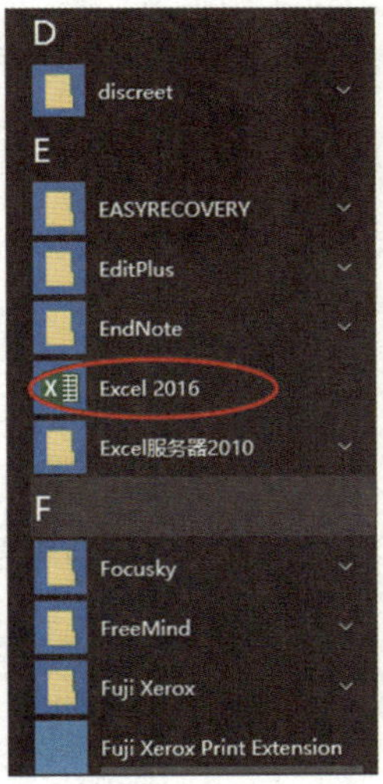

图 4-1-2

2. 创建工作表

(1)插入工作表

右击“Sheet1”，在弹出的快捷菜单中执行“插入”命令，如图 4-1-3 所示。在打开的“插入”对话框中选择工作表，单击“确定”按钮，可以生成一个工作表“Sheet4”，如图 4-1-4 所示。

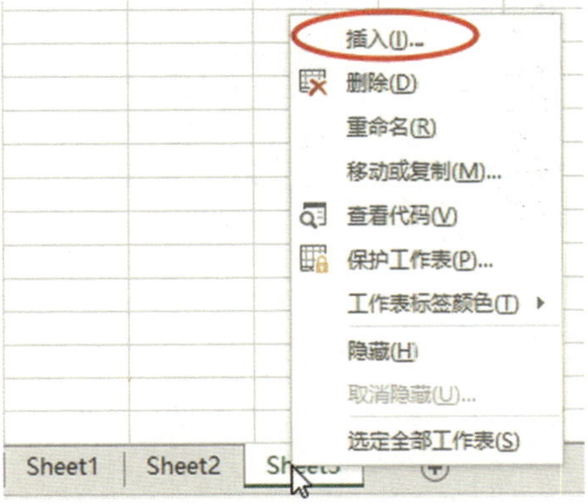

图 4-1-3

图 4-1-4

(2)重命名工作表

右击“Sheet4”，在弹出的快捷菜单中执行“重命名”命令(图 4-1-5)，录入文字“员工档案表”。

(3)移动工作表

鼠标按住“员工档案表”不松，拖动至“Sheet3”后，松开鼠标，让“员工档案表”排在最后，如图 4-1-6 所示。

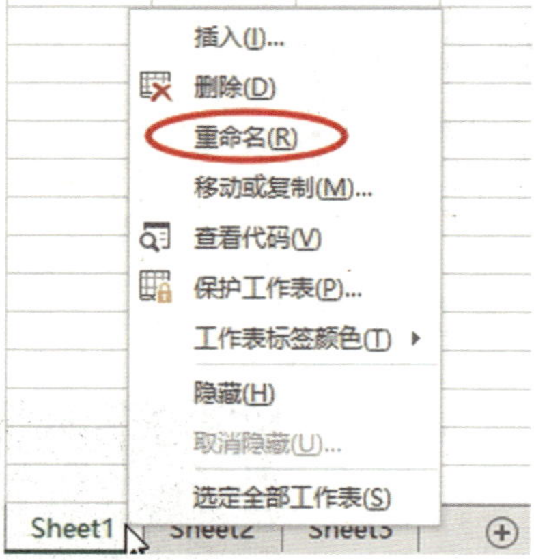

图 4-1-5

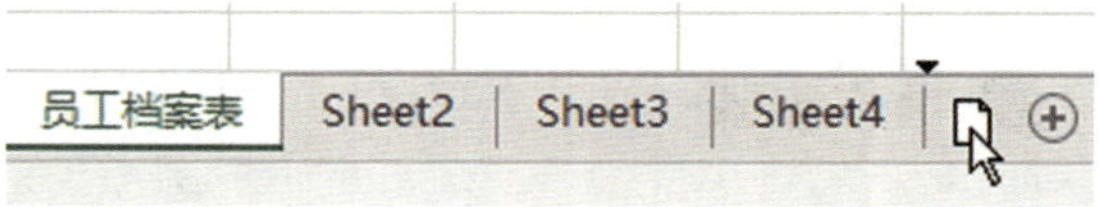

图 4-1-6

3. 录入信息

选中单元格录入信息，如图 4-1-7 所示。

员工档案表							
工号	姓名	部门	职务	性别	学历	年龄	进公司时间
zz2010025	李瑶	制造部	操作工	男	大专	25	
hq2010026	周海平	后勤部	采购	男	大专	45	
zx2010027	黄芩	行政部	文员	女	大专	21	
zj2010028	谢东山	质检部	质检员	男	本科	28	
qh2010029	吴江敏	企划部	策划	男	本科	30	
zz2010030	杨海杰	制造部	操作工	男	大专	24	
sc2010031	赵明月	行政部	人事科长	女	研究生	35	
zz2010032	林红	制造部	操作工	男	大专	23	
zz2010033	朱启南	制造部	副部长	男	本科	52	
zz2020034	孙卓琳	制造部	操作工	男	中专	19	
zz2020035	张麦东	制造部	操作工	男	大专	24	
zj2010036	王晓雨	质检部	质检员	女	大专	24	
qh2010037	曹长春	企划部	策划	男	本科	29	

图 4-1-7

4. 保存 Excel 文档

①执行“文件”→“另存为”命令(图 4-1-8)，打开“另存为”对话框。

②保存位置选择“本地磁盘(C:)”，文件名输入“员工档案表”，单击“保存”按钮，如

图 4-1-9 所示。

图 4-1-8

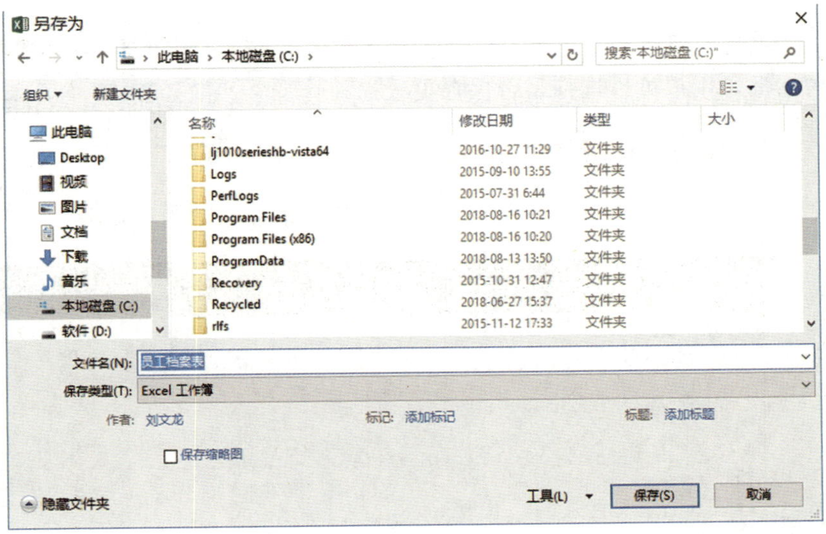

图 4-1-9

5. 退出 Excel 软件

单击 Excel 软件右上角的"关闭"按钮，退出软件，如图 4-1-10 所示。

图 4-1-10

要点精讲

一、Excel 2016 的启动与退出

Excel 2016 的启动和退出都有多种方法，用户可以根据习惯选择自己喜欢的一种。以下是 Excel 2016 的常用启动和退出方法。

1. Excel 2016 的启动

Excel 2016 常用的启动方法有三种。

方法一：执行"开始"→"所有程序"→"Microsoft Office"命令，选择"Microsoft Excel 2016"选项。

方法二：如果建立了 Excel 2016 的快捷方式，双击该快捷方式。

方法三：打开一个 Excel 文档文件。

2. Excel 2016 的退出

Excel 2016 常用的退出方法有三种。

方法一：单击 Excel 2016 窗体右上角的窗口控制按钮。

方法二：执行“文件”→“关闭”命令。

方法三：按组合键 Alt＋F4。

退出时系统会打开如图 4-1-11 所示的对话框，用户可以选择是否保存更改。

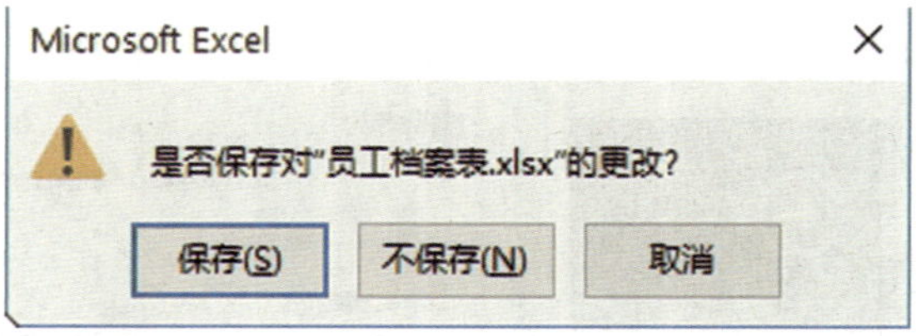

图 4-1-11

二、Excel 2016 窗口的组成

Excel 2016 启动后出现如图 4-1-12 所示的窗口，由应用程序窗口和工作簿窗口组成。

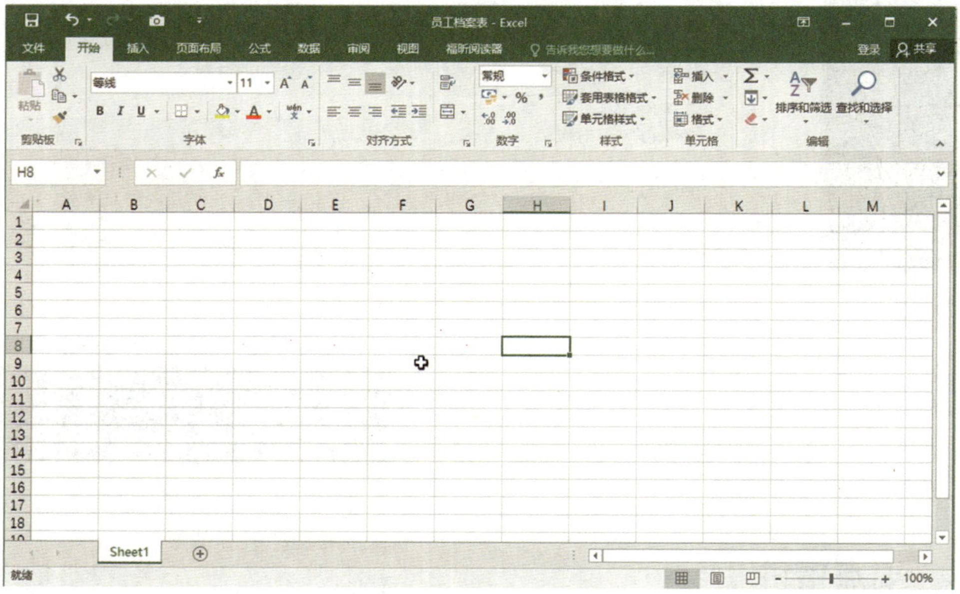

图 4-1-12

Excel 2016 应用程序窗口的标题栏、菜单栏、工具栏和状态栏等与 Word 2016 应用程序窗口类似，详情请参照相关模块。与 Word 2016 应用程序窗口不同的是，Excel 2016 应用程序窗口有工作簿和编辑栏。

工作簿如图 4-1-13 所示。

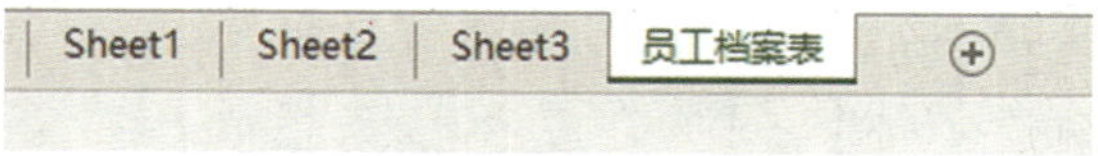

图 4-1-13

编辑栏如图 4-1-14 所示。

图 4-1-14

- 名称框：用于显示当前单元格的地址和名称，也可以通过名称框快速定位。
- 功能按钮：功能按钮有 3 个，分别表示取消、确定和打开“插入函数”对

话框。

公式框：当向单元格输入数据或者公式时，公式框会显示所输入的内容。

三、工作表的管理

1. 工作簿、工作表和单元格

(1)工作簿

工作簿是用 Excel 2016 建立和操作的文件，用来存储用户建立的工作表。工作簿文件的扩展名是“. xlsx”，低版本的工作簿文件扩展名是“. xls”。一个工作簿是由“Sheet1”“Sheet2”等工作表组成的，一个工作簿最多可以建立 255 个工作表。工作簿的名称如图 4-1-15 所示。

图 4-1-15

(2)工作表

工作簿中的每一张表称为工作表。工作表由若干行和列组成，行号和列号交叉的方框称为单元格。一个工作表最多有 1048576 行和 16384 列，行号用 1，2，3，…表示，列号用 A，B，C，…表示。工作表的名称如图 4-1-16 所示。

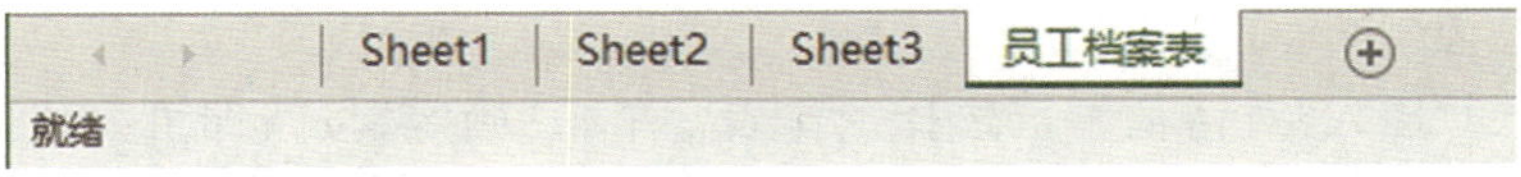

图 4-1-16

(3)单元格

单元格就是屏幕上一个个长方形的格子，是构成工作表的基本单位，是用来填写数据的地方。单元格还可以附加信息、计算数据、引用其他单元格数据、嵌入图表等。单元格是由行和列来定位的，如图 4-1-17 所示选中的单元格是第 B 列和第 2 行，那么单元格的默认名称就是 B2。

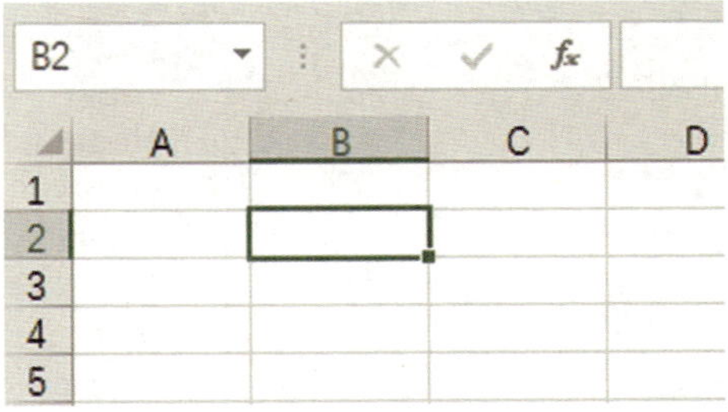

图 4-1-17

工作簿、工作表、单元格三者是由大到小的关系，工作簿最大，工作表次之，单元格最小。工作簿包含工作表，工作表又包含单元格。

2. 工作表的管理

工作表管理一般包括插入工作表、删除工作表、重命名工作表、复制工作表和移动工作表。

（1）插入工作表

方法一：使用“插入工作表”按钮。现有工作表的末尾有“插入工作表”按钮，单击即可插入新的工作表，如图 4-1-18 所示。

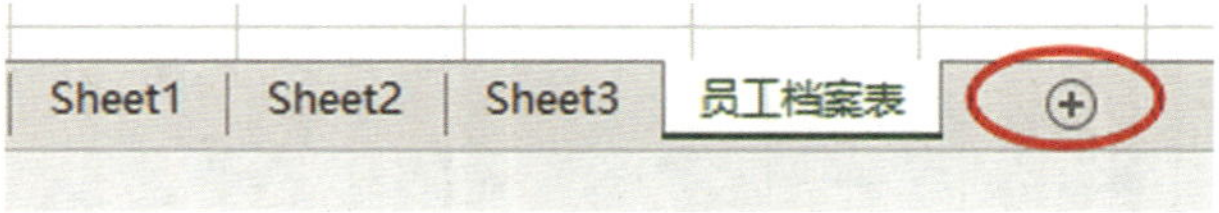

图 4-1-18

方法二：利用“插入工作表”命令。选中“开始”选项卡，找到“单元格”功能区，单击“插入”下拉按钮，选择“插入工作表”命令即可完成，如图 4-1-19 所示。

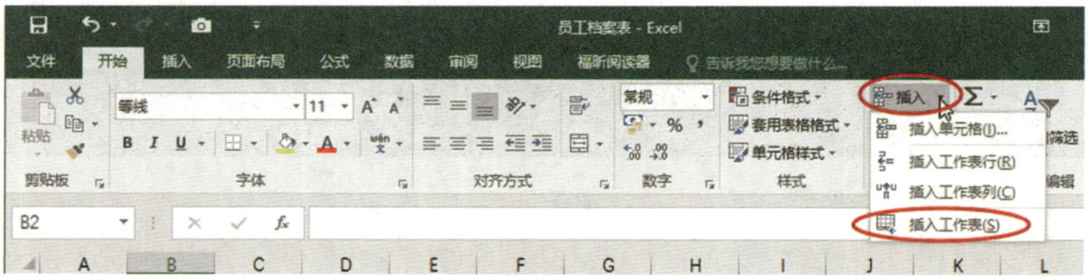

图 4-1-19

方法三：通过右键快捷菜单。

①选中需要插入工作表的位置，在右键快捷菜单中执行“插入”命令，如图 4-1-20 所示。

②在打开的“插入”对话框中，选择工作表，单击“确定”按钮即可完成插入工作表操作，如图 4-1-21 所示。

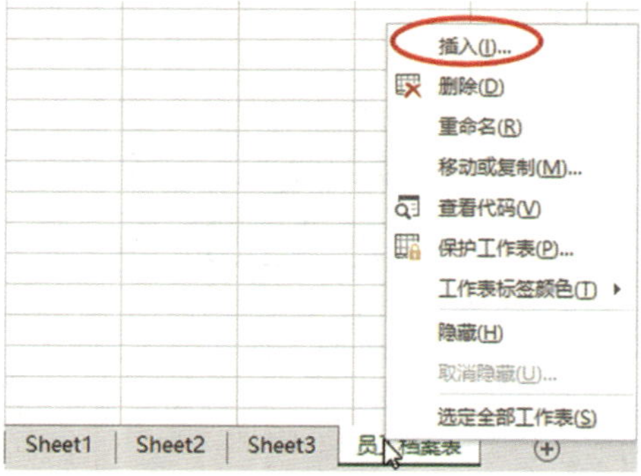

图 4-1-20

图 4-1-21

（2）删除工作表

方法一：使用“删除工作表”命令。

①选中要删除的表格，在“开始”选项卡找到“单元格”功能区，单击“删除”下拉按钮，选择“删除工作表”命令，如图 4-1-22 所示。

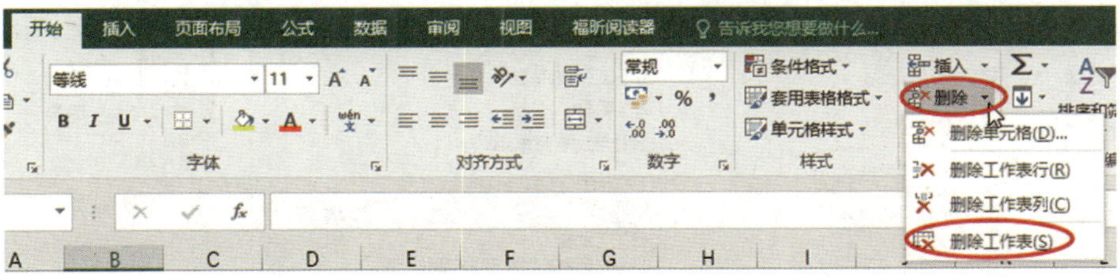

图 4-1-22

②在弹出的确认对话框中，单击“删除”按钮即可完成删除，如图 4-1-23 所示。

图 4-1-23

方法二：通过右键快捷菜单。

选择要删除的表格，在右键快捷菜单中执行“删除”命令(图 4-1-24)，打开与方法一类似的确认对话框，单击“删除”按钮即可完成删除。

(3)重命名工作表

方法一：双击工作表标签。

鼠标指针移动到要重命名的工作表名处双击，工作表名变成可改写的黑底白字状态，输入新的名字。

方法二：通过右键快捷菜单。

选中要重新命名的工作表名，在右键快捷菜单中执行“重命名”命令(图 4-1-25)，工作表名变成可改写的黑底白字状态，输入新的名字。

方法三：使用“重命名工作表”命令。

在“单元格”功能区中的“格式”下拉列表框中有“重命名工作表”命令，也可以实现工作表的重命名。

(4)复制工作表

方法一：通过右键快捷菜单。

①选中需要复制工作表的位置，在右键快捷菜单中执行“移动或复制”命令，如图 4-1-26 所示。

②在打开的“移动或复制工作表”对话框中选中要粘贴的位置，然后单击“确定”按钮，可以完成工作表的复制，如图 4-1-27 所示。

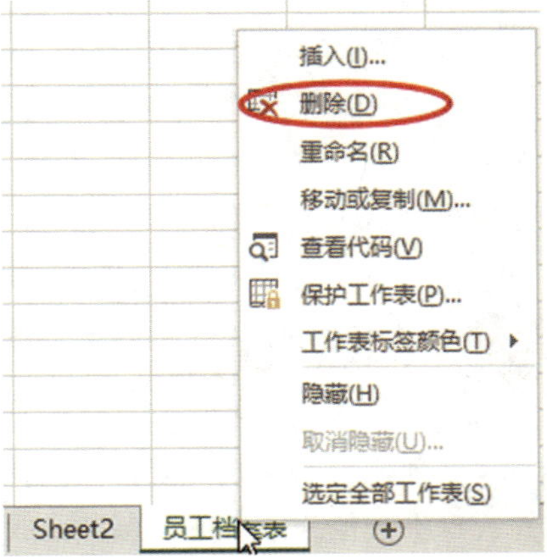

图 4-1-24

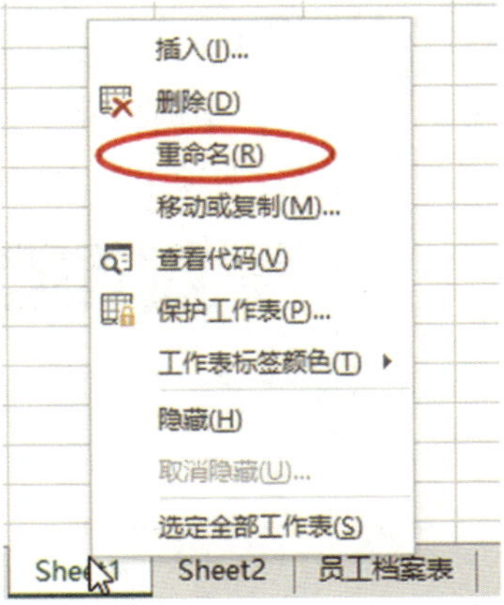

图 4-1-25

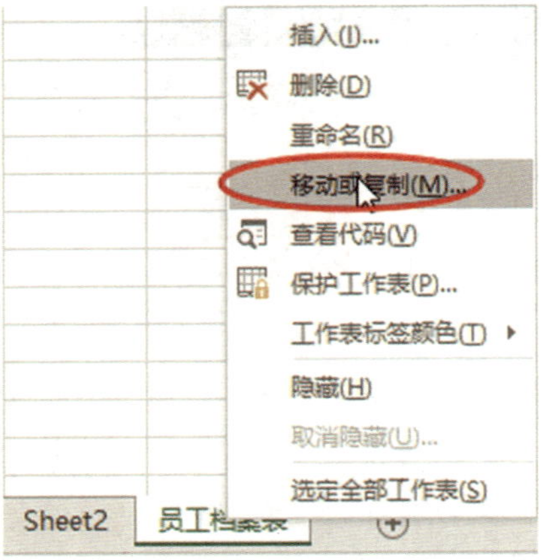

图 4-1-26

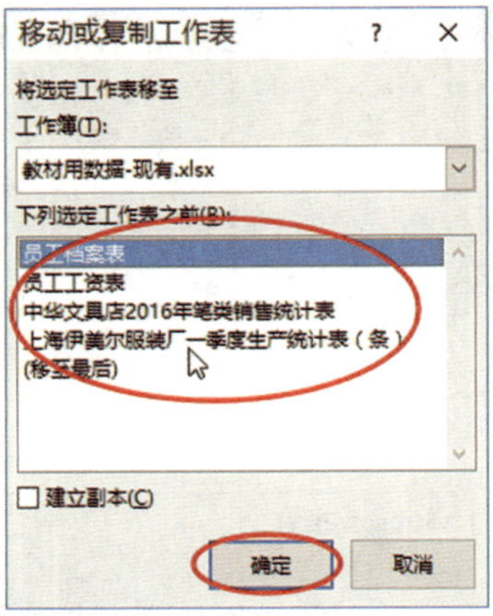

图 4-1-27

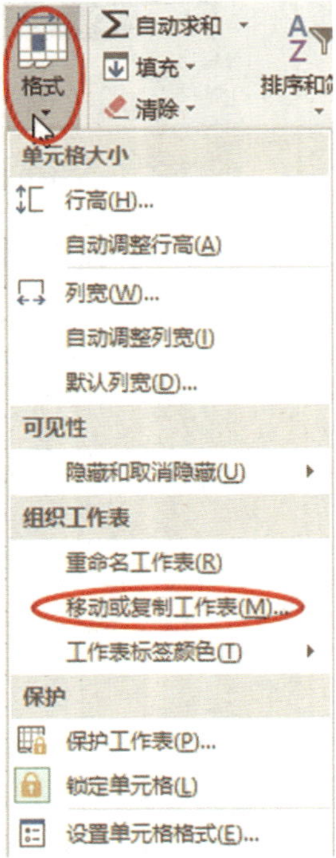

图 4-1-28

方法二：使用“移动或复制工作表”命令。

在“单元格”功能区中的“格式”下拉列表框中有“移动或复制工作表”命令，也可以实现工作表的复制，如图 4-1-28 所示。

(5)移动工作表

移动工作表和复制工作表类似，除了以上两种方法，移动工作表时还可以按住鼠标左键不放，拖动到需要的位置，再松开鼠标即可完成移动，如图 4-1-29 所示。

图 4-1-29

知识拓展

文档安全与保护

在使用电子文档的现代商业社会，文档的安全性一直是一个热点问题。如何使自己的文件资料不被他人抄袭或者剽窃，成为很多企业关注的重点。Excel 2016 中，提供了多种保护文档的方式，从而方便文档安全地传阅。

1. 保护工作簿

方法一：通过“审阅”选项卡下的“更改”功能区。

①选中“审阅”选项卡，在“更改”功能区，单击“保护工作簿”按钮，如图 4-1-30 所示。

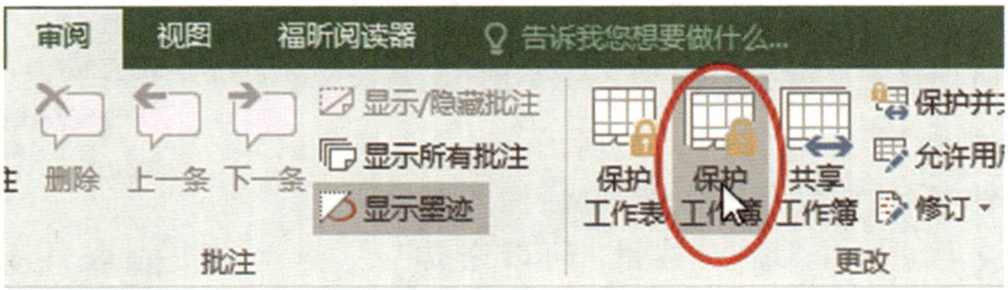

图 4-1-30

②在打开的“保护结构和窗口”对话框中，可以选择保护的内容有结构和窗口。保护结构主要是保护工作表或者工作图表不被他人更改(工作表中插入内嵌图表除外)，保护窗口主要是保护工作簿窗口的更改。如果使用密码保护，输入密码后就完成了工作簿的保护，如图 4-1-31 所示。

要取消保护，再次单击“保护工作簿”按钮，在打开的“撤销工作簿保护”对话框中，输入密码可以取消保护，如图 4-1-32 所示。

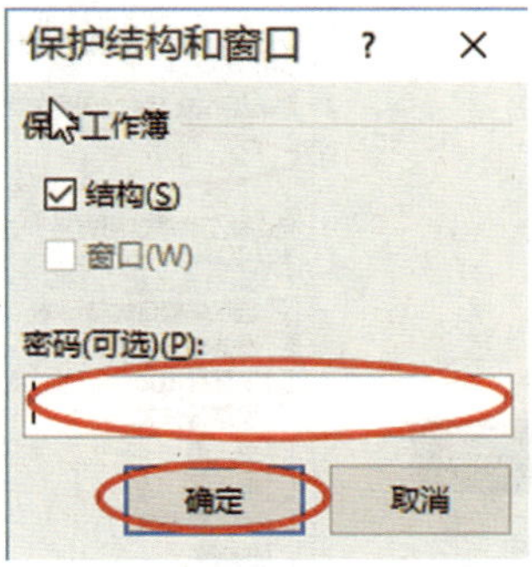

图 4-1-31

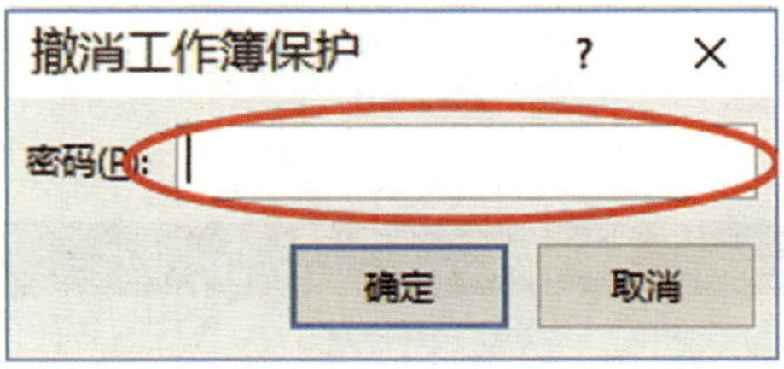

图 4-1-32

方法二：使用“文件”菜单来实现。

①打开“文件”菜单，找到“信息”→“权限”选项，如图 4-1-33 所示。

②在“保护工作簿”的下拉列表中有多种保护工作簿的选项供用户选择。用户可以选择给工作簿加密或者保护工作簿的结构等，如图 4-1-34 所示。

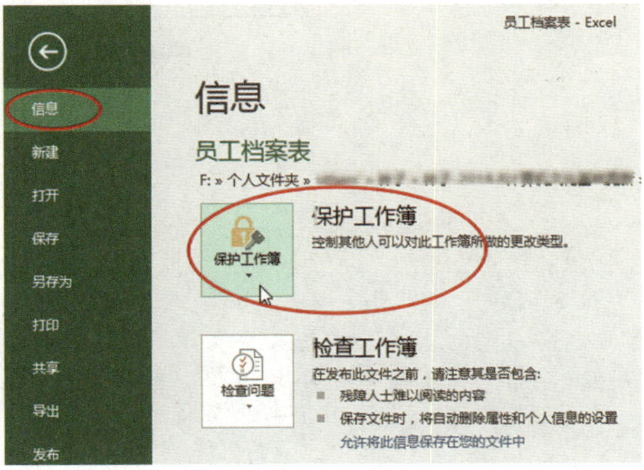

图 4-1-33

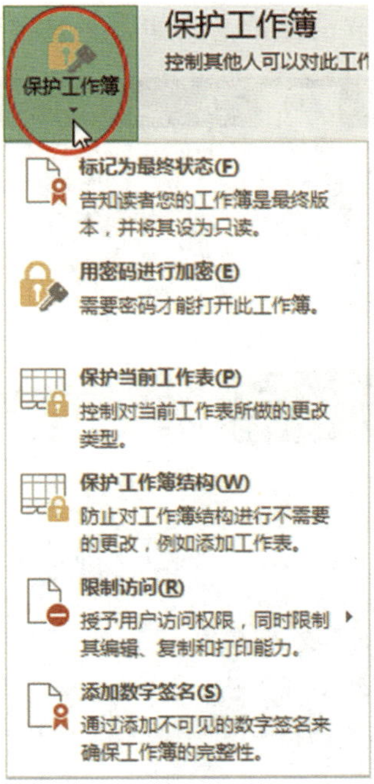

图 4-1-34

2. 保护工作表

①选中“审阅”选项卡，在“更改”功能区，单击“保护工作表”按钮，如图 4-1-35 所示。

②打开“保护工作表”对话框，输入取消保护密码后，选择需要对当前工作表保护的内容，单击“确定”按钮，就可以完成对当前工作表特定项目的保护，如图 4-1-36 所示。

图 4-1-35

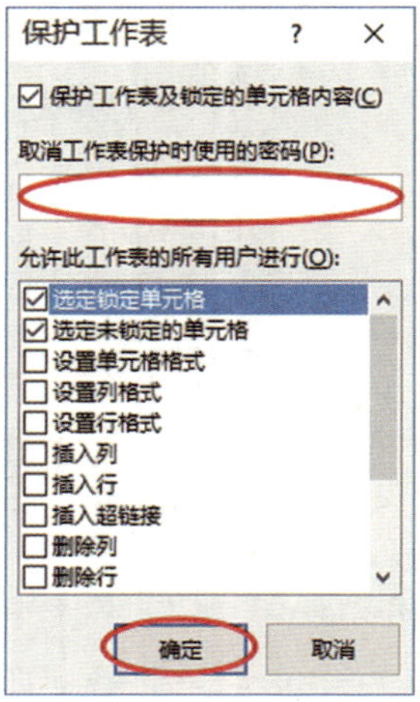

图 4-1-36

如果要取消保护，再次选中“审阅”选项卡下的“更改”功能区，单击“撤销工作表保护”按钮，如图 4-1-37 所示。打开“撤销工作表保护”对话框，输入先前设置的密码，就可以取消保护了，如图 4-1-38 所示。

图 4-1-37

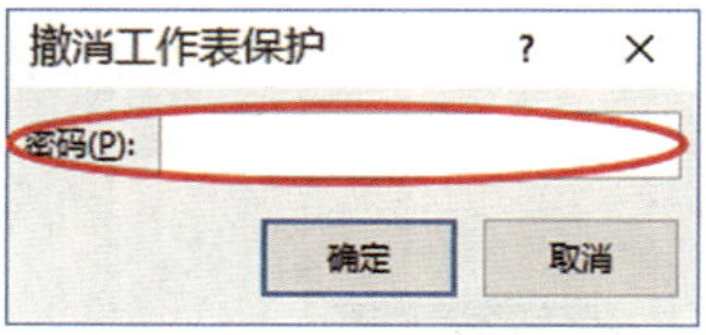

图 4-1-38

任务 2 编辑工作表

内容导读

编辑工作表就是为表格填入内容并设置一定的格式。本任务主要学习激活及选定单元格、数据输入与填充、编辑单元格内容和工作表的格式化等内容。在知识拓展板块，还将学习数据有效性。

实例详解：编辑“员工工资表”

任务说明

员工工资表是单位必须创建的表格，很多单位都会通过电子表格做简易的工资条发给员工。通过本例学习，你将学会文字的录入、数据的自动填充、数据的简单计算等内容。由于实际工资表要做扣税，需要一定的财会知识，所以本任务中我们实际制作了一张简单的“员工工资表”，制作完成如图 4-2-1 所示。

员工工资表

工号	姓名	部门	基本工资	绩效及奖金	补助	扣款	应发工资
QY02301001	周春辉	行政部	2840	2000	500	0	5340
QY02301002	孙建民	行政部	3565	3000	1000	0	7565
QY02301003	赵秀兰	行政部	3200	2000	500	0	5700
QY02301004	毛青山	行政部	2750	3000	1000	0	6750
QY02301005	陈亮声	行政部	3850	3200	500	0	7550
QY02301006	戴梦良	行政部	3425	3500	500	100	7325
QY02301007	刘会	行政部	2690	2900	1000	0	6590

图 4-2-1

操作步骤

①打开教学素材中的“员工工资表”。

②右击“Sheet1”文字，执行“重命名”命令，把工作表名字重命名为“员工工资表”。

③将鼠标指针移动到 A1 单元格，使单元格处于活动状态。在 A1 单元格里录入文字“员工工资表”，如图 4-2-2 所示。

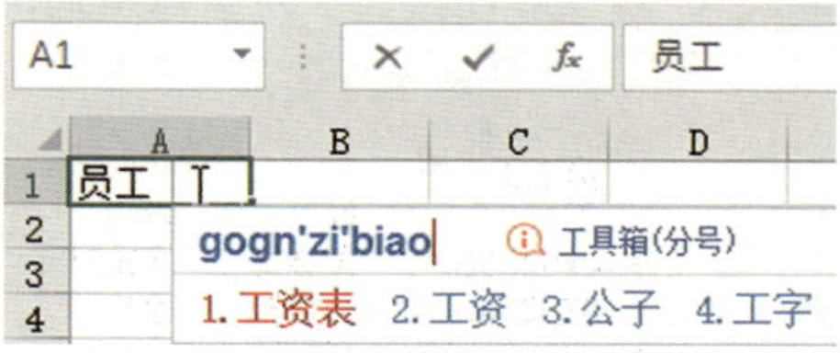

图 4-2-2

④在 A2～H2 单元格输入列标题，如图 4-2-3 所示。

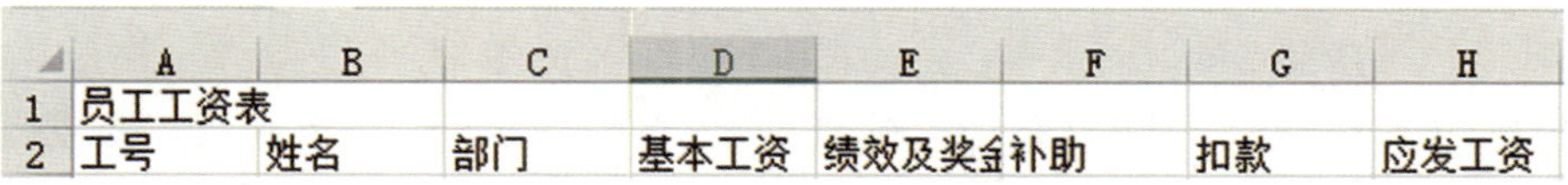

图 4-2-3

⑤在 A3 单元格输入“QY02301001”，将鼠标指针放在 A3 单元格的右下角，当鼠标指针变成黑色实心十字形时，向下拖动鼠标到 A9 单元格，完成 A 列的输入，如图 4-2-4 所示。

⑥在 C3 单元格输入“行政部”，选中 C3 单元格，使用组合键 Ctrl+C 复制 C3 单元格的内容，选中 C4～C9 单元格，使用组合键 Ctrl+V 粘贴，如图 4-2-5 所示。

图 4-2-4

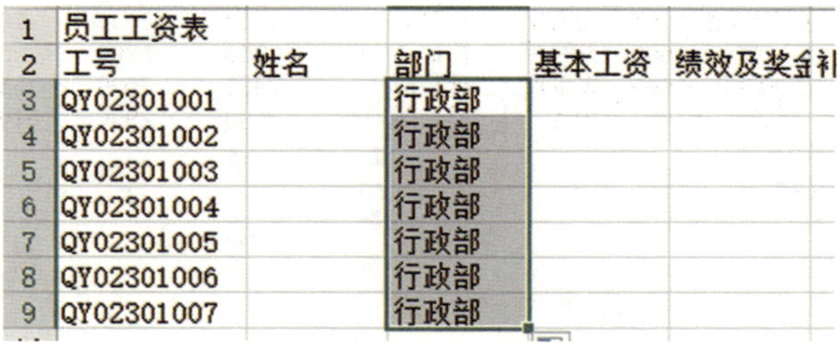

图 4-2-5

⑦输入表格的其他数据，如图 4-2-6 所示。

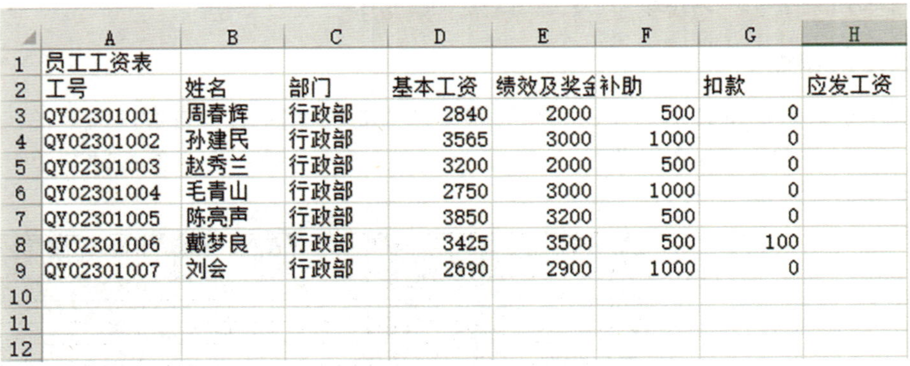

	A	B	C	D	E	F	G	H
1	员工工资表							
2	工号	姓名	部门	基本工资	绩效及奖金	补助	扣款	应发工资
3	QY02301001	周春辉	行政部	2840	2000	500	0	
4	QY02301002	孙建民	行政部	3565	3000	1000	0	
5	QY02301003	赵秀兰	行政部	3200	2000	500	0	
6	QY02301004	毛青山	行政部	2750	3000	1000	0	
7	QY02301005	陈亮声	行政部	3850	3200	500	0	
8	QY02301006	戴梦良	行政部	3425	3500	500	100	
9	QY02301007	刘会	行政部	2690	2900	1000	0	
10								
11								
12								

图 4-2-6

⑧选中 H3 单元格，输入“＝”，选中 D3，输入“＋”，选中 E3，输入“＋”，选中 F3，输入“－”，选中 G3，按回车键确定，如图 4-2-7 所示。

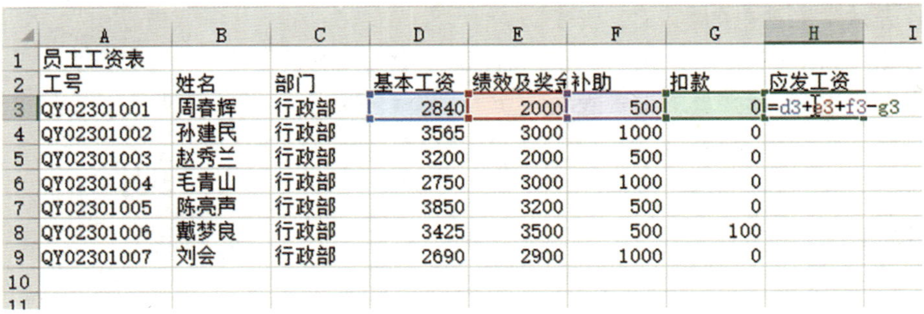

	A	B	C	D	E	F	G	H	I
1	员工工资表								
2	工号	姓名	部门	基本工资	绩效及奖金	补助	扣款	应发工资	
3	QY02301001	周春辉	行政部	2840	2000	500	0	=d3+e3+f3-g3	
4	QY02301002	孙建民	行政部	3565	3000	1000	0		
5	QY02301003	赵秀兰	行政部	3200	2000	500	0		
6	QY02301004	毛青山	行政部	2750	3000	1000	0		
7	QY02301005	陈亮声	行政部	3850	3200	500	0		
8	QY02301006	戴梦良	行政部	3425	3500	500	100		
9	QY02301007	刘会	行政部	2690	2900	1000	0		
10									

图 4-2-7

⑨选中 H3 单元格，将鼠标指针放在 H3 单元格的右下角，当鼠标指针变成黑色实心十字形时，向下拖动鼠标到 H9 单元格，完成 H 列的输入，如图 4-2-8 所示。

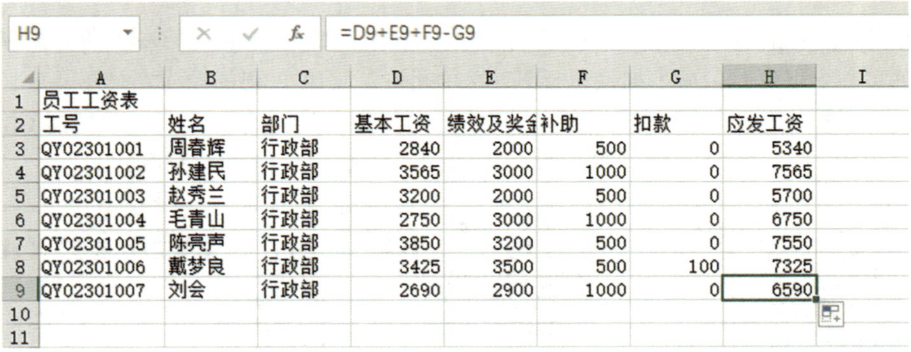

	A	B	C	D	E	F	G	H	I
1	员工工资表								
2	工号	姓名	部门	基本工资	绩效及奖金	补助	扣款	应发工资	
3	QY02301001	周春辉	行政部	2840	2000	500	0	5340	
4	QY02301002	孙建民	行政部	3565	3000	1000	0	7565	
5	QY02301003	赵秀兰	行政部	3200	2000	500	0	5700	
6	QY02301004	毛青山	行政部	2750	3000	1000	0	6750	
7	QY02301005	陈亮声	行政部	3850	3200	500	0	7550	
8	QY02301006	戴梦良	行政部	3425	3500	500	100	7325	
9	QY02301007	刘会	行政部	2690	2900	1000	0	6590	
10									
11									

图 4-2-8

⑩制作“员工工资表”标题。

选中 A1：H1 的单元格区域，在“开始”选项卡的“对齐方式”功能区里，单击“合并后居中”按钮，如图 4-2-9 所示。

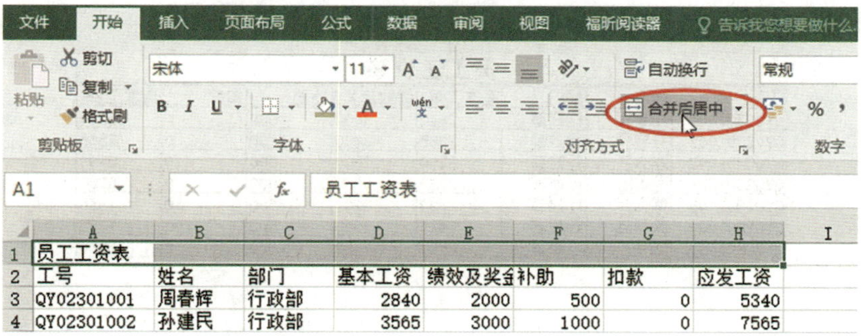

图 4-2-9

在“开始”选项卡的“字体”功能区里，设置“员工工资表”字体：黑体，16 号，加粗，如图 4-2-10 所示。

⑪设置表格内容的对齐方式：垂直居中，水平居中。

选中除标题外的所有内容，在“开始”选项卡的“对齐方式”功能区里，选择“垂直居中”和“水平居中”选项，如图 4-2-11 所示。

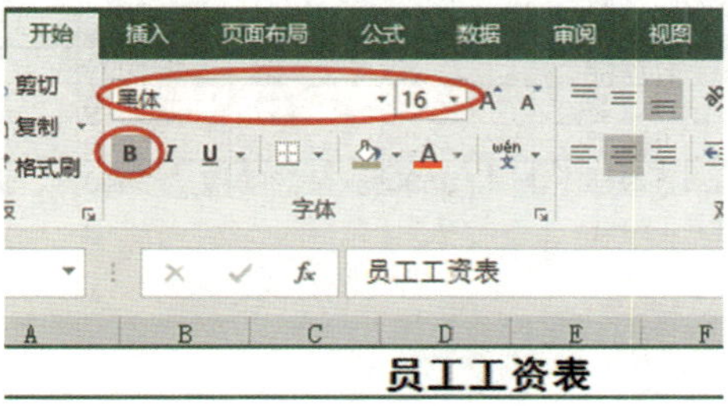

图 4-2-10

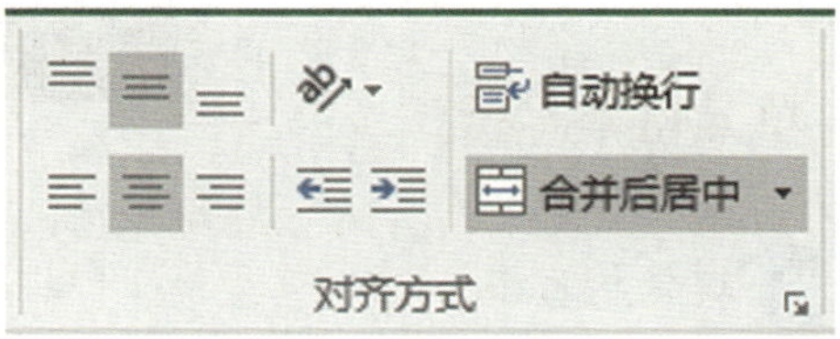

图 4-2-11

⑫为表格加上内外边框，并设置表头双线。

选中除标题外的所有内容，在“开始”选项卡的“字体”功能区里，单击“边框”下拉按钮，选择“所有框线”选项，完成内外边框的设置，如图 4-2-12 所示。

选中“员工工资表”单元格，在“开始”选项卡的“字体”功能区里，选择“边框”下拉按钮，选择“双底框线”选项，完成表头双线的设置，如图 4-2-13 所示。

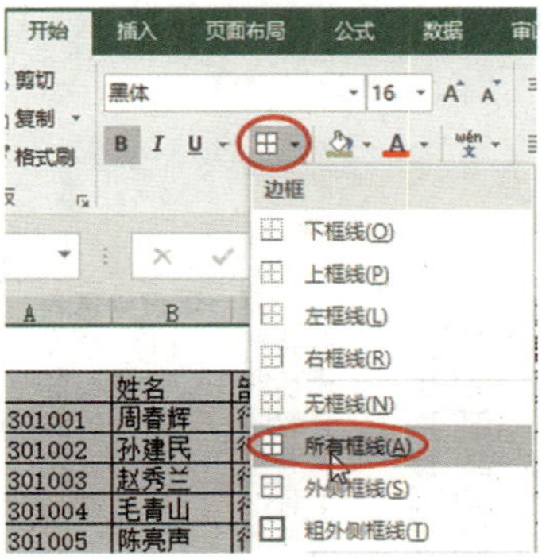

图 4-2-12

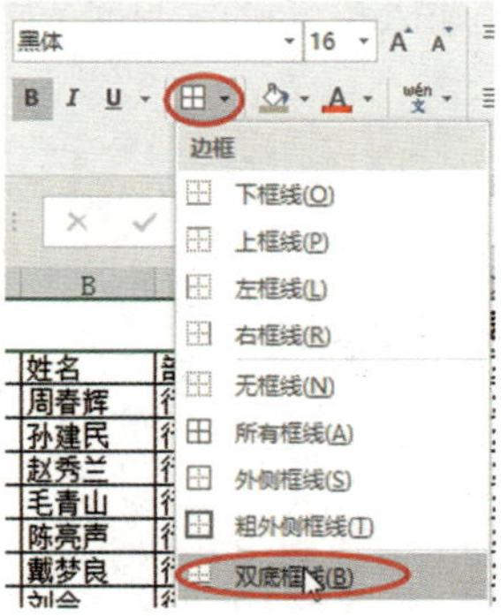

图 4-2-13

设置好的表格如图 4-2-14 所示。

员工工资表							
工号	姓名	部门	基本工资	绩效及奖金	补助	扣款	应发工资
QY02301001	周春辉	行政部	2840	2000	500	0	5340
QY02301002	孙建民	行政部	3565	3000	1000	0	7565
QY02301003	赵秀兰	行政部	3200	2000	500	0	5700
QY02301004	毛青山	行政部	2750	3000	1000	0	6750
QY02301005	陈亮声	行政部	3850	3200	500	0	7550
QY02301006	戴梦良	行政部	3425	3500	500	100	7325
QY02301007	刘会	行政部	2690	2900	1000	0	6590

图 4-2-14

⑬为表格添加底纹。

选中除标题外的所有内容，在“开始”选项卡的“字体”功能区中，单击“填充颜色”下拉按钮，选择“茶色，背景 2”，如图 4-2-15 所示。

⑭完成后保存文件。

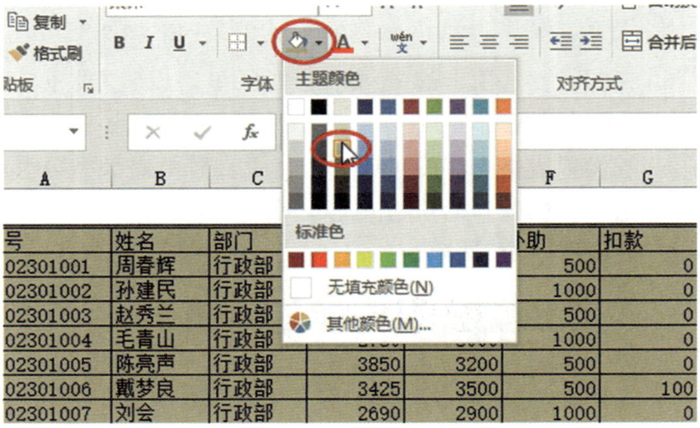

图 4-2-15

要点精讲

一、单元格基本操作

1. 选择单元格

对数据进行操作前需要选定单元格，选定单元格分选择单个单元格和选择单元格区域。

(1)选择单个单元格

方法一：单击选择单元格。

最常用的选择单个单元格的方法，是鼠标指针移到要选择的单元格上，然后单击，可看见单元格的边框变成黑色粗线，表示已经选中，如图 4-2-16 所示。

方法二：名称框定位。

在名称框中输入单元格的地址(如 C4)，然后按回车键，单元格(C4)呈现选中状态，如图 4-2-17 所示。

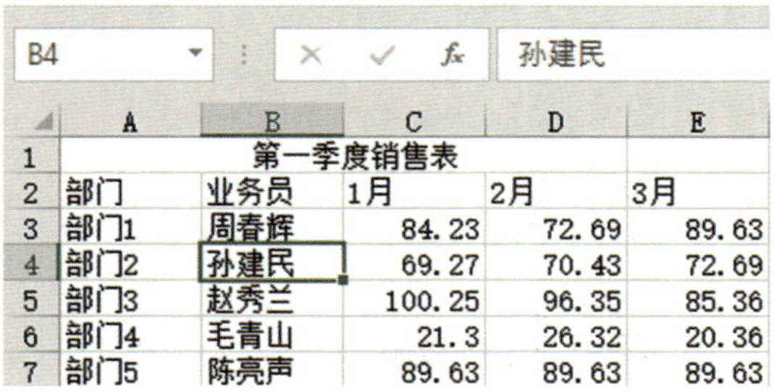

图 4-2-16

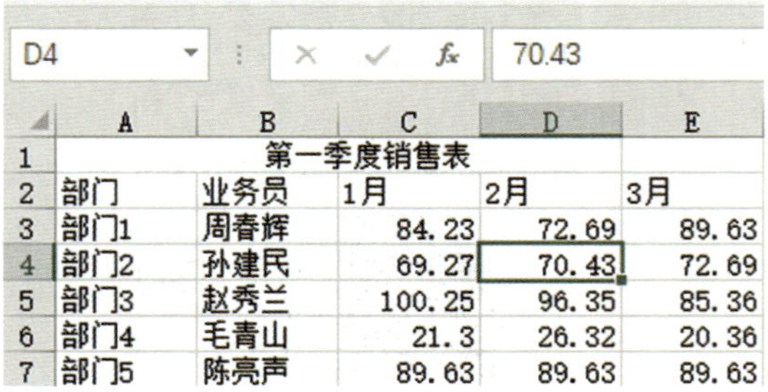

图 4-2-17

(2)选定单元格区域

用以下方法可选定一个矩形单元格区域。

方法一：按住 Shift 键移动光标，选定以开始单元格和结束单元格为对角的矩形区域。该选择只要不放开 Shift 键，鼠标可以连续拖动调整选择区域，如图 4-2-18 所示。

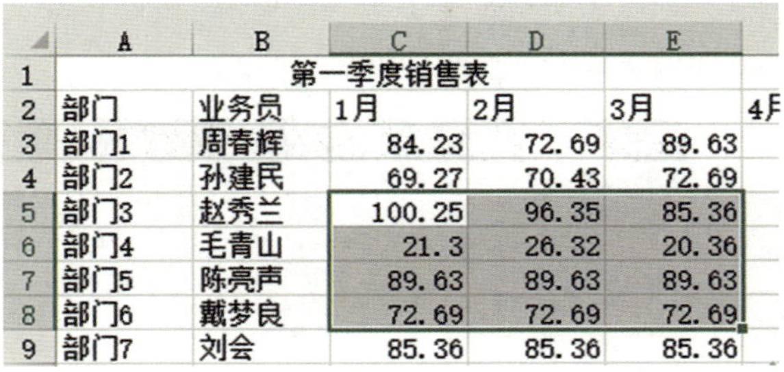

	A	B	C	D	E	
1	第一季度销售表					
2	部门	业务员	1月	2月	3月	4月
3	部门1	周春辉	84.23	72.69	89.63	
4	部门2	孙建民	69.27	70.43	72.69	
5	部门3	赵秀兰	100.25	96.35	85.36	
6	部门4	毛青山	21.3	26.32	20.36	
7	部门5	陈亮声	89.63	89.63	89.63	
8	部门6	戴梦良	72.69	72.69	72.69	
9	部门7	刘会	85.36	85.36	85.36	

图 4-2-18

方法二：拖动鼠标从一个单元格到另一个单元格，选定以这两个单元格为对角的矩形区域。和方法一类似，其区别在于松开鼠标以后，不能再调整选择区域，如果不满意，只能重新选择。

方法三：按住 Shift 键单击一个单元格，选定以活动单元格和单击单元格为对角的矩形区域。

选择多个矩形框，则只需要按住 Ctrl 键，用鼠标框选完成多区域选择，如图 4-2-19 所示。

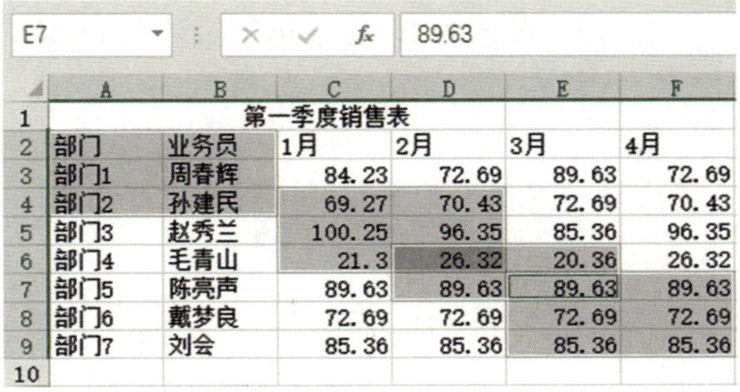

	A	B	C	D	E	F
1	第一季度销售表					
2	部门	业务员	1月	2月	3月	4月
3	部门1	周春辉	84.23	72.69	89.63	72.69
4	部门2	孙建民	69.27	70.43	72.69	70.43
5	部门3	赵秀兰	100.25	96.35	85.36	96.35
6	部门4	毛青山	21.3	26.32	20.36	26.32
7	部门5	陈亮声	89.63	89.63	89.63	89.63
8	部门6	戴梦良	72.69	72.69	72.69	72.69
9	部门7	刘会	85.36	85.36	85.36	85.36
10						

图 4-2-19

(3)选定若干相邻的行或列

方法一：单击工作表的行号(列号)，选定该行(列)，如图 4-2-20 所示。

方法二：按住 Shift 键单击工作表的行号(列号)，选定从当前行(列)到单击行(列)之间的行(列)，如图 4-2-21 所示。

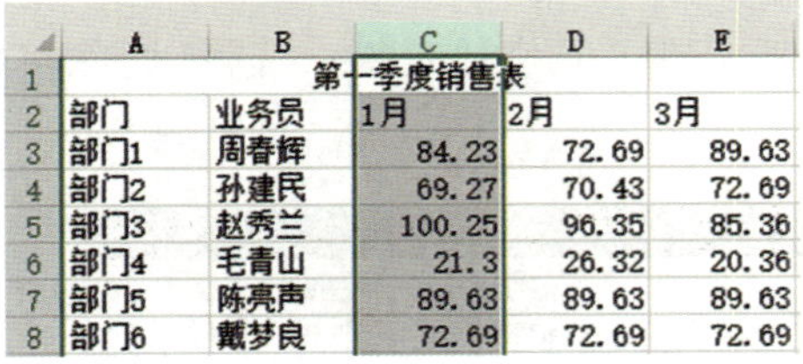

	A	B	C	D	E
1	第一季度销售表				
2	部门	业务员	1月	2月	3月
3	部门1	周春辉	84.23	72.69	89.63
4	部门2	孙建民	69.27	70.43	72.69
5	部门3	赵秀兰	100.25	96.35	85.36
6	部门4	毛青山	21.3	26.32	20.36
7	部门5	陈亮声	89.63	89.63	89.63
8	部门6	戴梦良	72.69	72.69	72.69

图 4-2-20

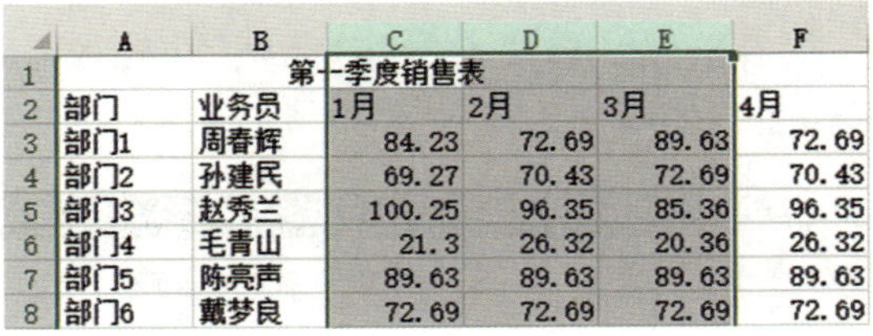

	A	B	C	D	E	F
1	第一季度销售表					
2	部门	业务员	1月	2月	3月	4月
3	部门1	周春辉	84.23	72.69	89.63	72.69
4	部门2	孙建民	69.27	70.43	72.69	70.43
5	部门3	赵秀兰	100.25	96.35	85.36	96.35
6	部门4	毛青山	21.3	26.32	20.36	26.32
7	部门5	陈亮声	89.63	89.63	89.63	89.63
8	部门6	戴梦良	72.69	72.69	72.69	72.69

图 4-2-21

方法三：拖动鼠标从一行(列)号到另一行(列)号，选定两行(列)之间的行(列)。

选择非连续的行(列)，则只需要按住 Ctrl 键，单击行(列)号就可以完成选择。

2. 插入与删除单元格

用户可以在任何位置插入或者删除单元格，还可以插入或者删除行(列)。

(1)插入单元格

方法一：使用“插入单元格”命令。

①在“开始”选项卡的“单元格”功能区里，找到“插入”下拉列表框，选择“插入单元格”命令，如图 4-2-22 所示。

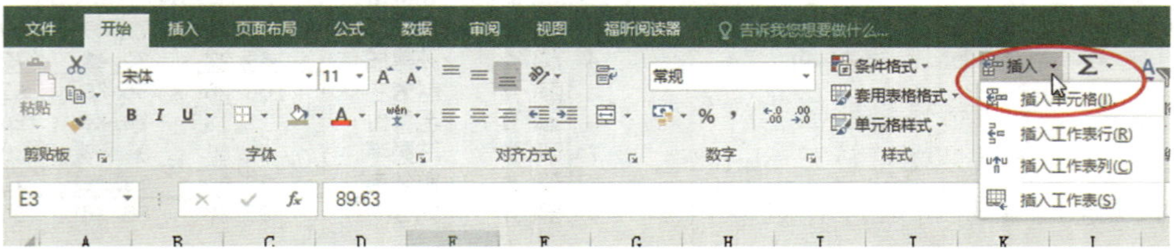

图 4-2-22

②打开“插入”对话框，进行插入对象和方式的选择。如果插入行(列)，可以直接选中“整行(整列)”，如图 4-2-23 所示。

方法二：使用右键快捷菜单。

①选中要插入的单元格位置，在右键快捷菜单中执行“插入”命令，如图 4-2-24 所示。

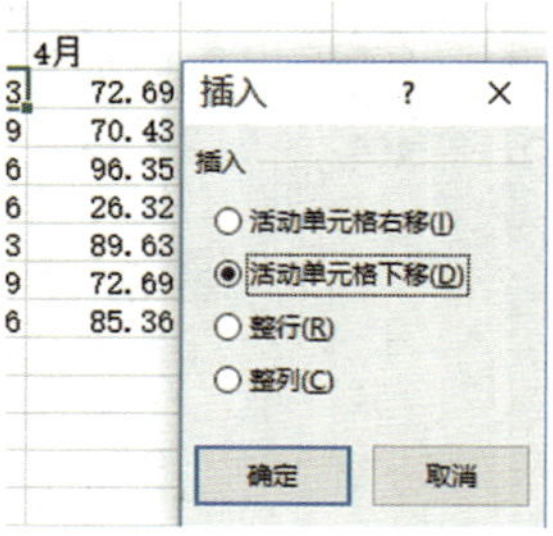

图 4-2-23

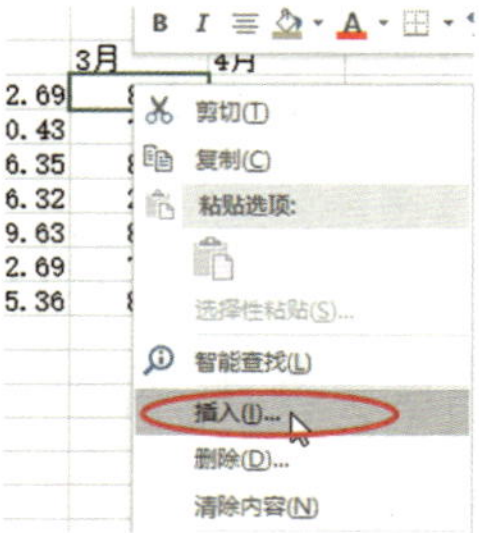

图 4-2-24

②然后根据要求操作就可以完成单元格或行(列)的插入。

(2)删除单元格

方法一：使用“删除单元格”命令。

①在“开始”选项卡的“单元格”功能区里，找到“删除”下拉列表框，选择“删除单元格”命令，如图 4-2-25 所示。

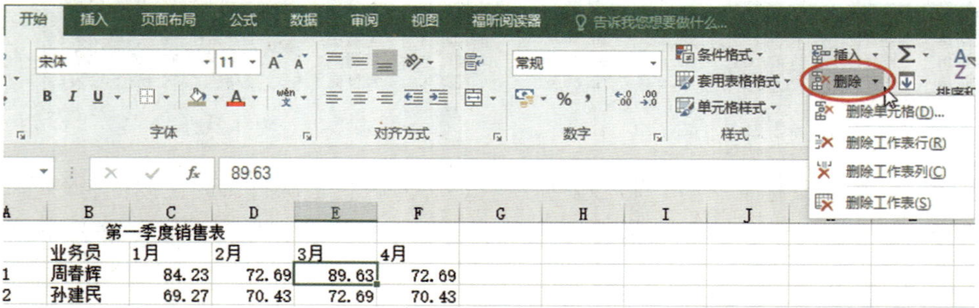

图 4-2-25

②打开“删除”对话框，进行删除对象和方式的选择。如果删除行(列)，可以直接选中“整行(整列)”，如图 4-2-26 所示。

方法二：使用右键快捷菜单。

选中要删除的单元格位置，在右键快捷菜单中执行“删除”命令(图 4-2-27)，根据要求操作就可以完成单元格或行(列)的删除。

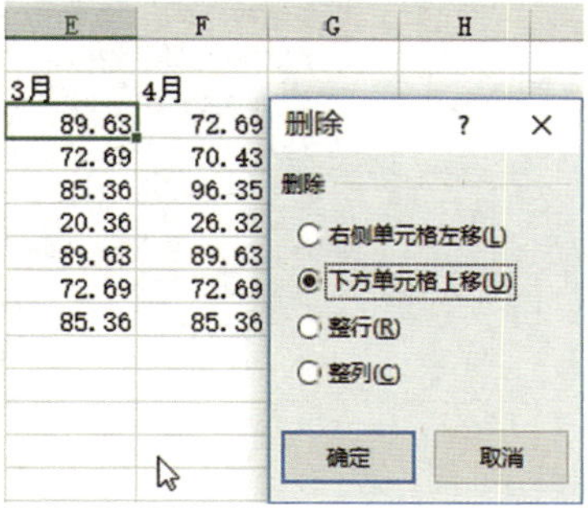

图 4-2-26

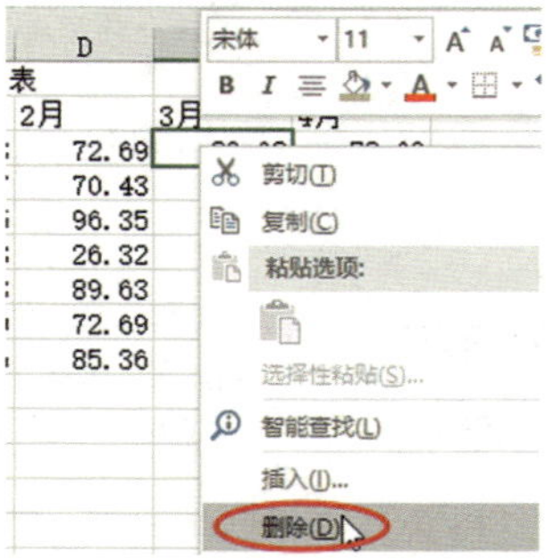

图 4-2-27

3. 调整单元格的行高和列宽

(1)根据用户需要调整行高/列宽

方法一：鼠标拖动调整。

把鼠标指针放在两行之间，让其显示为双向黑色箭头，按住左键，拖动到适合的位置即可调整，如图 4-2-28 所示。

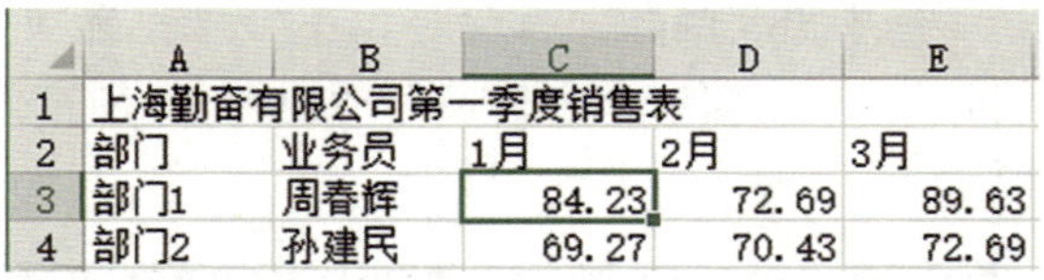

图 4-2-28

方法二：使用功能区命令。

①选中需要设置的行或者行所在的单元格，在“开始”选项卡下的“单元格”功能区，单击“格式”下拉按钮，选择“行高”命令，如图 4-2-29 所示。

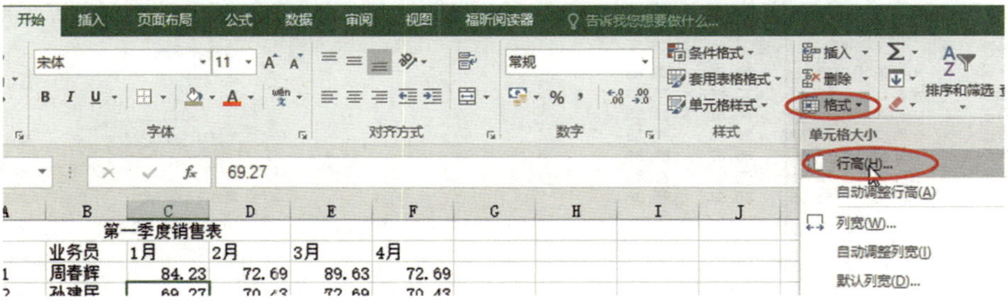

图 4-2-29

②在打开的“行高”对话框里面输入行高的数字，然后单击“确定”按钮即可，如图 4-2-30 所示。

列宽设置与行高设置类似。

(2)根据内容调整行高/列宽

方法一：把鼠标指针放在两行之间，让其显示为双向黑色箭头，然后双击。

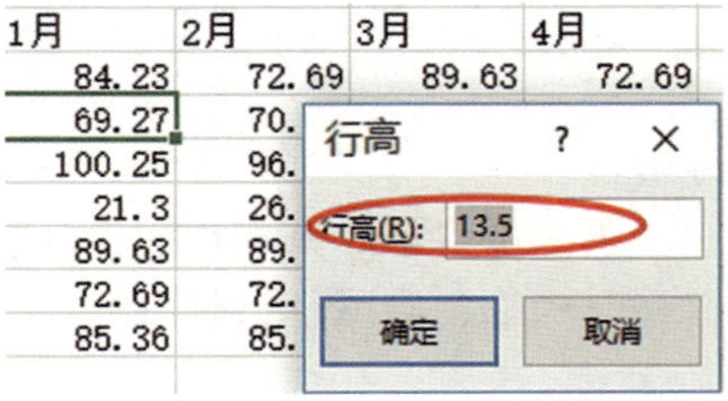

图 4-2-30

方法二：选中需要设置的行或者行所在的单元格，在“开始”选项卡的“单元格”功能区，单击“格式”下拉按钮，选择“自动调整行高”命令，完成设置，如图 4-2-31 所示。

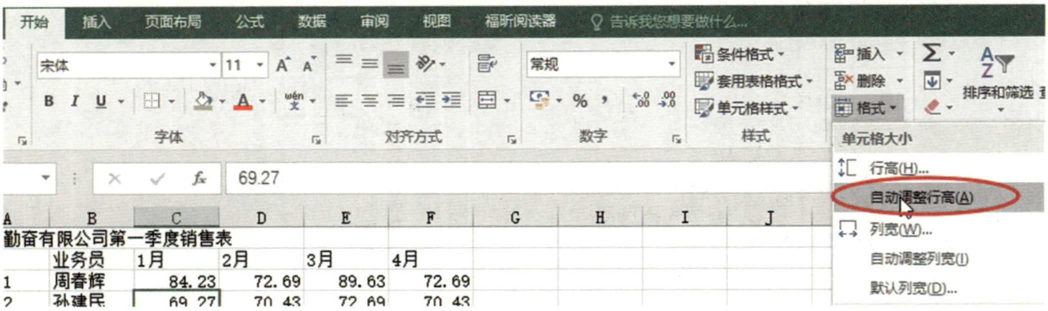

图 4-2-31

列宽设置与行高设置类似。

4. 隐藏和显示行(列)

方法一：通过功能区隐藏与显示行(列)。

选中需要隐藏的行(列)，在“开始”选项卡下的“单元格”功能区，单击“格式”下拉按钮，执行“隐藏和取消隐藏”→“隐藏行(列)”命令，就可以对行(列)完成隐藏，如图 4-2-32 所示。

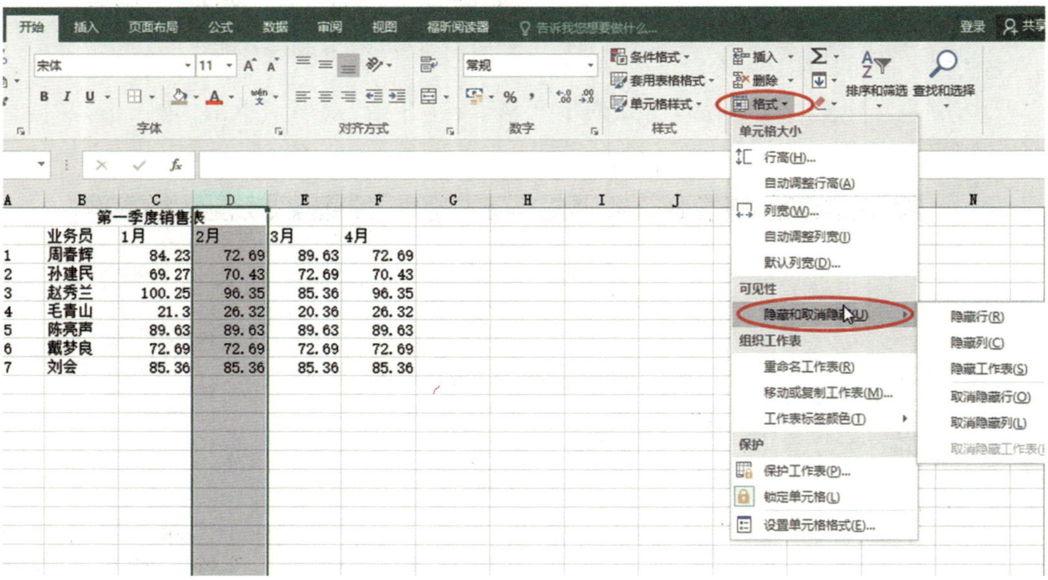

图 4-2-32

如果要取消隐藏，再次打开“单元格”功能区的“格式”下拉列表框，执行“隐藏和取消隐藏”→“取消隐藏行(列)”命令，就能完成取消隐藏。

方法二：通过右键快捷菜单隐藏与显示行(列)。

选中要隐藏的行(列)，在右键快捷菜单中执行“隐藏”命令就能完成隐藏行(列)，如图 4-2-33 所示。

如果要取消隐藏，在右键快捷菜单中执行“取消隐藏”命令即可。

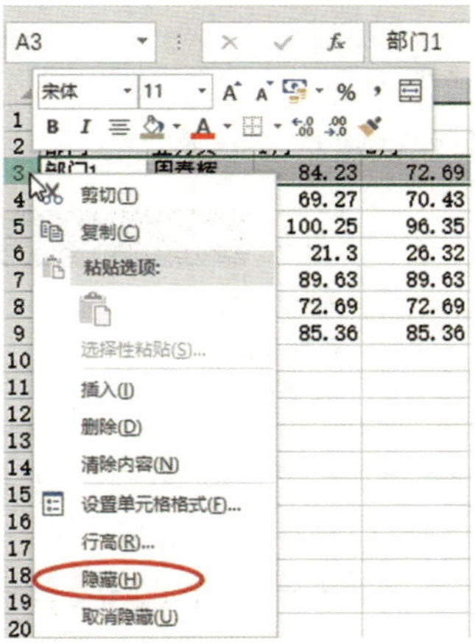

图 4-2-33

5. 合并与取消合并单元格

(1)合并单元格

方法一：使用功能区的合并单元格命令。

在“开始”选项卡下的“对齐方式”功能区，单击“合并”下拉按钮，有合并后居中、跨越合并、合并单元格 3 种方式供用户选择，如图 4-2-34 所示。

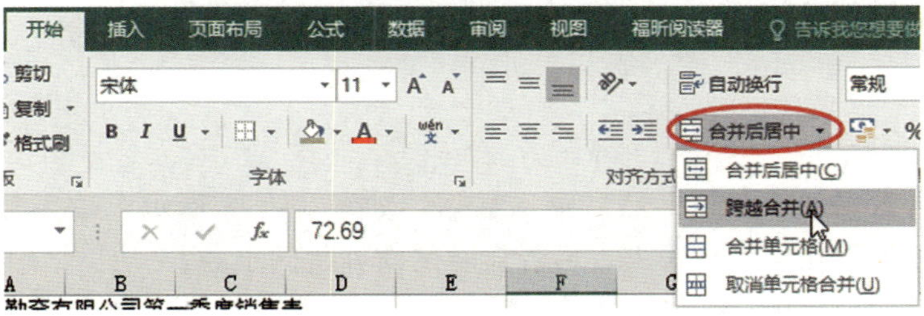

图 4-2-34

如果单元格中都有数据，会打开如图 4-2-35 所示的对话框，用户可根据需要选择“确定”或者“取消”命令。

方法二：使用“设置单元格格式”对话框。

可以通过右键快捷菜单或者单元格功能区打开“设置单元格格式”对话框，然后勾选“文本控制”区域的“合并单元格”复选框，点击“确定”按钮就可以完成合并操作，如图 4-2-36 所示。

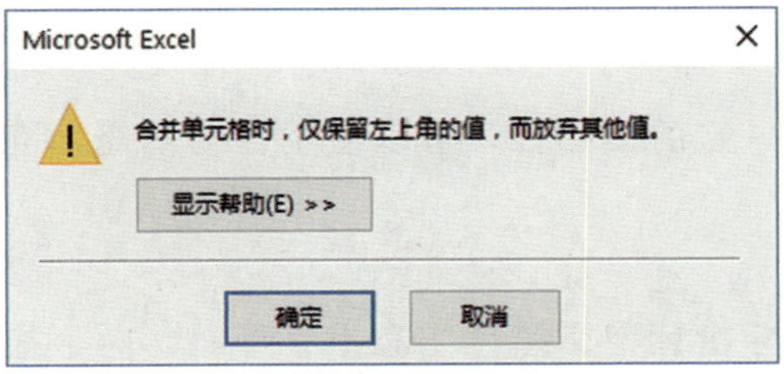

图 4-2-35

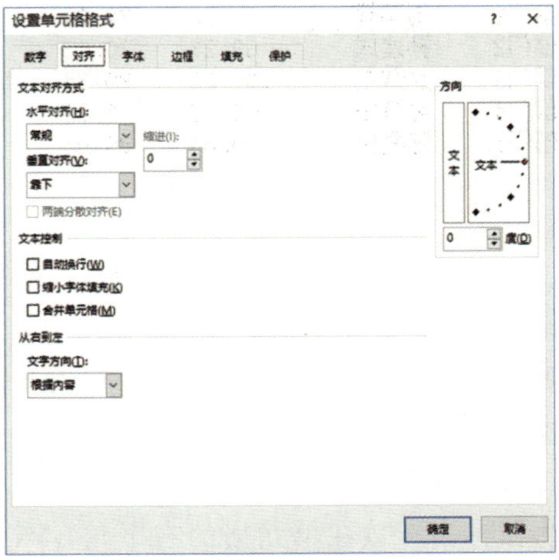

图 4-2-36

(2)取消合并单元格

在“开始”选项卡的“对齐方式”功能区，单击“合并”下拉按钮，选择“取消单元格合并”命令就可以完成操作，如图 4-2-37 所示。

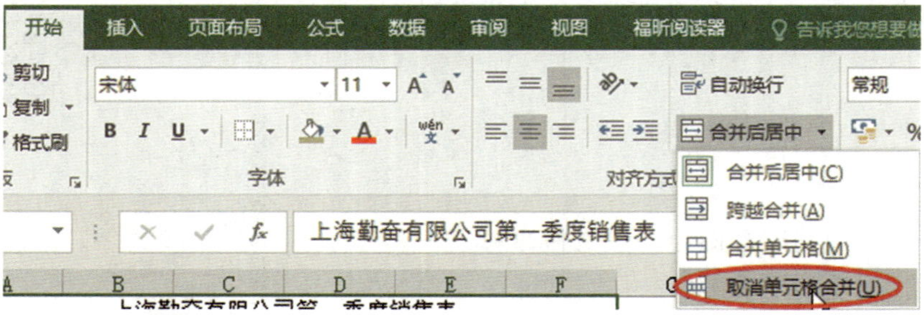

图 4-2-37

二、数据输入与填充

1. 数据输入

选中要输入数据的单元格，然后输入数据，如图 4-2-38 所示。输入数据时，可以在单元格输入，也可以在编辑栏输入，两者显示的内容是同步的。

输入完成后，可以用 Tab 键向右移动，用回车键向下移动；或者单击移动；或者用方向键移动。

输入年月日或者身份证号码等时，如果格式有变，可以在输入前加上“'”，如图 4-2-39 所示是加“'”和未加“'”的效果。

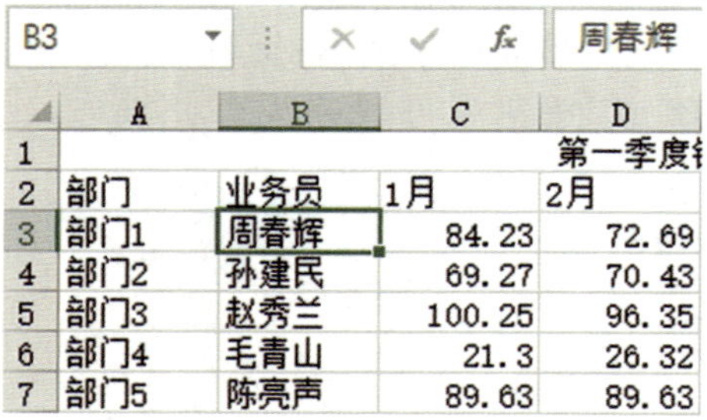

图 4-2-38

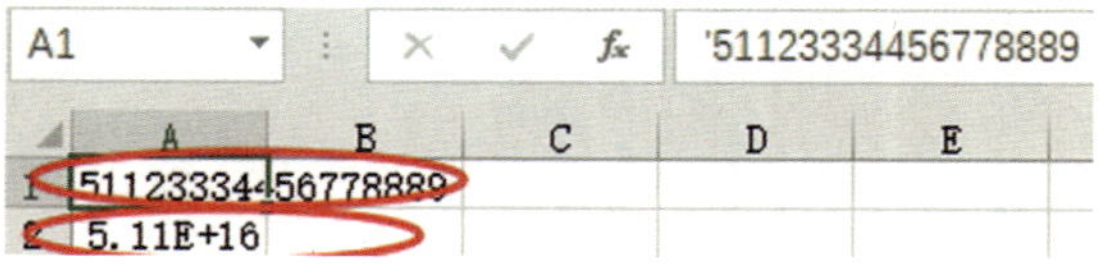

图 4-2-39

2. 数据填充

如果要输入的某行或者某列的数据具有一定的规律性，可以使用自动填充功能来完成数据的输入。自动填充的方法有两种。

(1)填充柄填充

将鼠标指针放在单元格的右下角，当鼠标指针变成黑色实心十字形时，向下拖动鼠标完成填充，如图 4-2-40、图 4-2-41 所示。

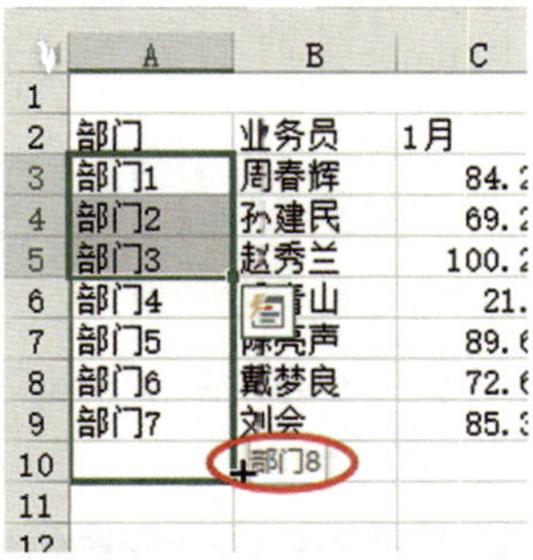

图 4-2-40

图 4-2-41

(2)利用填充命令填充

在“开始”选项卡中，找到“编辑”功能区，单击“填充”下拉按钮，选择要填充的方向，完成填充，如图 4-2-42 所示。

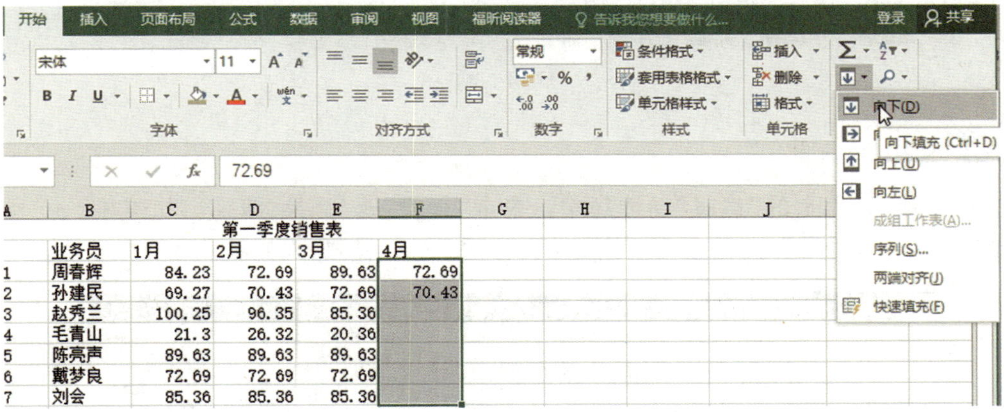

图 4-2-42

三、编辑单元格内容

向单元格输入数据后，可以对单元格的内容进行编辑，常用的编辑有修改、删除、查找、替换等。

1. 修改内容

(1)修改单元格的所有内容

选中要修改的单元格，使它周围有黑框，然后输入要修改的内容。

(2)修改单元格的部分内容

双击选中的单元格或者选中单元格后按 F2 键，使单元格内容进入可编辑状态，进行内容的编辑，如图 4-2-43 所示。

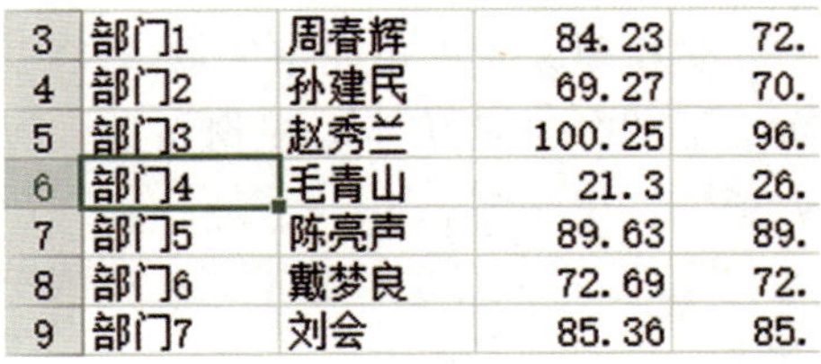

图 4-2-43

2. 删除内容

删除内容有三种方式。

方法一：按 Delete 键。

方法二：按 Backspace 键。

方法三：选中要删除内容的单元格，在“开始”选项卡的“编辑”功能区中，选择“清除内容”命令就可以完成操作，如图 4-2-44 所示。

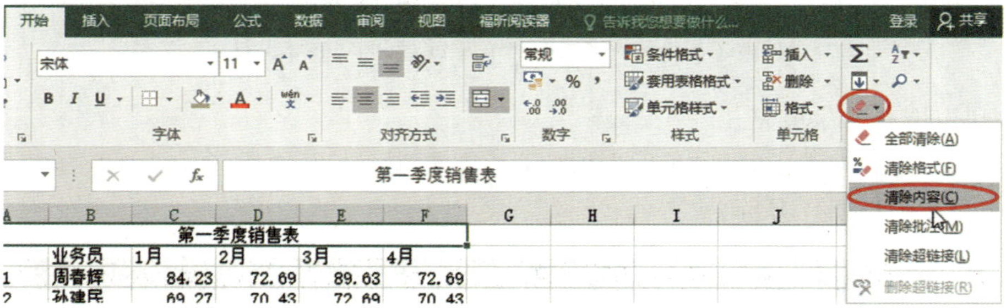

图 4-2-44

3. 查找/替换内容

在“开始”选项卡的“编辑”功能区中，单击“查找”或“替换”按钮，如图 4-2-45 所示。在打开的对话框中可以进行查找或替换单元格的内容，其操作和 Word 2016 的类似。

图 4-2-45

四、工作表格式化

1. 设置文本格式

文本格式的设置，和在 Word 2016 中一样，包括字体、字形、字号、颜色等的设置。

方法一：使用“字体”功能区设置。

选择要设置的单元格区域，在“开始”选项卡下的“字体”功能区根据需要设置即可，如图 4-2-46 所示。

方法二：通过“设置单元格格式”对话框设置。

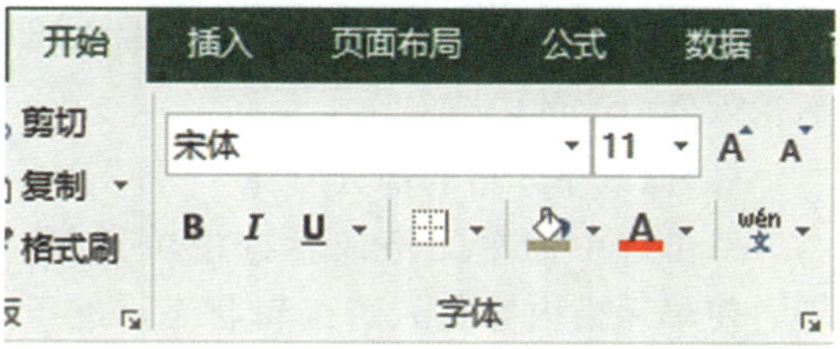

图 4-2-46

在“开始”选项卡的“字体”功能区中，单击右下角的“设置单元格格式”按钮，打开“设置单元格格式”对话框后，根据需要设置即可，如图 4-2-47 所示。

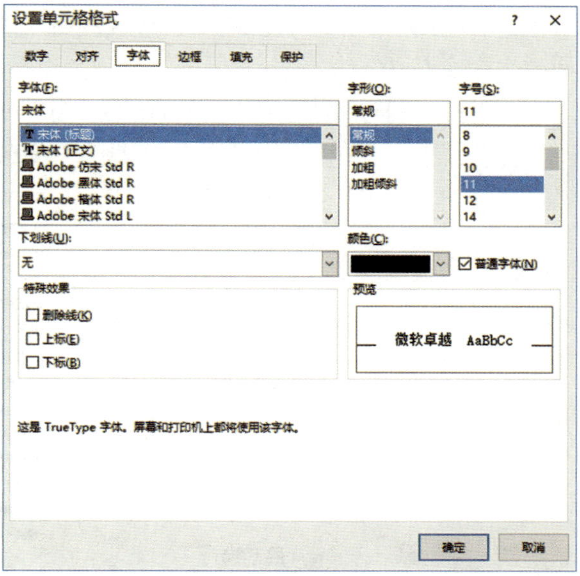

图 4-2-47

2. 设置数字格式

在日常生活中，常常会对数字的格式进行处理，如添加货币符号、增减小数位、设置百分比等，用户可以通过设置数字格式完成。

方法一：使用“数字”功能区设置。

选择要设置的单元格区域，在“开始”选项卡的“数字”功能区中根据需要设置即可，如图 4-2-48 所示。

方法二：通过“设置单元格格式”对话框设置。

①在“开始”选项卡的“数字”功能区中，单击右下角的“设置单元格格式”按钮，如图 4-2-49 所示。

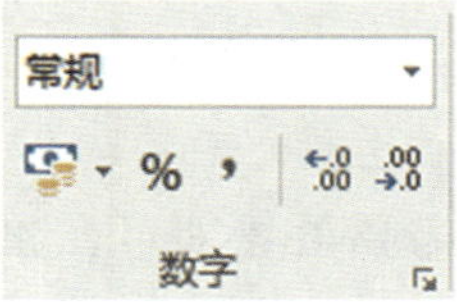

图 4-2-48

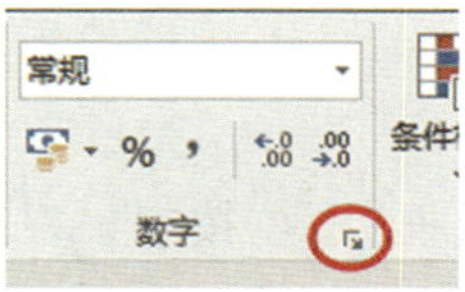

图 4-2-49

②打开“设置单元格格式”对话框后，根据需要设置即可，如图 4-2-50 所示。

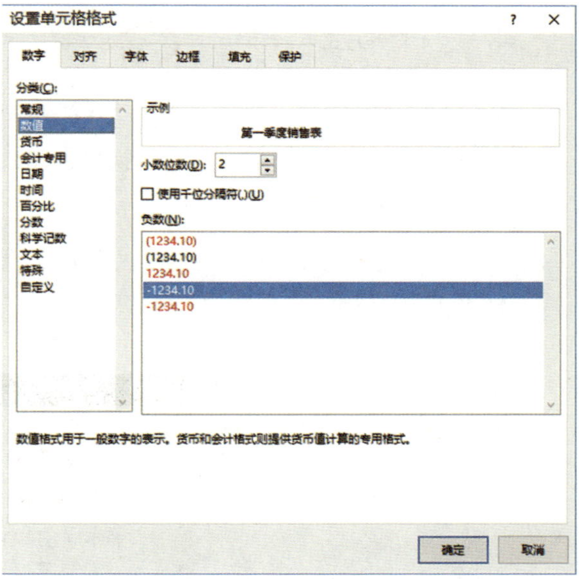

图 4-2-50

3. 设置对齐方式

Excel 2016 中，数据对齐的方式有水平和垂直两类，可以方便地满足用户要求。

方法一：使用“对齐方式”功能区设置。

选择要设置的单元格区域，在“开始”选项卡的“对齐方式”功能区中根据需要设置即可，如图 4-2-51 所示。

图 4-2-51

方法二：通过“设置单元格格式”对话框设置。

①在“开始”选项卡的“对齐方式”功能区中，单击右下角的“设置单元格格式”按钮，如图 4-2-52 所示。

②打开“设置单元格格式”对话框后，根据需要设置即可，如图 4-2-53 所示。

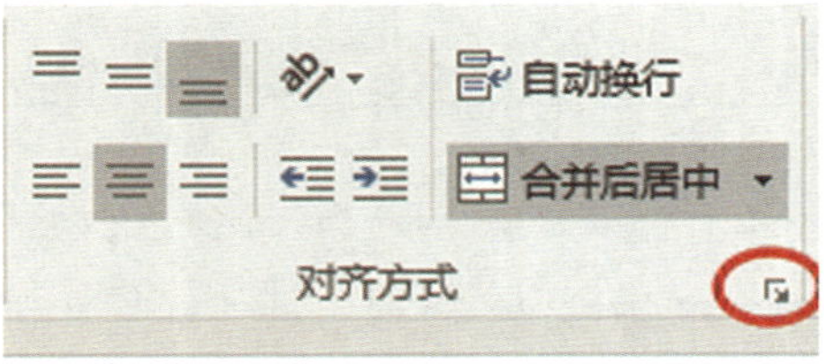

图 4-2-52

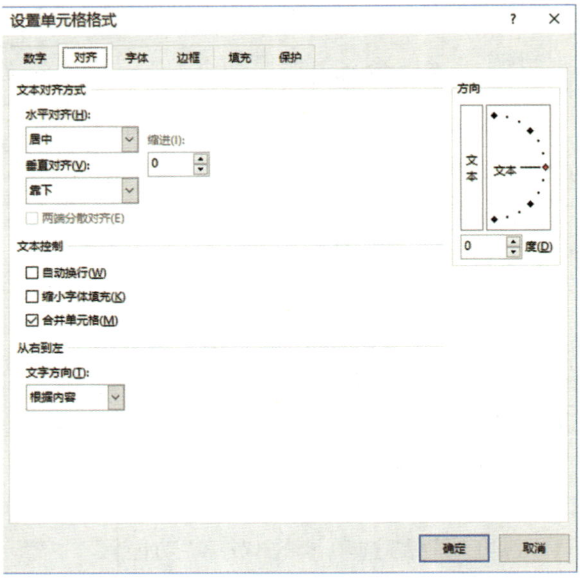

图 4-2-53

4. 设置边框

方法一：使用“字体”功能区中的“边框”设置。

在“开始”选项卡的“字体”功能区中，单击“边框”下拉按钮，根据需要设置即可，如图 4-2-54 所示。

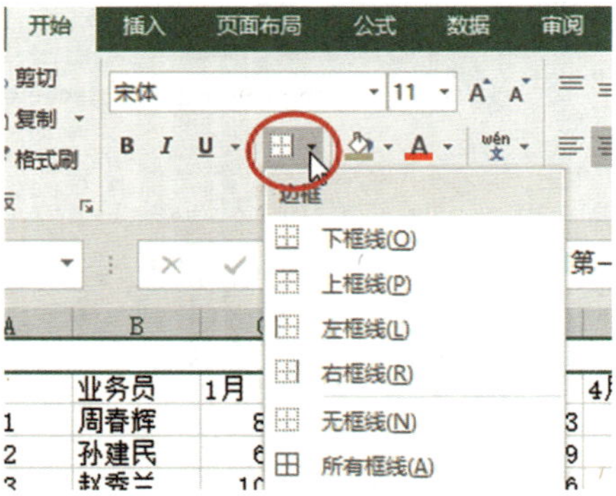

图 4-2-54

方法二：通过“设置单元格格式”对话框设置。

打开“设置单元格格式”对话框，根据需要设置即可，如图 4-2-55 所示。

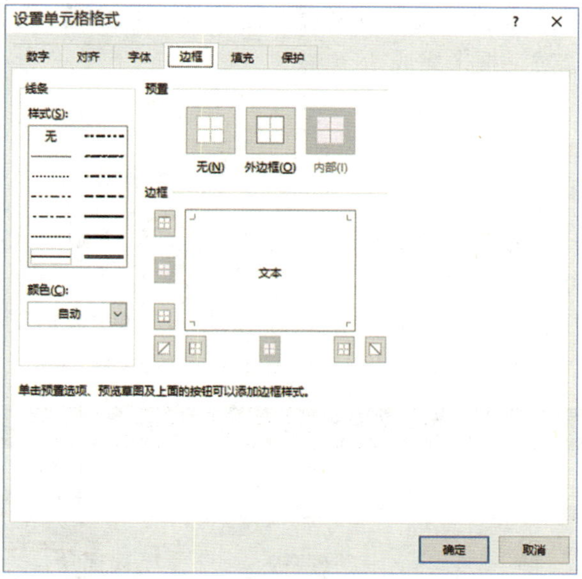

图 4-2-55

5. 设置底纹

方法一：使用“字体”功能区中的“填充”设置。

在“开始”选项卡的“字体”功能区中，单击“填充”下拉按钮，根据需要设置即可，如图 4-2-56 所示。

方法二：通过“设置单元格格式”对话框设置。

打开“设置单元格格式”对话框，根据需要设置即可，如图 4-2-57 所示。

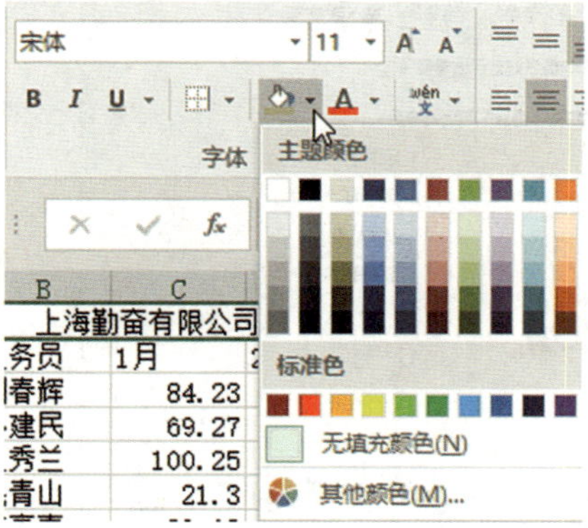

图 4-2-56

图 4-2-57

工作表格式化的所有设置，也可以通过右键快捷菜单中的“设置单元格格式”命令，打开“设置单元格格式”对话框来完成。

知识拓展

数据验证

数据验证就是输入的数据必须符合用户定义的标准，否则单元格不接纳。例如，我们限制输入的数据在 0～60。

①选中要设置数据验证的单元格，在“数据”选项卡下的“数据工具”功能区，单击“数据验证”下拉按钮，选择“数据验证”命令，如图 4-2-58 所示。

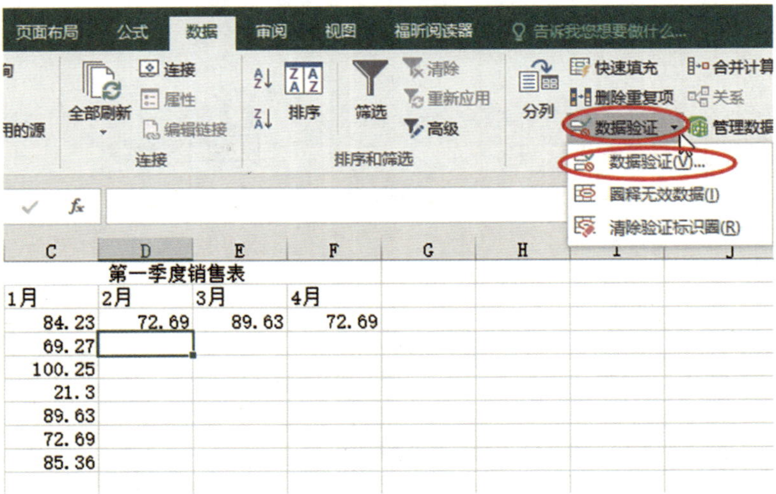

图 4-2-58

②在打开的“数据验证”对话框中设置验证条件，如图 4-2-59 所示。

③在“出错警告”选项卡中，可以对出错警告进行设置，如图 4-2-60 所示。

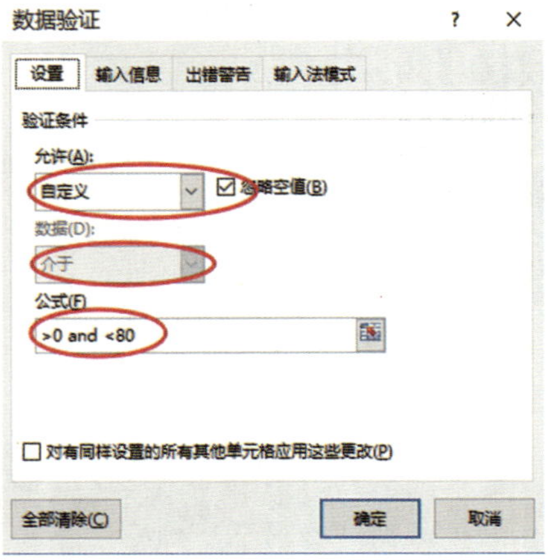

图 4-2-59

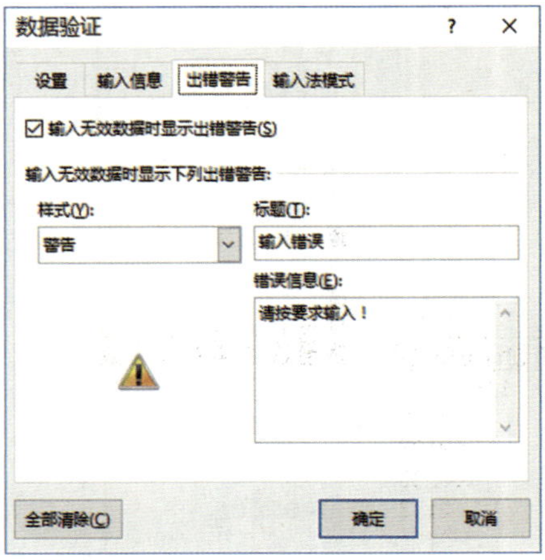

图 4-2-60

④单击“确定”按钮完成设置。

如果在设定好数据验证条件的单元格输入的不是整数，或者输入的是 0～60 以外的整数，它就会显示一个警告对话框，阻止用户输入，如图 4-2-61 所示。

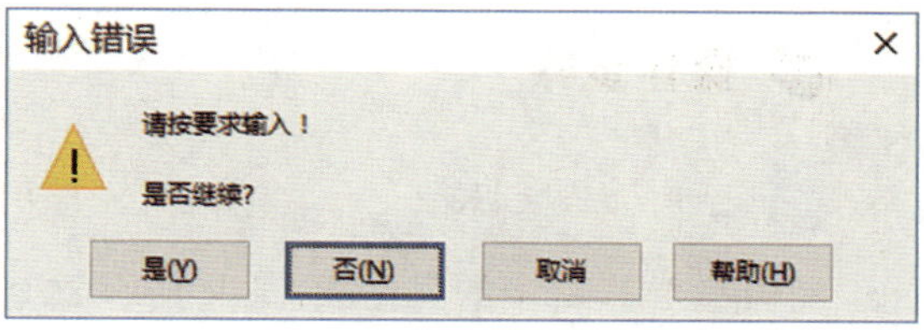

图 4-2-61

任务 3　分析与统计

内容导读

分析与统计是为了完成数据计算、表格美化和图表显示。本任务主要学习函数与公式的计算、工作表的修饰和数据图表化等知识。在知识拓展板块，还将学到单元格地址的引用。

实例详解：分析统计“某文具店2016年笔类销售统计表”

任务说明

销售工作是很多人都会做的工作，对销售的产品进行必要的统计可以梳理销售情况，做好市场预测。通过本例学习，你将学会单元格格式的设置、常用函数的使用、计算的自动填充、数据图表化、图表格式化等内容。制作完成如图 4-3-1 所示。

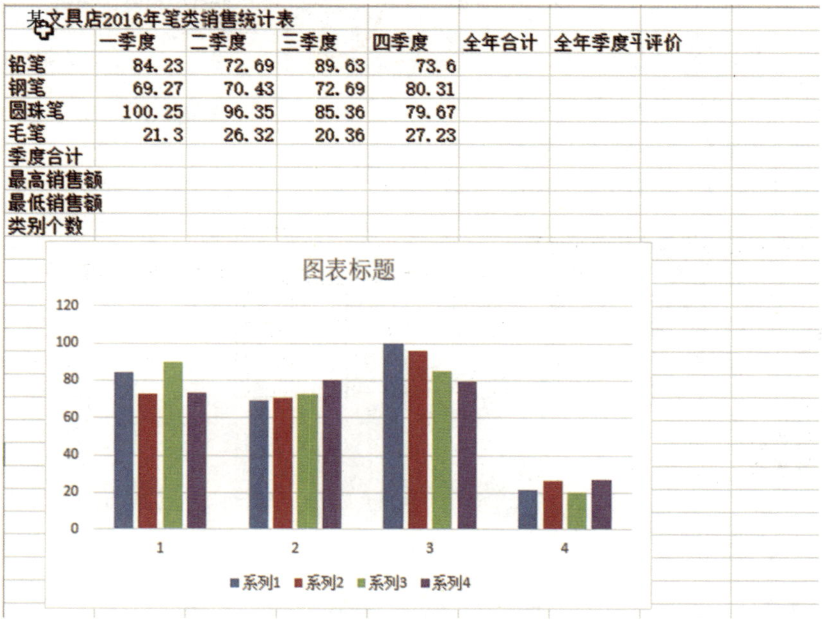

某文具店2016年笔类销售统计表

	一季度	二季度	三季度	四季度	全年合计	全年季度平	评价
铅笔	84.23	72.69	89.63	73.6			
钢笔	69.27	70.43	72.69	80.31			
圆珠笔	100.25	96.35	85.36	79.67			
毛笔	21.3	26.32	20.36	27.23			
季度合计							
最高销售额							
最低销售额							
类别个数							

图 4-3-1

操作步骤

1. 打开原始数据表

打开教学素材中的数据表“某文具店 2016 年笔类销售统计表”，如图 4-3-2 所示。

	A	B	C	D	E	F	G	H
1	某文具店2016年笔类销售统计表							
2		一季度	二季度	三季度	四季度	全年合计	全年季度平	评价
3	铅笔	84.23	72.69	89.63	73.6			
4	钢笔	69.27	70.43	72.69	80.31			
5	圆珠笔	100.25	96.35	85.36	79.67			
6	毛笔	21.3	26.32	20.36	27.23			
7	季度合计							
8	最高销售额							
9	最低销售额							
10	类别个数							
11								
12								
13								
14								

图 4-3-2

2. 全年合计计算(使用自动求和)

①选中 B3：F3 单元格区域，在“公式”选项卡下的“函数库”功能区中，单击“自动求和”按钮，完成“铅笔”的求和运算，如图 4-3-3 所示。

图 4-3-3

②选中 F3 单元格，鼠标指针移动到 F3 单元格的右下角，待其变成黑色十字形时，向下拖曳到 F6 单元格，计算所有笔类的全年合计，如图 4-3-4 所示。

某文具店2016年笔类销售统计表							
	一季度	二季度	三季度	四季度	全年合计	全年季度平均值	评价
铅笔	84.23	72.69	89.63	73.6	320.15		
钢笔	69.27	70.43	72.69	80.31	292.7		
圆珠笔	100.25	96.35	85.36	79.67	361.63		
毛笔	21.3	26.32	20.36	27.23	95.21		
季度合计							
最高销售额							
最低销售额							
类别个数							

图 4-3-4

3. 全年平均值计算(使用 AVERAGE 函数)

①选中 G3 单元格，在“公式”选项卡下的“函数库”功能区单击“插入函数”按钮，如图 4-3-5 所示。

图 4-3-5

②在打开的“插入函数”对话框中，选择 AVERAGE 函数，单击“确定”按钮，如图 4-3-6 所示。

③打开“函数参数”对话框，删除“Number1”中的数据，单击，从 B3 拖到 E3，选中 B3：E3 单元格，单击“确定”按钮，如图 4-3-7 所示。

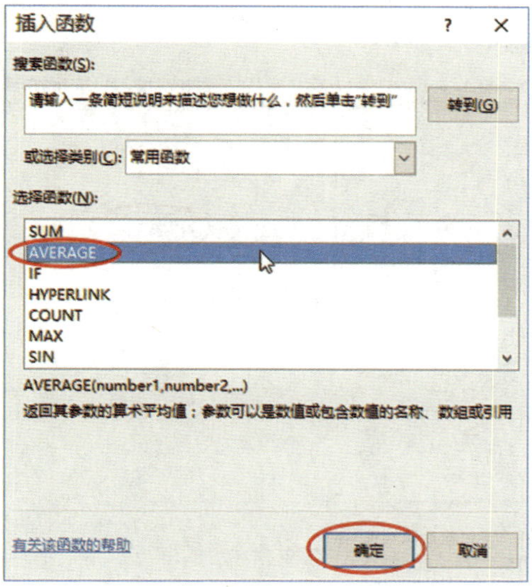

图 4-3-6

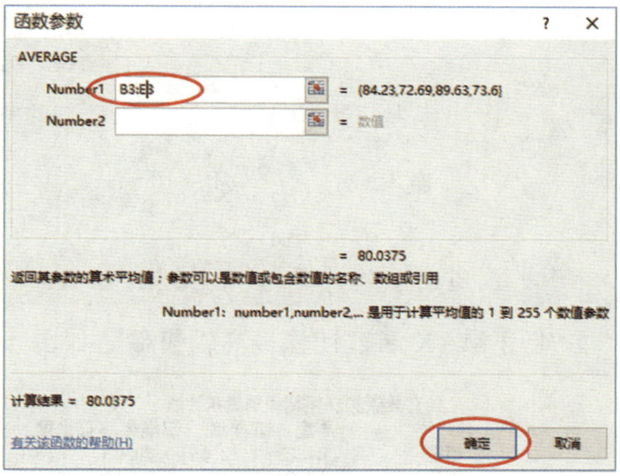

图 4-3-7

④选中 G3 单元格，向下填充 G4：G6，计算所有的全年季度平均值，如图 4-3-8 所示。

某文具店2016年笔类销售统计表							
	一季度	二季度	三季度	四季度	全年合计	全年季度平均值	评价
铅笔	84.23	72.69	89.63	73.6	320.15	80.0375	
钢笔	69.27	70.43	72.69	80.31	292.7	73.175	
圆珠笔	100.25	96.35	85.36	79.67	361.63	90.4075	
毛笔	21.3	26.32	20.36	27.23	95.21	23.8025	
季度合计							
最高销售额							
最低销售额							
类别个数							

图 4-3-8

4. 季度合计计算(使用 SUM 函数)

选中 B7 单元格，在编辑栏中单击“插入函数”按钮，如图 4-3-9 所示。在打开的函数中，选择 SUM 函数，计算“一季度”合计，如图 4-3-10 所示。选择向右自动填充，计算其他季度合计。

图 4-3-9

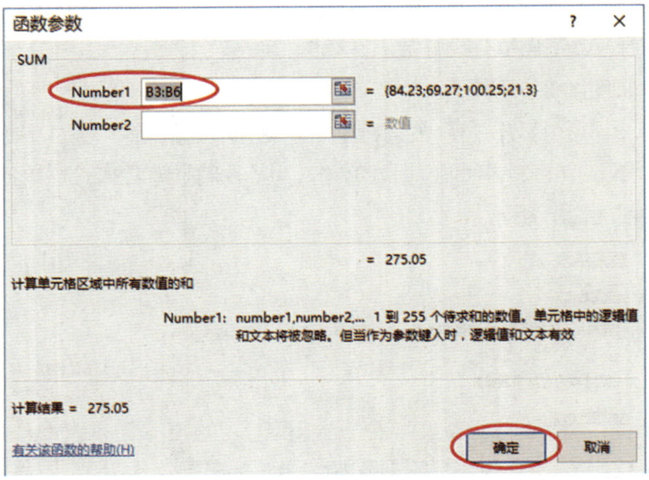

图 4-3-10

5. 最高销售额计算(使用 MAX 函数)

使用 MAX 函数计算最高销售额，如图 4-3-11 所示。

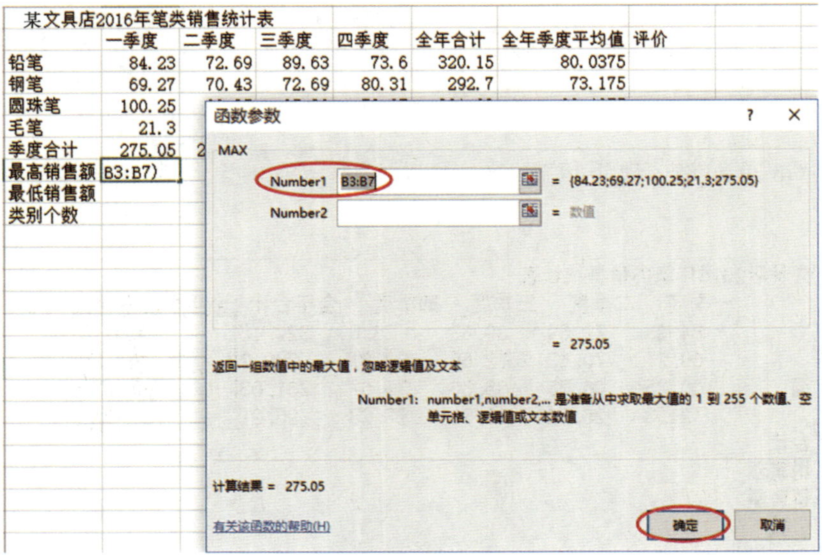

图 4-3-11

6. 最低销售额计算(使用 MIN 函数)

①在“搜索函数”文本框里面输入“MIN”，找到“MIN”函数，单击“转到”按钮，如图 4-3-12 所示。

②调出 MIN 函数，用于计算最低销售额，如图 4-3-13 所示。

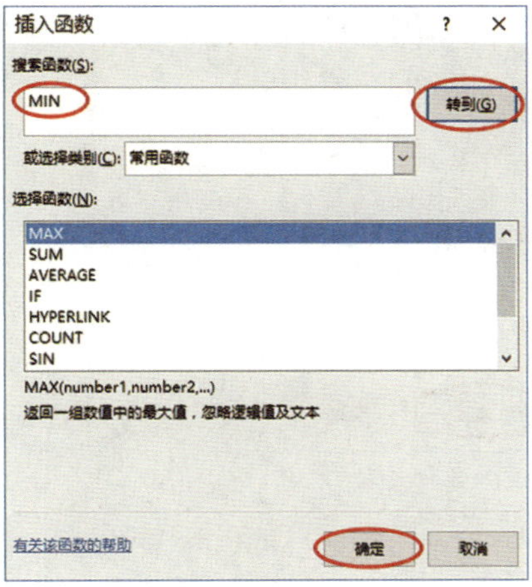

图 4-3-12

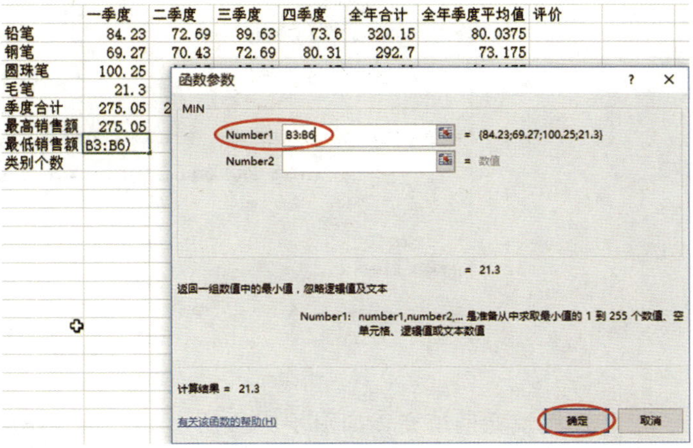

图 4-3-13

7. 类别个数计算(使用 COUNT 函数)

使用 COUNT 函数计算类别个数，如图 4-3-14 所示。

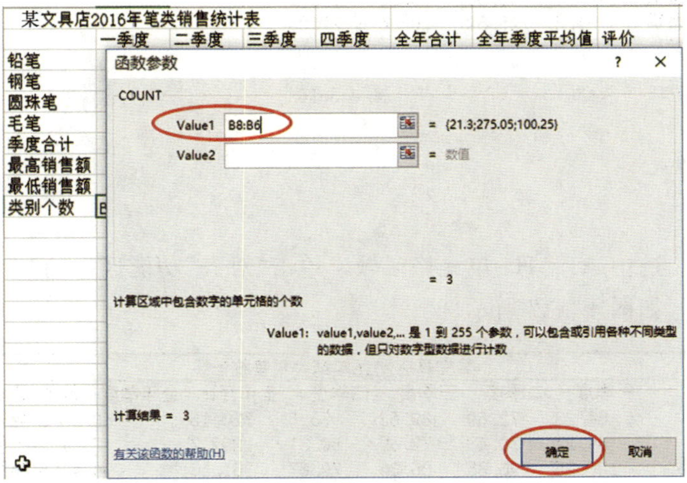

图 4-3-14

8. 进行评价(使用 IF 函数)

使用 IF 函数进行评价，全年销售额大于 300 万元的为“畅销”，否则为“一般”。

①在 H3 单元格插入函数 IF。

②在 Logical_test 条件表达式中，录入“F3＞300”，在 Value_if_true 文本框中输入“畅销”，在 Value_if_false 文本框中输入“一般”，单击“确定”按钮，如图 4-3-15 所示。

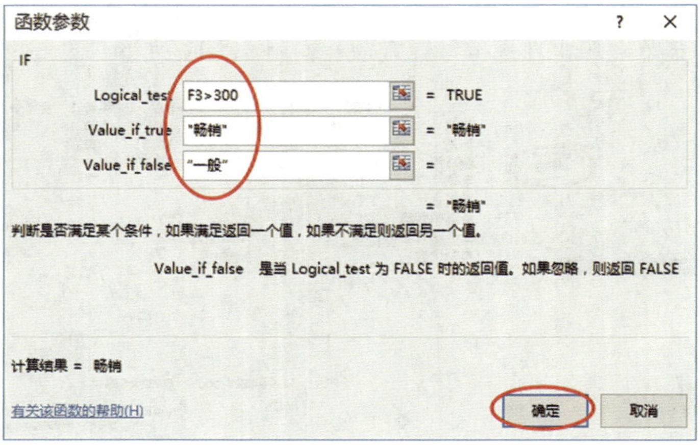

图 4-3-15

③使用填充柄填充，如图 4-3-16 所示。

某文具店2016年笔类销售统计表							
	一季度	二季度	三季度	四季度	全年合计	全年季度平均值	评价
铅笔	84.23	72.69	89.63	73.6	320.15	80.0375	畅销
钢笔	69.27	70.43	72.69	80.31	292.7	73.175	一般
圆珠笔	100.25	96.35	85.36	79.67	361.63	90.4075	畅销
毛笔	21.3	26.32	20.36	27.23	95.21	23.8025	一般
季度合计	275.05	265.79	268.04	260.81			
最高销售额	100.25	96.35	89.63	80.31			
最低销售额	21.3	26.32	20.36	27.23			
类别个数	3						

图 4-3-16

9. 修饰工作表

(1)字体设置

①标题设置。选中 A1：H1 单元格区域，单击“对齐”功能区中的“合并后居中”按钮，让标题合并居中，如图 4-3-17 所示。

某文具店2016年笔类销售统计表							
	一季度	二季度	三季度	四季度	全年合计	全年季度平均值	评价
铅笔	84.23	72.69	89.63	73.6	320.15	80.0375	畅销
钢笔	69.27	70.43	72.69	80.31	292.7	73.175	一般
圆珠笔	100.25	96.35	85.36	79.67	361.63	90.4075	畅销
毛笔	21.3	26.32	20.36	27.23	95.21	23.8025	一般
季度合计	275.05	265.79	268.04	260.81			
最高销售额	100.25	96.35	89.63	80.31			
最低销售额	21.3	26.32	20.36	27.23			
类别个数	3						

图 4-3-17

选中标题单元格，打开“设置单元格格式”对话框，然后进行设置，如图 4-3-18 所示。

②标题外的字体设置。选中除标题外的所有文字，打开“设置单元格格式”对话框，然后进行设置，如图 4-3-19 所示。

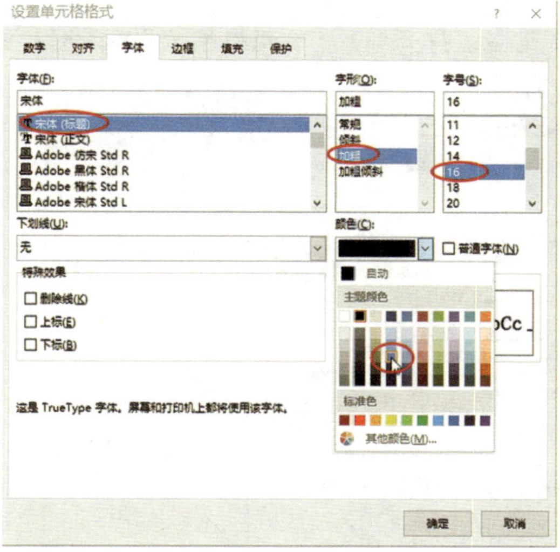

图 4-3-18

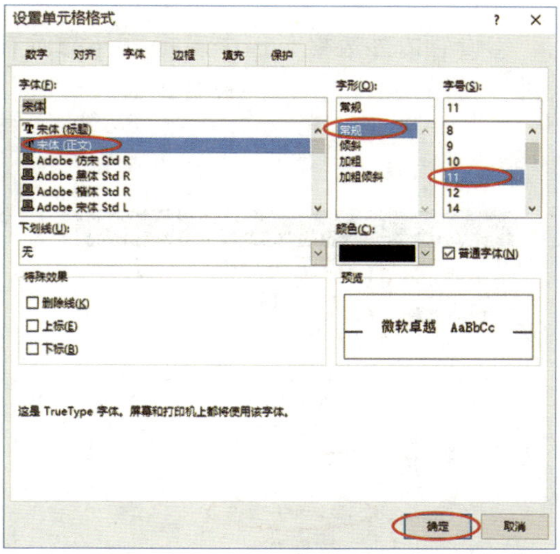

图 4-3-19

(2)数字设置

设置数值单元格小数位保留两位。选中除“类别个数”行的所有数值单元格，打开“设置单元格格式”对话框，然后进行设置，如图 4-3-20 所示。

(3)对齐设置

选中除标题外的所有单元格，打开“设置单元格格式”对话框，然后进行设置，如图 4-3-21 所示。

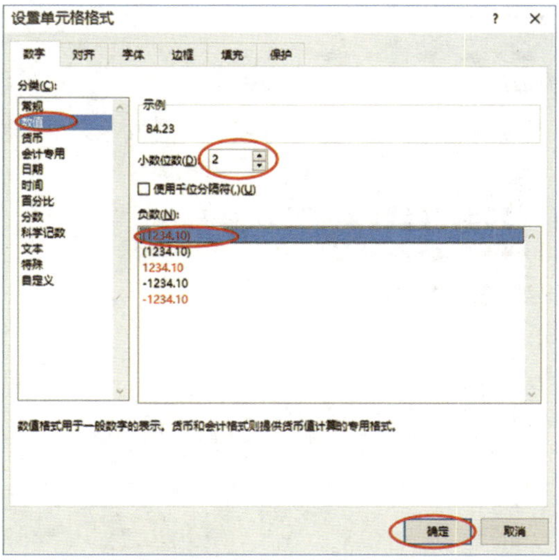

图 4-3-20

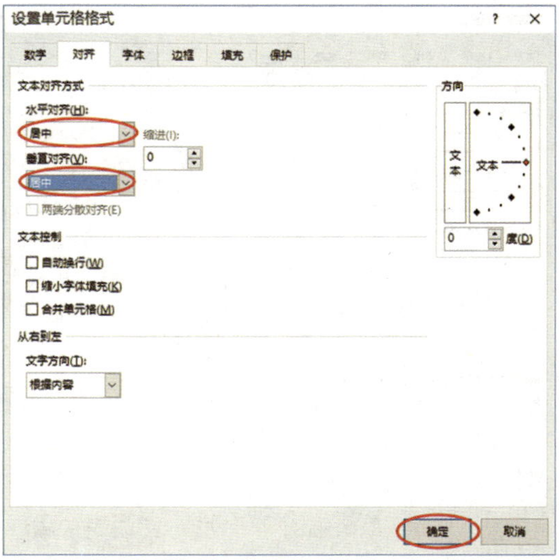

图 4-3-21

(4)行高/列宽设置

选中所有文字，在“开始”选项卡下的“单元格”功能区，单击“格式”下拉按钮，自动调整行高和列宽，如图 4-3-22 所示。

(5)边框设置

①设置内外边框。选中除标题外的所有单元格，打开“设置单元格格式”对话框，然后进行如图 4-3-23 所示的设置，为表格加内外边框。

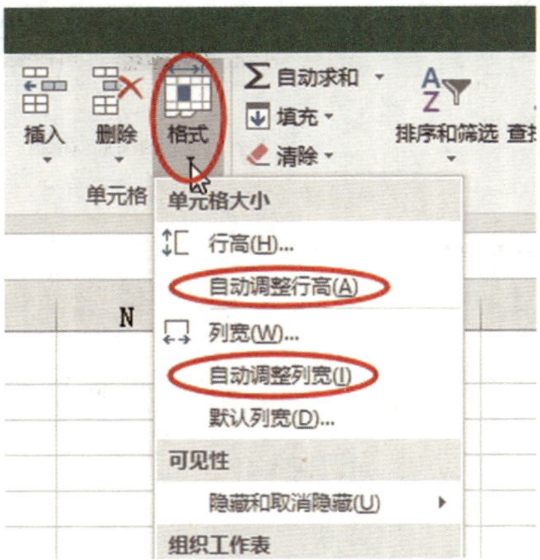

图 4-3-22

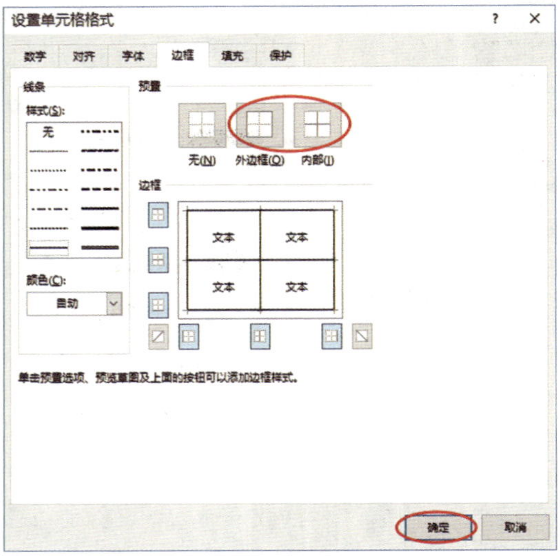

图 4-3-23

②为表头添加斜线。选中 A2 单元格，打开“设置单元格格式”对话框，然后进行设置，如图 4-3-24 所示。

(6)填充设置

选中空白单元格，打开“设置单元格格式”对话框，然后进行如图 4-3-25 所示的设置。

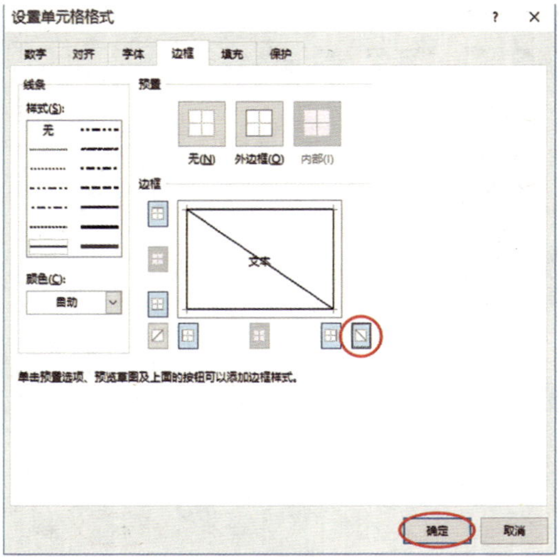

图 4-3-24

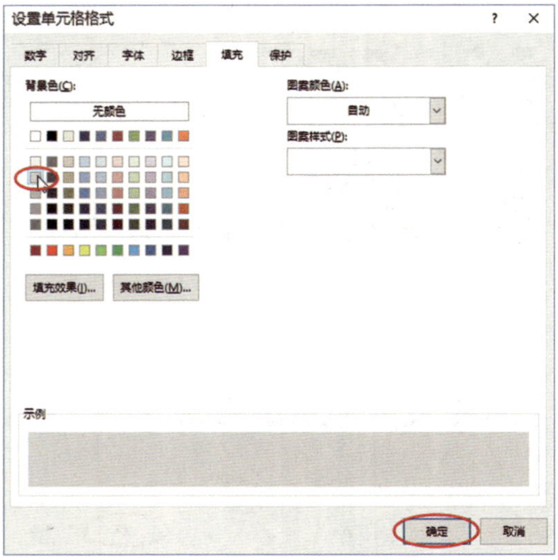

图 4-3-25

设置完成后，效果如图 4-3-26 所示。

	A	B	C	D	E	F	G	H
1	某文具店2016年笔类销售统计表							
2		一季度	二季度	三季度	四季度	全年合计	全年季度平均值	评价
3	铅笔	84.23	72.69	89.63	73.60	320.15	80.04	畅销
4	钢笔	69.27	70.43	72.69	80.31	292.70	73.18	一般
5	圆珠笔	100.25	96.35	85.36	79.67	361.63	90.41	畅销
6	毛笔	21.30	26.32	20.36	27.23	95.21	23.80	一般
7	季度合计	275.05	265.79	268.04	260.81			
8	最高销售额	100.25	96.35	89.63	80.31			
9	最低销售额	21.30	26.32	20.36	27.23			
10	类别个数	3						

图 4-3-26

10. 数据图表化——创建年销售统计图

(1)添加图标

选中 A2:E6 单元格，在“插入”选项卡的“图表”功能区中，单击“柱形图”下拉按钮，选择簇状柱形图，结果如图 4-3-27 所示。

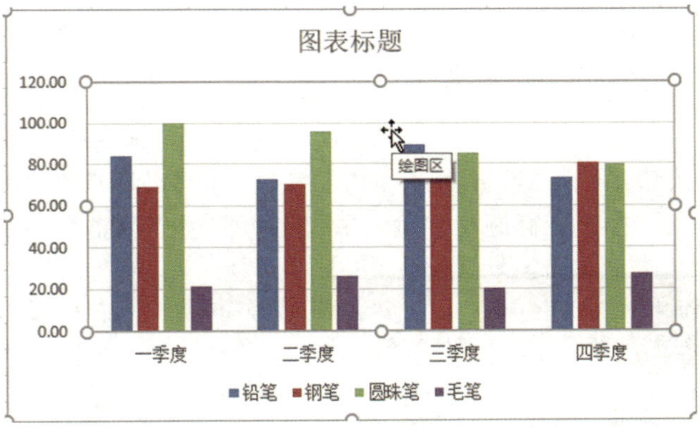

图 4-3-27

(2)为统计图添加标题

①在“设计”选项卡的“图表布局”功能区中，单击“添加图表元素”下拉按钮，选择“图表标题”中的“居中覆盖”，如图 4-3-28 所示。

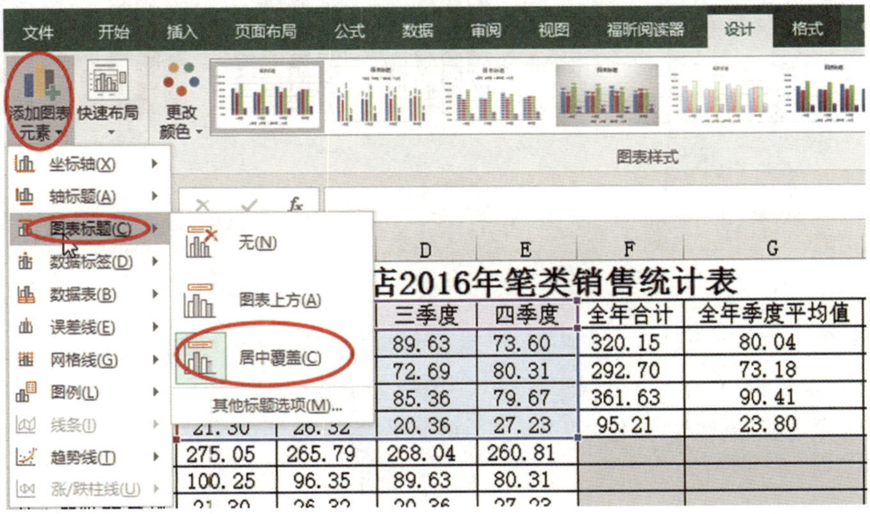

图 4-3-28

②在图表标题栏中输入“某文具店 2016 年笔类销售统计图”，并适当调整标题字体格

式，如图 4-3-29 所示。

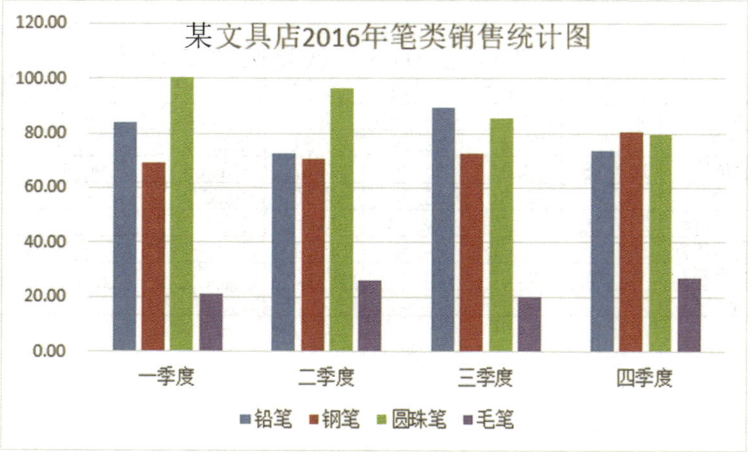

图 4-3-29

(3)为图表添加坐标轴标题

①添加横坐标。在“设计”选项卡的“图表布局”功能区中，单击“添加图表元素”下拉按钮，选择“轴标题”中的“主要横坐标轴”，如图 4-3-30 所示。

在坐标标题栏中输入“季度”，并适当调整标题的字体格式，结果如图 4-3-31 所示。

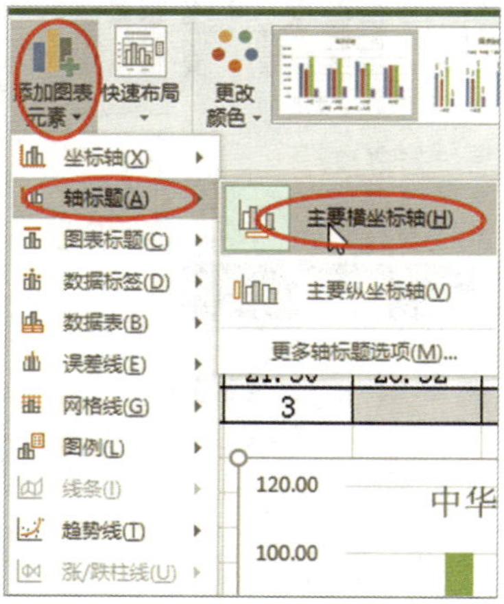

图 4-3-30

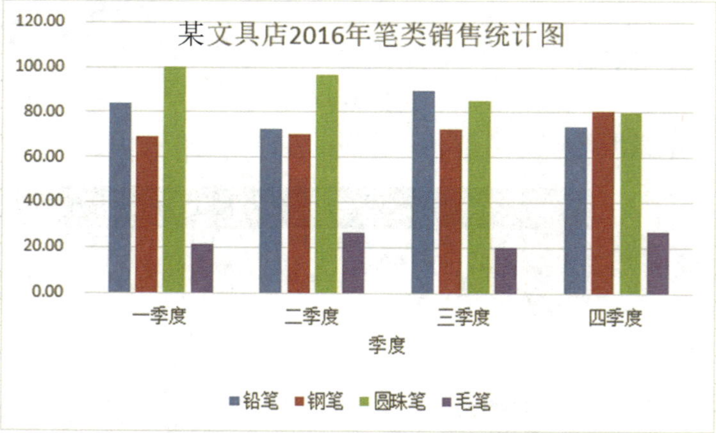

图 4-3-31

②添加纵坐标。在“设计”选项卡的“图表布局”功能区中，单击“添加图表元素”下拉按钮，选择“轴标题”中的“主要纵坐标轴”，如图 4-3-32 所示。

在坐标标题栏中输入“销售额/万元”，并适当调整标题的字体格式，结果如图 4-3-33 所示。

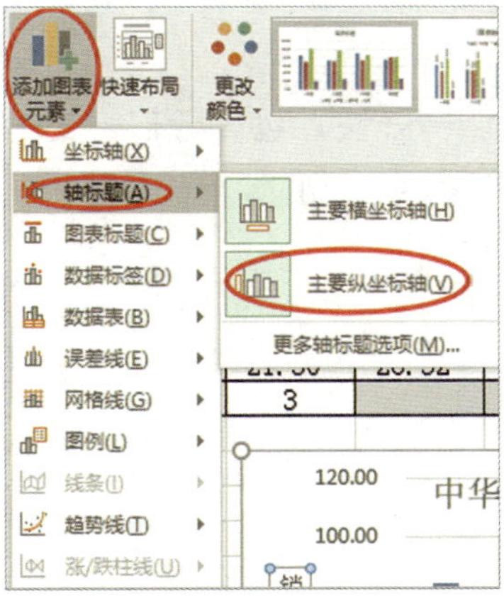

图 4-3-32

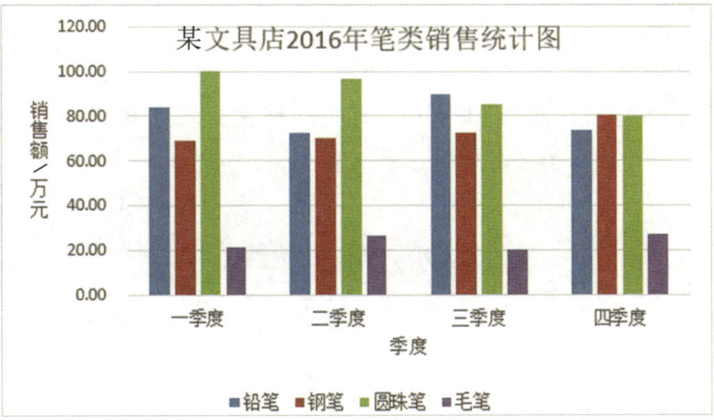

图 4-3-33

(4)为图表添加数据标签

在“设计”选项卡的“图表布局”功能区中，单击“添加图表元素”下拉按钮，选择“数据标签”中的“数据标签外”，结果如图 4-3-34 所示。

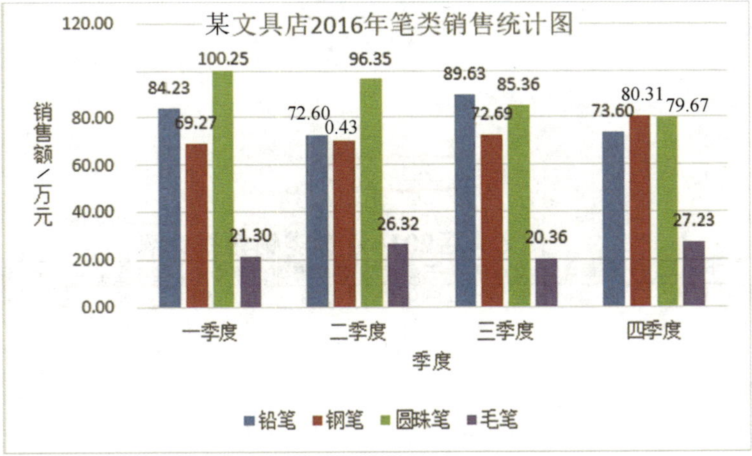

图 4-3-34

11. 保存

保存文件，完成操作。

要点精讲

一、公式与函数

公式与函数为 Excel 2016 提供了强大的计算功能。

1. 公式的使用

公式就是对工作表中的数值执行计算的等式，它是以“＝”开头，包含数值、变量、单元格引用、函数和运算符等的计算表达式。用户可以根据需要自己创立公式。

(1)常用的公式运算符号(表 4-3-1)

表 4-3-1

加号	＋
减号	－
乘号	*
除号	/
小括号	( )
中括号	[ ]
区域运算符(冒号)	:
联合运算符(逗号)	,
交叉运算符(空格)	

(2)计算举例

用公式计算铅笔全年季度销售平均值，如图 4-3-35 所示。

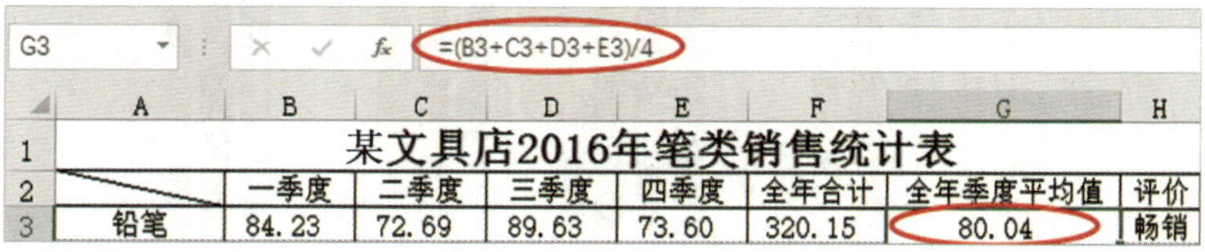

图 4-3-35

①在 G3 单元格输入“＝”。

②在编辑框内输入“(B3＋C3＋D3＋E3)/4”，建议 B3、C3、D3、E3 四个单元格用鼠标点选。

③输入完成，按回车键确定。

(3)复制公式

方法一：使用“复制”命令。

①选中要复制的公式单元格，在右键菜单中执行“复制”命令，如图 4-3-36 所示。

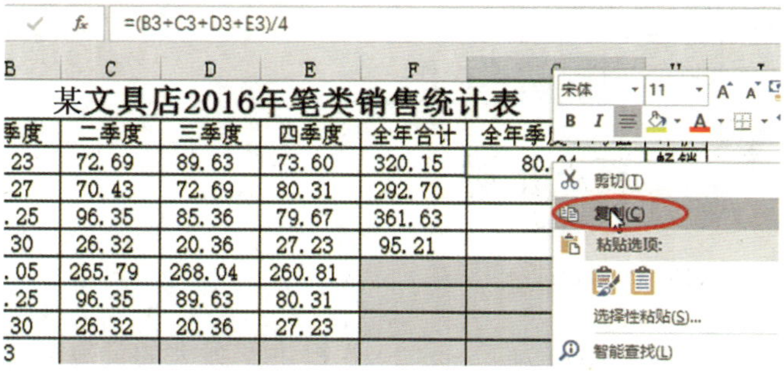

图 4-3-36

②选择需要填入公式的单元格，右击，在弹出的快捷菜单中选择“复制公式”选项，完成公式的复制，单元格返回计算结果，

如图 4-3-37 所示。

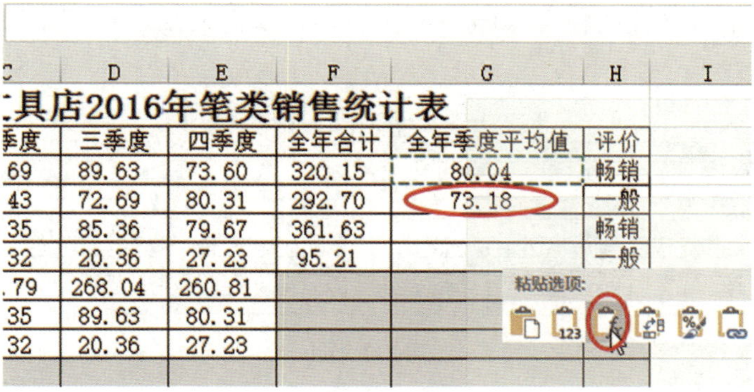

图 4-3-37

方法二：利用自动填充功能。

①选中已经计算好的单元格，鼠标指针置于单元格的右下方，使其变成黑色十字形，如图 4-3-38 所示。

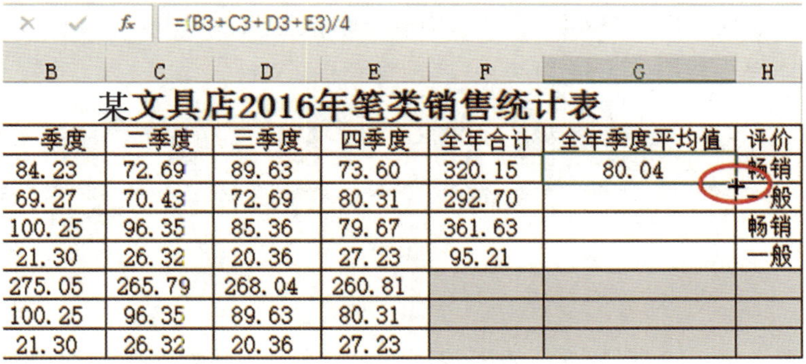

图 4-3-38

②向下或者向右拖动鼠标，以复制公式到需要计算的单元格，完成计算，返回计算结果，如图 4-3-39 所示。

(4)显示和隐藏公式

一般情况下，计算结果总是以隐藏公式、返回计算结果的方式呈现给用户，如图 4-3-40 所示。

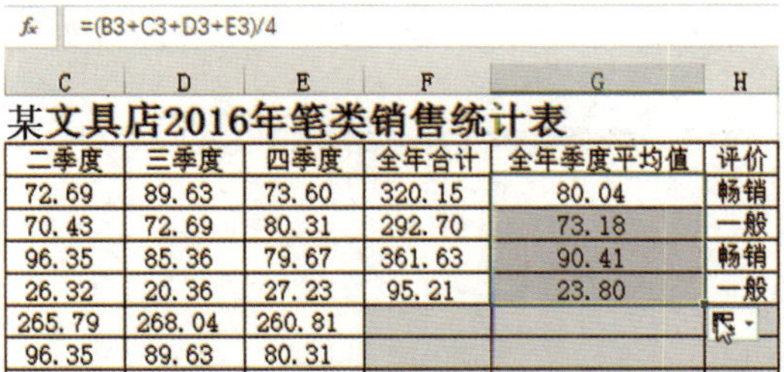

图 4-3-39

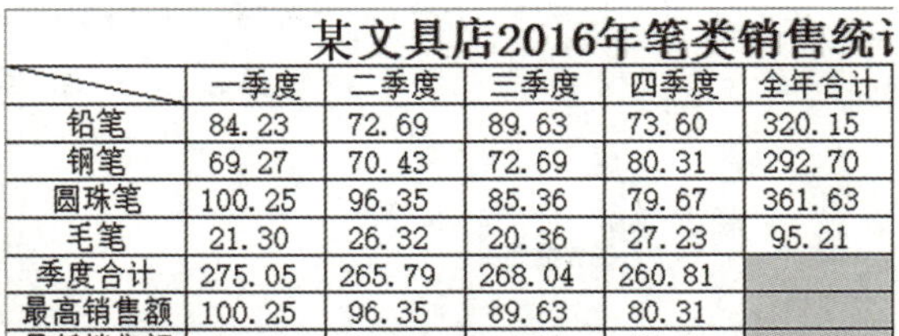

图 4-3-40

但有时需要查看公式，可以在“公式”选项卡的“公式审核”功能区中，单击“显示公式”按钮，单元格的公式使用情况如图 4-3-41 所示。如需要显示计算结果，可以再次单击“显示公式”按钮。

某文具店2016年笔类销售统计表

	一季度	二季度	三季度	四季度	全年合计	全年季度平均值
铅笔	84.23	72.69	89.63	73.6	=SUM(B3:E3)	=(B3+C3+D3+E3)/4
钢笔	69.27	70.43	72.69	80.31	=SUM(B4:E4)	=(B4+C4+D4+E4)/4
圆珠笔	100.25	96.35	85.36	79.67	=SUM(B5:E5)	=(B5+C5+D5+E5)/4
毛笔	21.3	26.32	20.36	27.23	=SUM(B6:E6)	=(B6+C6+D6+E6)/4
季度合计	=SUM(B3:B6)	=SUM(C3:C6)	=SUM(D3:D6)	=SUM(E3:E6)		
最高销售额	=MAX(B3:B6)	=MAX(C3:C6)	=MAX(D3:D6)	=MAX(E3:E6)		
最低销售额	=MIN(B3:B6)	=MIN(C3:C6)	=MIN(D3:D6)	=MIN(E3:E6)		
类别个数	=COUNT(B6:B8)					

图 4-3-41

2. 函数使用

函数就是软件内置的特殊公式，使用函数可以方便地进行计算。函数的插入主要有以下方法。

方法一：利用功能区选择函数。

①在“公式”选项卡的“函数库”功能区中有 9 个便捷的函数分类按钮，提供了大约 400 种函数供用户选择，如图 4-3-42 所示。

图 4-3-42

②用户只要单击一个需要插入的函数，就可以打开“函数参数”对话框，用于输入函数参数，完成函数的创建，如图 4-3-43 所示。

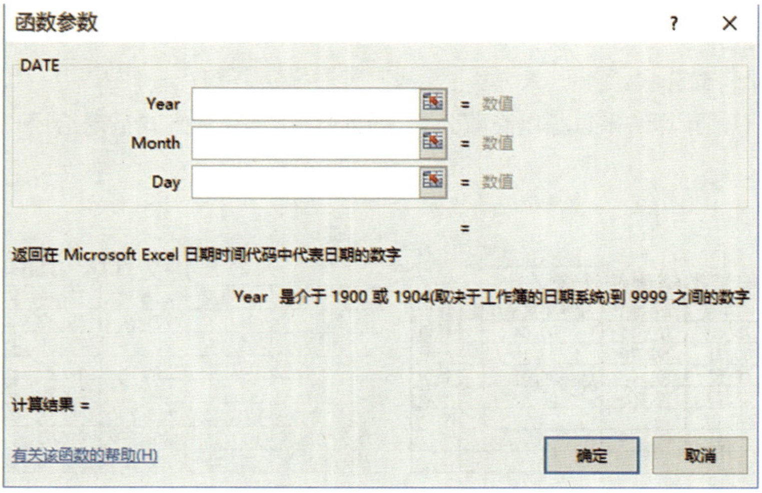

图 4-3-43

方法二：通过对话框插入函数。

①在“公式”选项卡的“函数库”功能区中，单击“插入函数”按钮，或者在编辑栏处单击“插入函数”按钮，如图 4-3-44 所示。

图 4-3-44

②在打开的“插入函数”对话框中，选择需要的函数，如果函数列表中没有，可以在搜索框里搜索出想要的函数，如图 4-3-45 所示。

③单击“确定”按钮，打开“函数参数”对话框，供用户输入参数，完成函数的插入，如图 4-3-46 所示。

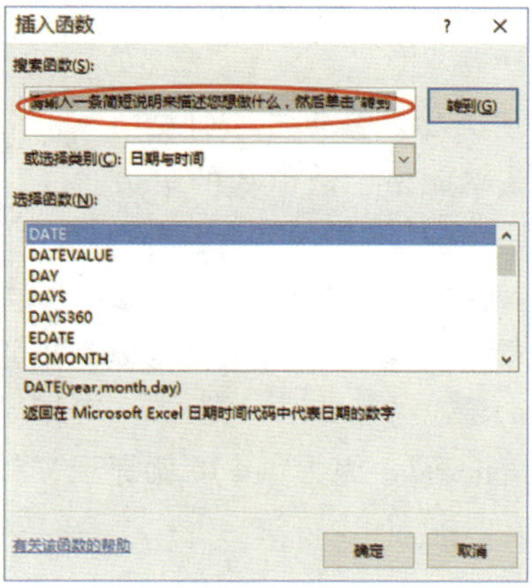

图 4-3-45

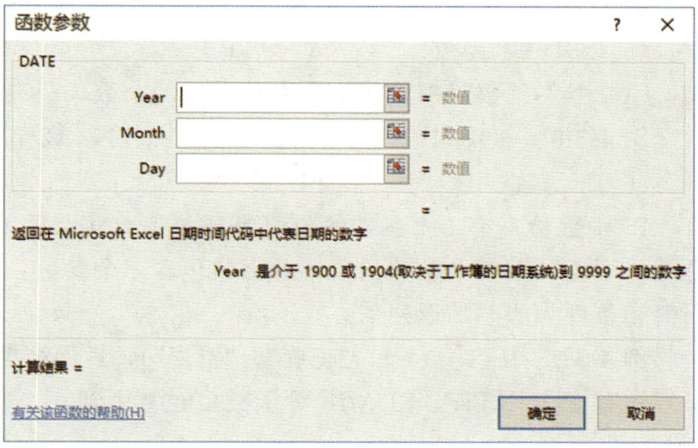

图 4-3-46

方法三：在单元格里输入函数。

在单元格中直接输入函数要求稍微高一些，它需要用户能够知道函数的名字和参数，但这是最快的一种方法。在要存放结果的单元格，先输入“=”，再输入函数名和参数，最后单击编辑栏的“确认”按钮，即可完成输入，如图 4-3-47 所示。

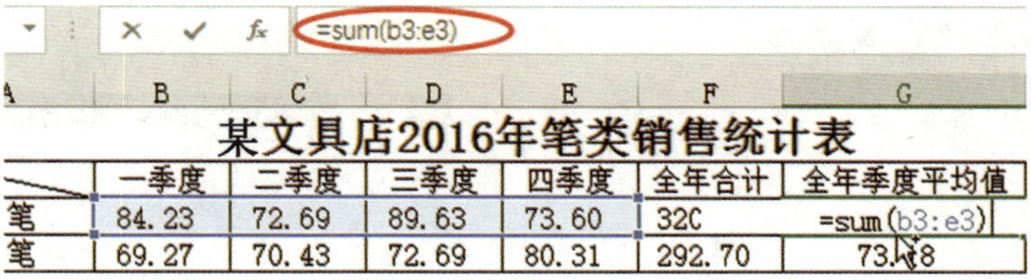

图 4-3-47

3. 常用函数

(1)SUM 函数

SUM 函数是将各参数累加，求它们的和。参数可以是一个数值常量，也可以是一个单元格地址，还可以是一个单元格区域引用。下面是 SUM 函数的例子。

例 4-3-1　SUM(3，4，3)，计算 3+4+3 的值，结果为 10。

例 4-3-2　SUM(A1，A2，A3)，求 A1、A2 和 A3 单元格中数的和。

例 4-3-3　SUM(A1：F3)，求 A1 到 F3 单元格区域中数的和。

(2)AVERAGE 函数

AVERAGE 函数用来求参数中数值的算术平均值，其参数要求与 SUM 函数一样。

例 4-3-4　AVERAGE(5，4，3)，计算 5，4，3 的平均值，结果为 4。

例 4-3-5　AVERAGE(A1，A2，A3)，求 A1，A2 和 A3 单元格中数的平均值。

(3)MAX 函数

MAX 函数用来求参数中数值的最大值，其参数要求与 SUM 函数一样。

例 4-3-6　MAX(A1，A2，A3)，求 A1，A2 和 A3 单元格中数的最大值。

(4)MIN 函数

MIN 函数用来求参数中数值的最小值，其参数要求与 SUM 函数一样。

例 4-3-7　MIN(A1，A2，A3)，求 A1，A2 和 A3 单元格中数的最小值。

(5)COUNT 函数

COUNT 函数用来计算参数中数值项的个数，只有数值类型的数据才被计数。

例 4-3-8　COUNT(A1，A2，A3)，求 A1，A2 和 A3 单元格中数值项的个数。

(6)IF 函数

IF 函数检查第 1 个参数的值是真还是假，如果是真，则返回第 2 个参数的值，如果是假，则返回第 3 个参数的值。此函数包含 3 个参数：要检查的条件、当条件为真时的返回值和条件为假时的返回值。

例 4-3-9　IF(1＋0＝1，“正确”，“错误”)，返回结果为“正确”，因为“1＋0”就等于“1”。

还有 COUNTIF、SUMIF 等函数也经常用到。

二、数据图表化

图表表现就是将数据清单中的数据以各种图表的形式显示出来，使得数据更加直观。图表具有较好的视觉效果，可方便用户比较数据、预测趋势。

1. 创建图表

图表的创建一般有两种方式。

方法一：通过“图表”功能区创建。

单击“插入”选项卡的“图表”功能区，选择一种图表类型，即可以完成图表创建，如图 4-3-48 所示。

方法二：利用“插入图表”对话框创建。

单击“插入”选项卡的“图

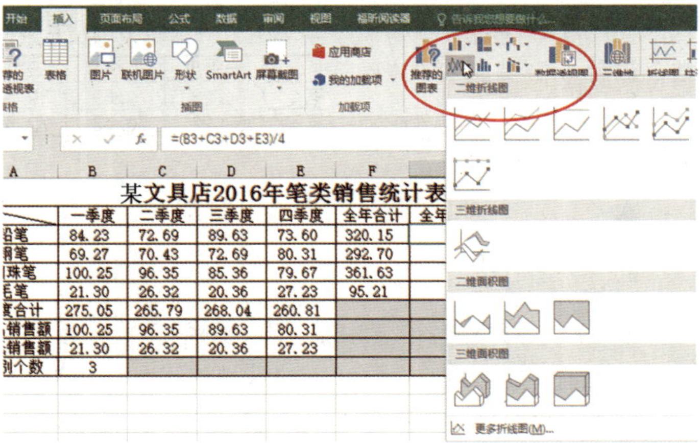

图 4-3-48

表”功能区右下角的“插入图表”扩展按钮，打开“插入图表”对话框，在其中选择一种图表，即可完成图表创建，如图 4-3-49 所示。

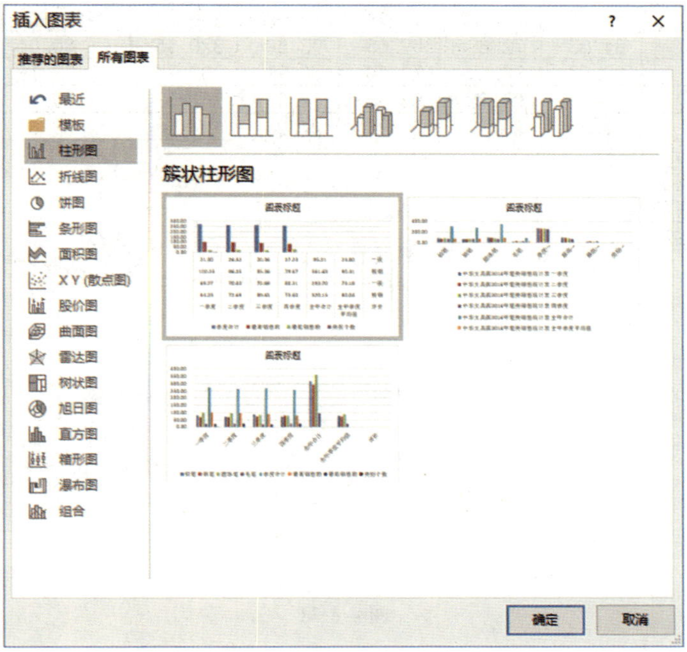

图 4-3-49

2. 编辑图表

编辑图表主要用于对用户不满意的图表进行必要的编辑和修改。

(1)更改图表类型

①单击图表，在“设计”选项卡的“类型”功能区中，单击“更改图表类型”按钮，选择要更改的图表类型，打开“更改图表类型”对话框，如图 4-3-50 所示。

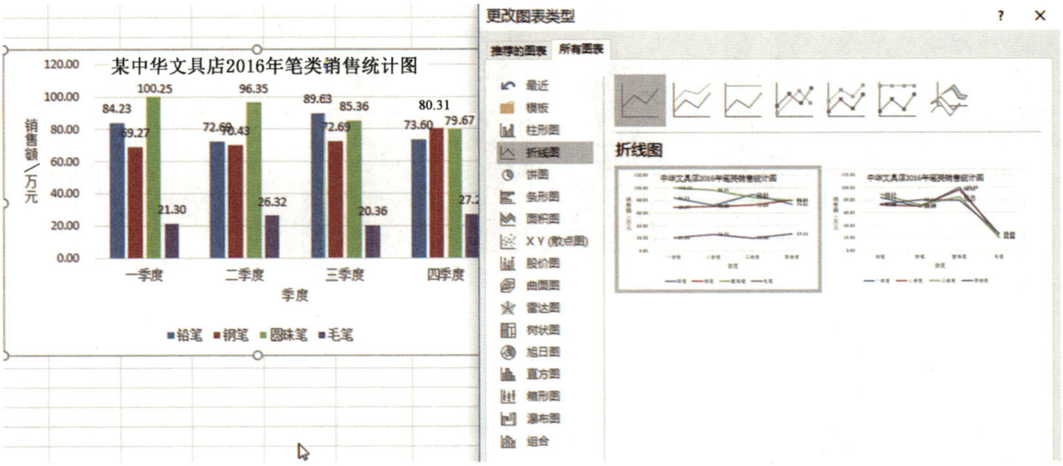

图 4-3-50

②选择一种图表类型，单击“确定”按钮，完成图表类型的更换，如图 4-3-51 所示。

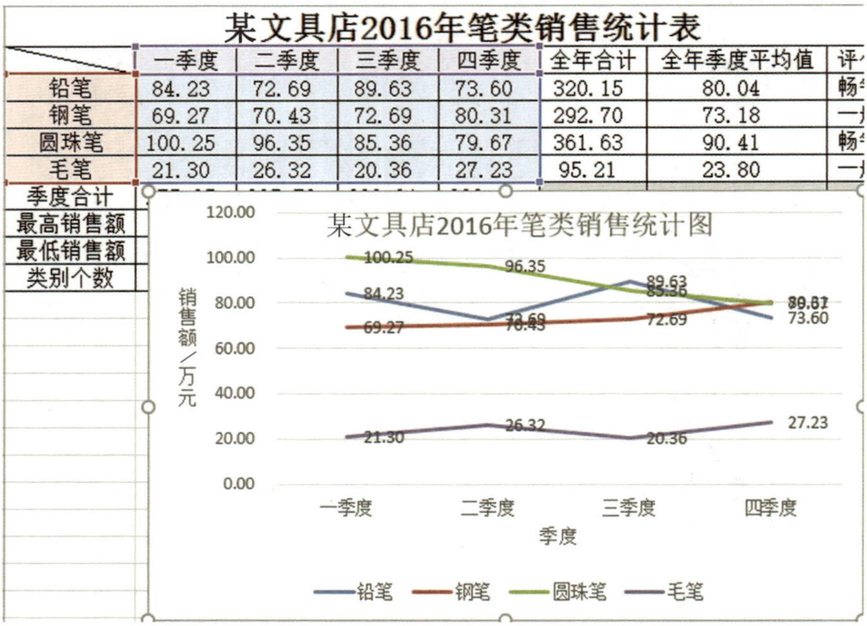

图 4-3-51

(2)添加图表标题

在“设计”选项卡的“图表布局”功能区中，单击“添加图表元素”下拉按钮，选择“图表标题”中的一种标题样式，删除“图表标题”几个字，输入用户需要的标题文字，结果如图 4-3-52 所示。

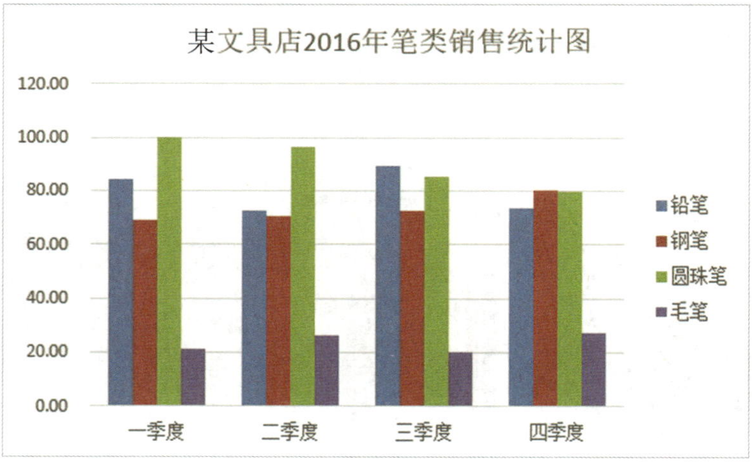

图 4-3-52

(3)添加坐标轴标题

①选中图表，在“设计”选项卡的“图表布局”功能区中，单击“添加图表元素”下拉按钮，选择“轴标题”中的“主要横坐标轴”，如图 4-3-53 所示。

②删除图表中的“坐标轴标题”几个字，输入用户需要的标题文字，如图 4-3-54 所示。纵坐标轴标题添加类似。

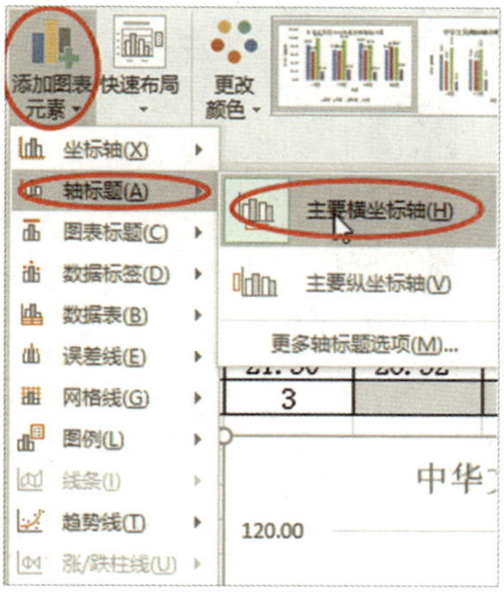

图 4-3-53

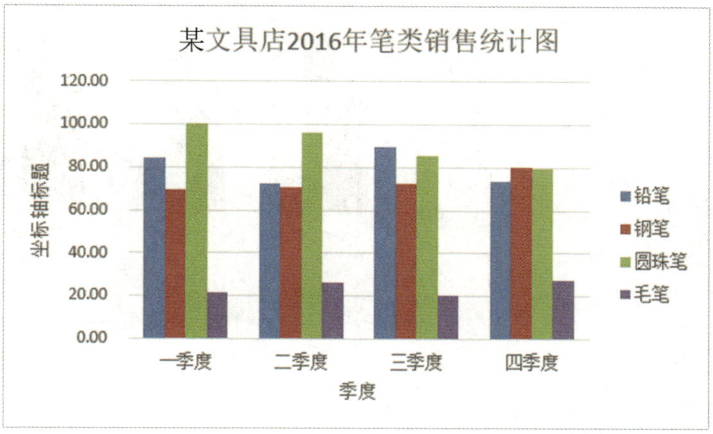

图 4-3-54

(4)设置图例

默认的图例是在图表的右侧，用户可以在“设计”选项卡的“添加图表元素”下拉列表中，选择“图例”中的图例位置选项，更改图例的显示样式，如图 4-3-55 所示。

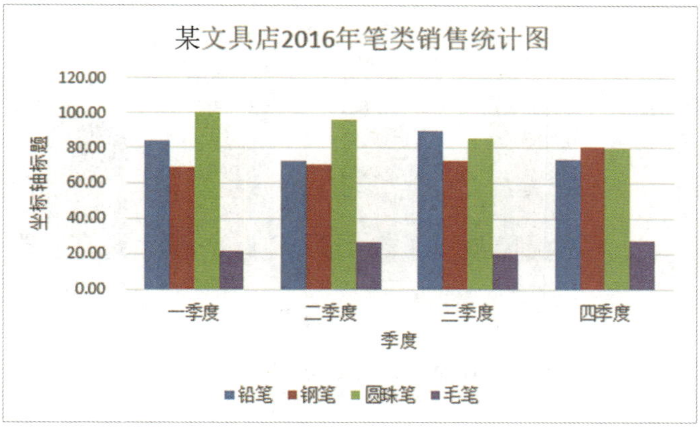

图 4-3-55

(5)更改数据源

①更改数据源主要是对数据区域的增删。在“设计”选项卡的“数据”功能区中，单击“选择数据”按钮，打开“选择数据源”对话框，如图 4-3-56 所示。

②在“选择数据源”对话框中，可以添加、编辑、删除行列数据(如删除铅笔行)，结果如图 4-3-57 所示。

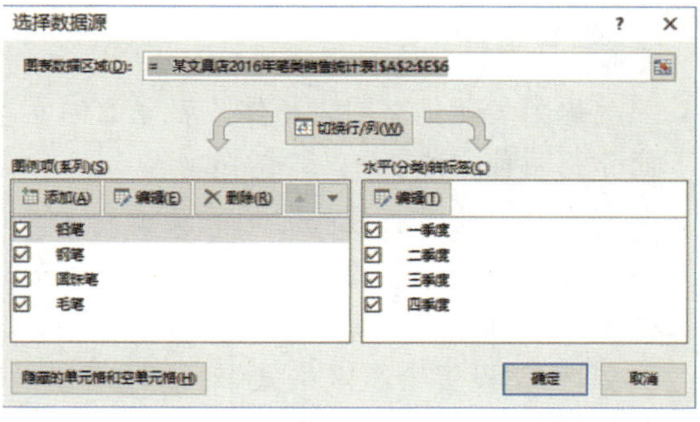

图 4-3-56

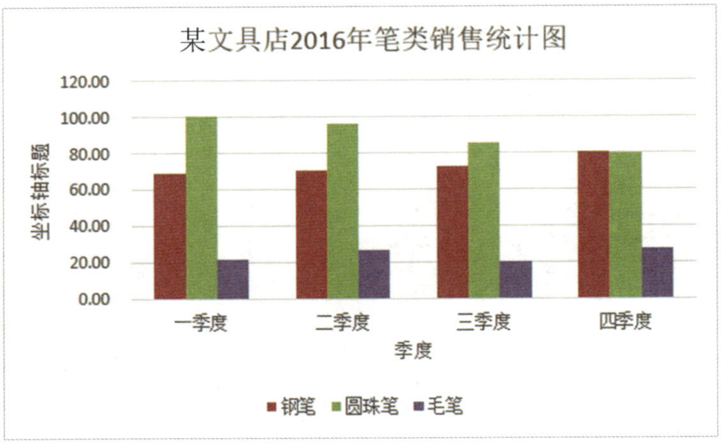

图 4-3-57

(6)添加数据标签

添加数据标签就是在图表的分类项上加上数字，更加直观地显示数据，以达到数图结合的效果。选中图表，单击“设计”选项卡的“图表布局”功能区中“添加图表元素”按钮，选择“数据标签”类别中的标签类型，使数据显示在图表中，如图 4-3-58 所示。

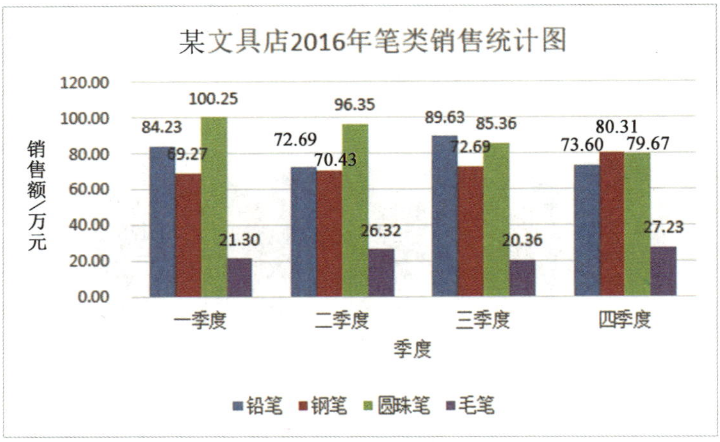

图 4-3-58

3. 美化图表

美化图表就是对图表整体或者里面的元素进行颜色、轮廓、效果、艺术样式的设置。下面介绍两种方法。

方法一：通过右键快捷菜单设置。

①选中需要设置的元素(如绘图区)，在右键快捷菜单中执行“设置绘图区格式”命令，如图 4-3-59 所示。

②打开“设置绘图区格式”对话框，在这个对话框里，可以完成对选择元素的所有设置，如图 4-3-60 所示。

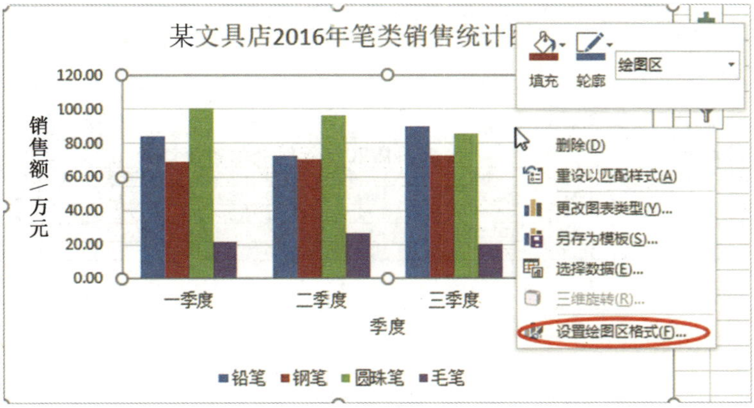

图 4-3-59

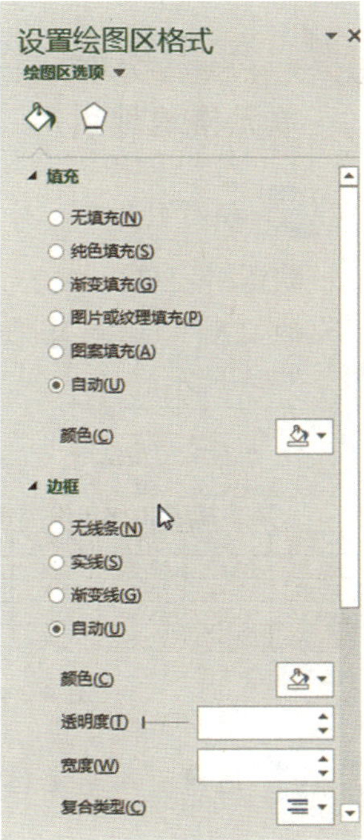

图 4-3-60

方法二：利用功能区设置。

①选中图表或者图表任何元素，在“格式”选项卡的当前所选内容的下拉列表框里，可以选择要设置的元素。这里包含了图表所有可以设置的内容，如图 4-3-61 所示。

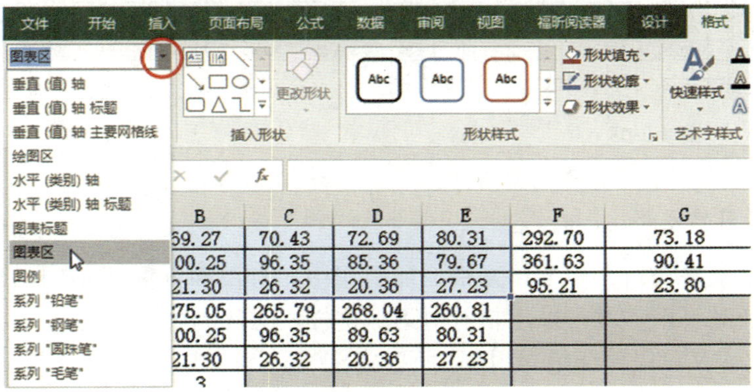

图 4-3-61

②选择完成后，在“格式”选项卡下，选择形状样式、艺术字样式、排列等功能区的相关项，就可以完成选中元素的设置了，如图 4-3-62 所示。

图 4-3-62

知识拓展

单元格地址引用

1. 相对引用单元格

默认引用单元格的形式都是相对引用(如 B4)，包含相对引用单元格的公式，可以用填充柄复制公式到其他单元格(图 4-3-63)，其他单元格公式引用地址发生变化，如图 4-3-64 所示。

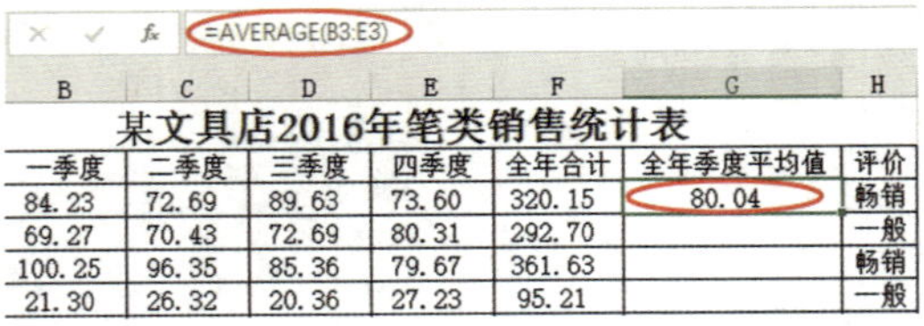
=AVERAGE(B3:E3)

B	C	D	E	F	G	H
某文具店2016年笔类销售统计表						
一季度	二季度	三季度	四季度	全年合计	全年季度平均值	评价
84.23	72.69	89.63	73.60	320.15	80.04	畅销
69.27	70.43	72.69	80.31	292.70		一般
100.25	96.35	85.36	79.67	361.63		畅销
21.30	26.32	20.36	27.23	95.21		一般

图 4-3-63

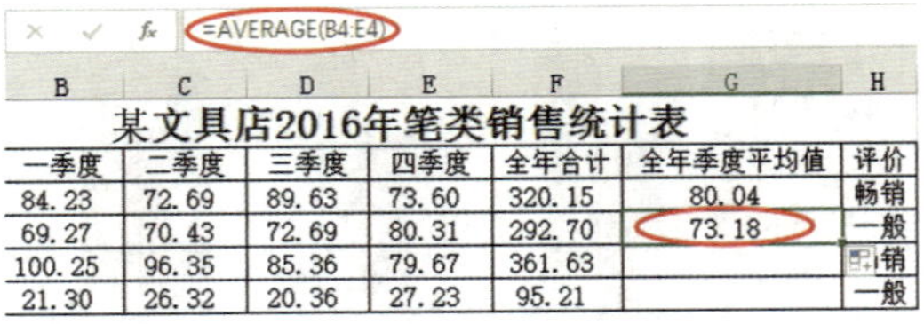
=AVERAGE(B4:E4)

B	C	D	E	F	G	H
某文具店2016年笔类销售统计表						
一季度	二季度	三季度	四季度	全年合计	全年季度平均值	评价
84.23	72.69	89.63	73.60	320.15	80.04	畅销
69.27	70.43	72.69	80.31	292.70	73.18	一般
100.25	96.35	85.36	79.67	361.63		销
21.30	26.32	20.36	27.23	95.21		一般

图 4-3-64

2. 绝对引用单元格

绝对引用单元格就是在行或者列的标志前加上符号“＄”(如＄B＄4，绝对引用 B4 单元格)，包含绝对引用单元格的公式，无论复制到什么位置，它都是引用特定的单元格，填充柄填充时，地址引用不会发生任何变化，如图 4-3-65、图 4-3-66 所示。

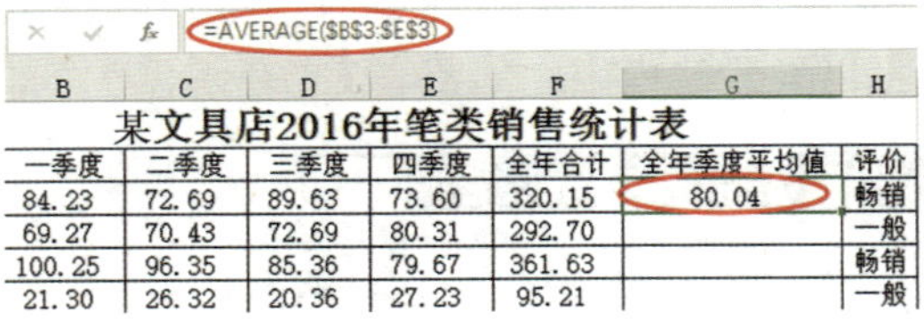
=AVERAGE($B$3:$E$3)

B	C	D	E	F	G	H
某文具店2016年笔类销售统计表						
一季度	二季度	三季度	四季度	全年合计	全年季度平均值	评价
84.23	72.69	89.63	73.60	320.15	80.04	畅销
69.27	70.43	72.69	80.31	292.70		一般
100.25	96.35	85.36	79.67	361.63		畅销
21.30	26.32	20.36	27.23	95.21		一般

图 4-3-65

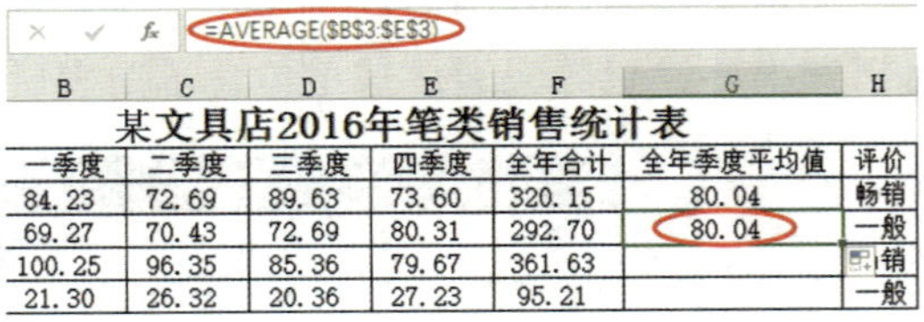
=AVERAGE($B$3:$E$3)

B	C	D	E	F	G	H
某文具店2016年笔类销售统计表						
一季度	二季度	三季度	四季度	全年合计	全年季度平均值	评价
84.23	72.69	89.63	73.60	320.15	80.04	畅销
69.27	70.43	72.69	80.31	292.70	80.04	一般
100.25	96.35	85.36	79.67	361.63		销
21.30	26.32	20.36	27.23	95.21		一般

图 4-3-66

3. 混合引用单元格

混合引用单元格是指在一个单元格地址引用中，对行和列采用不同的地址引用方式。假如对列采用绝对引用，对行采用相对引用。这样，在复制公式的同时，既可以保证相对引用的发生变化，又可以保证绝对引用的不发生变化，对实际操作相当有用，如图 4-3-67、图 4-3-68 所示。

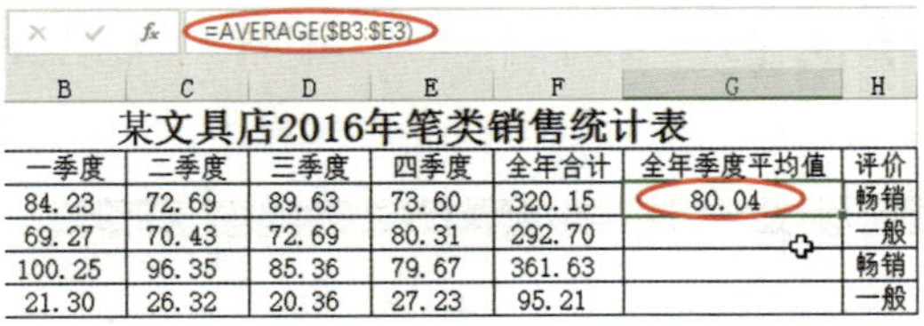
=AVERAGE($B3:$E3)

B	C	D	E	F	G	H
某文具店2016年笔类销售统计表						
一季度	二季度	三季度	四季度	全年合计	全年季度平均值	评价
84.23	72.69	89.63	73.60	320.15	80.04	畅销
69.27	70.43	72.69	80.31	292.70		一般
100.25	96.35	85.36	79.67	361.63		畅销
21.30	26.32	20.36	27.23	95.21		一般

图 4-3-67

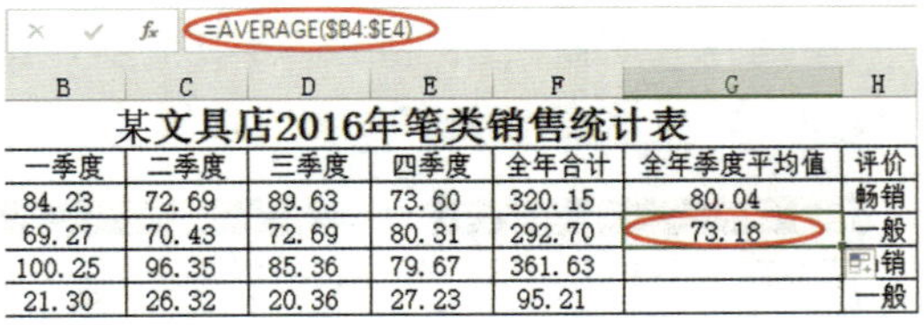
=AVERAGE($B4:$E4)

B	C	D	E	F	G	H
某文具店2016年笔类销售统计表						
一季度	二季度	三季度	四季度	全年合计	全年季度平均值	评价
84.23	72.69	89.63	73.60	320.15	80.04	畅销
69.27	70.43	72.69	80.31	292.70	73.18	一般
100.25	96.35	85.36	79.67	361.63		销
21.30	26.32	20.36	27.23	95.21		一般

图 4-3-68

任务 4　查询与汇总

内容导读

查询与汇总是为了让数据按照用户的方式显示，有利于用户更直观地了解数据。本任务主要学习排序、筛选、汇总、页面设置和打印等知识。在知识拓展板块，还将学到条件格式的使用。

实例详解：查询汇总“某服装厂一季度生产统计表”

任务说明

查询汇总生产统计表，能够定位或者筛选出特定的数据。通过本例学习，你将学会数据排序、数据筛选、数据汇总等内容。

操作步骤

1. 打开原始统计表

打开教学素材下的“某服装厂一季度生产统计表”。

2. 数据排序

按车间升序，1 月降序。

①选中数据表中的任何位置，在“数据”选项卡的“排序和筛选”功能区中单击“排序”按钮，打开“排序”对话框，如图 4-4-1 所示。

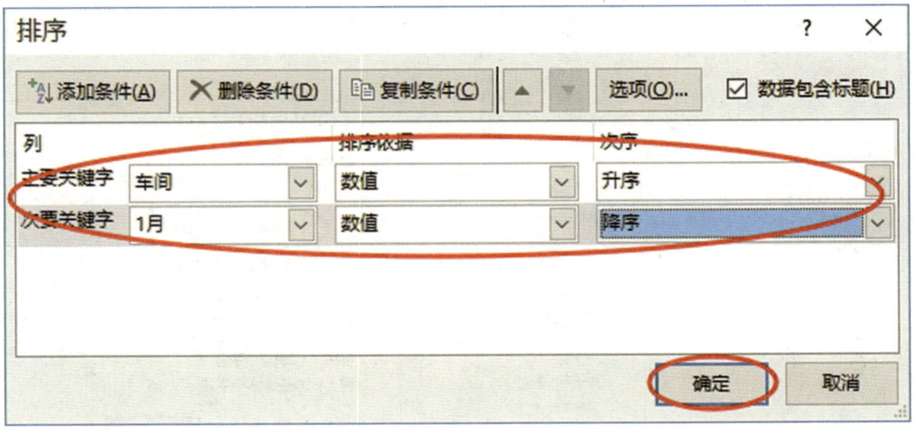

图 4-4-1

②在主要关键字中，选择“车间”，在次序中选择“升序”；添加条件，在次要关键字里选择“1 月”，在次序中选择“降序”，单击“确定”按钮。数据按车间进行了升序排列，然后同一车间，又按 1 月生产量进行了降序排列，如图 4-4-2 所示。

某服装厂一季度生产统计表				
车间	员工姓名	1月	2月	3月
牛仔裤车间	周尚礼	201	203	200
牛仔裤车间	谢雄东	171	188	194
牛仔裤车间	张建成	168	200	199
牛仔裤车间	顾里霞	165	189	191
西裤车间	殷增强	172	186	201
西裤车间	刘苗苗	164	183	195
西裤车间	柯志培	153	169	186
休闲裤车间	王天	192	156	183
休闲裤车间	徐晓燕	174	175	175
休闲裤车间	何娟	172	179	173
休闲裤车间	余诗怡	169	181	192
休闲裤车间	林天华	168	153	195

图 4-4-2

3. 数据筛选

筛选字段“1 月”生产量大于 170、小于 180 的记录。

①选中数据表中的任何位置，在“数据”选项卡的“排序和筛选”功能区中单击“筛选”按钮，进入筛选状态，如图 4-4-3 所示。

某服装厂一季度生产统计表				
车间	员工姓	1月	2月	3月
牛仔裤车间	周尚礼	201	203	200
牛仔裤车间	谢雄东	171	188	194
牛仔裤车间	张建成	168	200	199
牛仔裤车间	顾里霞	165	189	191
西裤车间	殷增强	172	186	201

图 4-4-3

②单击 1 月旁边的下拉按钮，在打开的选项中，选择“数字筛选”中的“介于”，如图 4-4-4 所示。

③在打开的“自定义自动筛选方式”对话框中，选择小于 180、大于 170，如图 4-4-5 所示。

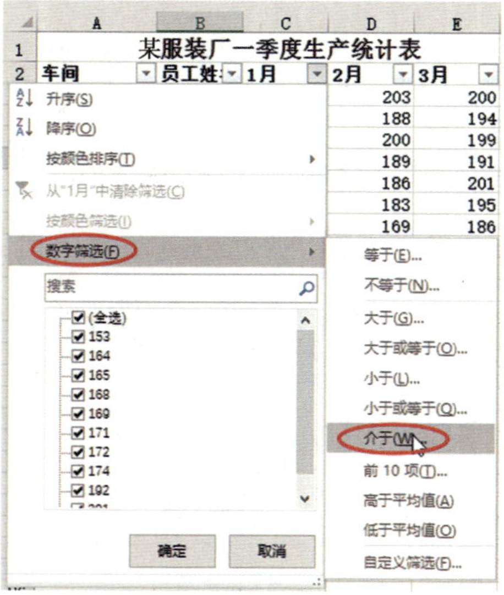

图 4-4-4

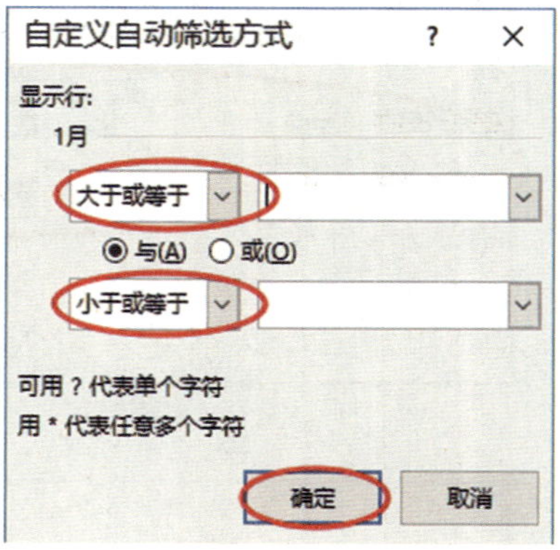

图 4-4-5

④单击“确定”按钮，完成 1 月生产量在 170～180 的筛选，如图 4-4-6 所示。

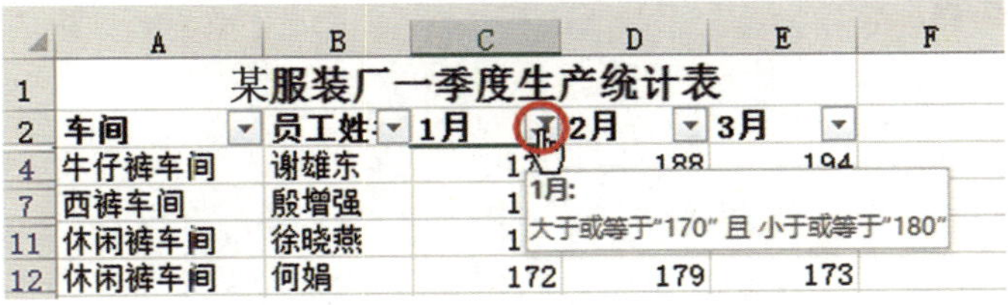

图 4-4-6

4. 汇总

①再次单击“筛选”按钮，取消筛选状态。

②选中数据表中的任何位置，在“数据”选项卡的“排序和筛选”功能区中，单击“分类汇总”按钮，打开“分类汇总”对话框，如图 4-4-7 所示。

③分类字段选择“车间”，汇总方式选择“平均值”，选定汇总项“1 月、2 月、3 月”，单击“确定”按钮，结果如图 4-4-8 所示。

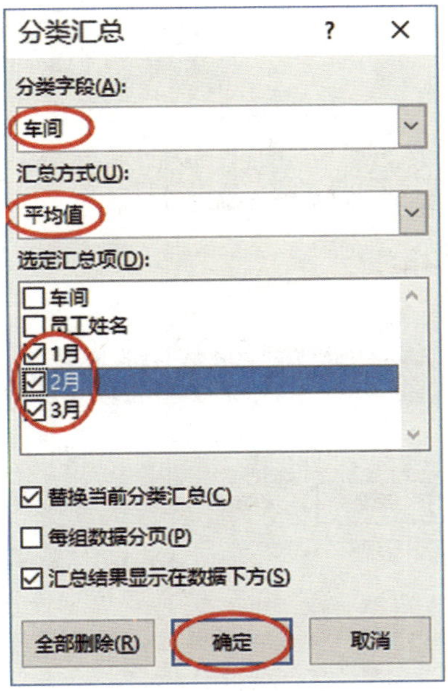

图 4-4-7

某服装厂一季度生产统计表				
车间	员工姓	1月	2月	3月
牛仔裤车间	周尚礼	201	203	200
牛仔裤车间	谢雄东	171	188	194
牛仔裤车间	张建成	168	200	199
牛仔裤车间	顾里霞	165	189	191
牛仔裤车间 平均值		176.25	195	196
西裤车间	殷增强	172	186	201
西裤车间	刘苗苗	164	183	195
西裤车间	柯志培	153	169	186
西裤车间 平均值		163	179.3333	194
休闲裤车间	王天	192	156	183
休闲裤车间	徐晓燕	174	175	175
休闲裤车间	何娟	172	179	173
休闲裤车间	余诗怡	169	181	192
休闲裤车间	林天华	168	153	195
休闲裤车间 平均值		175	168.8	183.6
总计平均值		172.4167	180.1667	190.3333

图 4-4-8

5. 保存

保存文件，完成操作。

要点精讲

一、排序

排序就是把数据按照一定的顺序进行排列，对于字母，升序是从 A 到 Z 的顺序；对于数字，升序是按数值从小到大的顺序。数据排序可以对单个关键字段排序，也可对多个关键字段排序，排序时一定要清楚不同类型数据大小的比较规则。

1. 按一个条件排序

单击要排列的数据列的任意单元格，在“数据”选项卡的“排列和筛选”功能区中，单击“升序”或者“降序”按钮，直接可以完成排序，如图 4-4-9 所示。

图 4-4-9

2. 按多个条件排序

单击要排列的数据列的任意单元格，在“数据”选项卡的“排列和筛选”功能区中，单击“排序”按钮，打开“排序”对话框。对排序条件、排序关键字、排序依据和次序进行选择，就可以完成多个条件的排序，如图 4-4-10 所示。

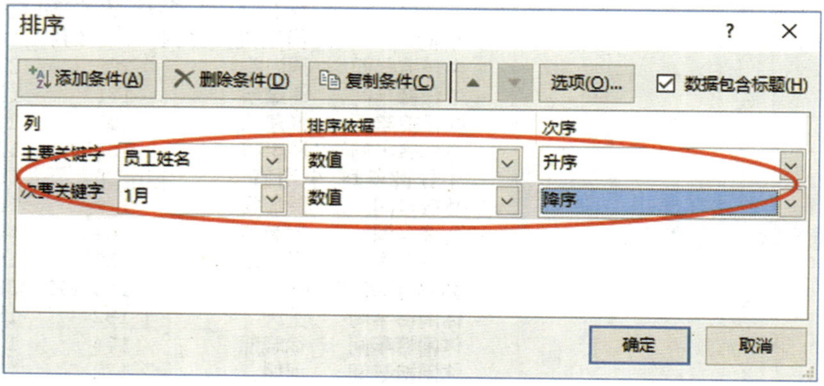

图 4-4-10

二、筛选

筛选的主要目的是得到用户需要的数据。数据筛选用来显示用户所关心的数据，但并没有清除那些没显示的数据，数据可进行多次筛选。

选中数据表中的任何位置，在“数据”选项卡的“排序和筛选”功能区中，单击“筛选”按钮，进入筛选状态，如图 4-4-11 所示。

某服装厂一季度生产统计表

车间	员工姓名	1月	2月	3月
牛仔裤车间	周向礼	201	203	200
牛仔裤车间	谢雄东	171	188	194
牛仔裤车间	张建成	168	200	199
牛仔裤车间	顾里霞	165	189	191

图 4-4-11

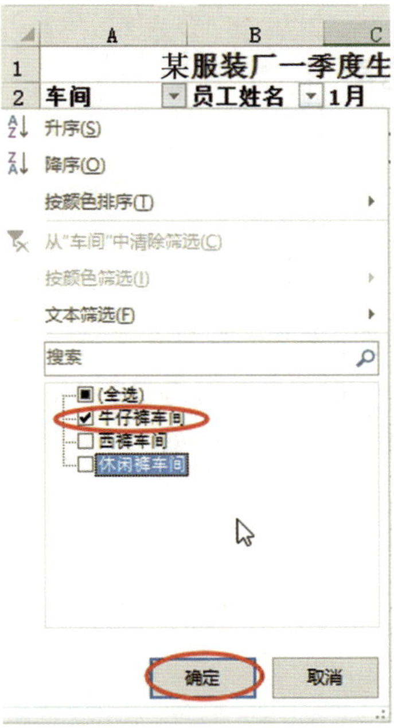

图 4-4-12

1. 自动筛选

①单击列标题右侧的“筛选”按钮，会打开筛选项，例如，我们只选择“牛仔裤车间”，如图 4-4-12 所示。

②单击“确定”按钮，可以看见“牛仔裤车间”的所有数据显示了出来，其他数据则隐藏了，如图 4-4-13 所示。

某服装厂一季度生产统计表

车间	员工姓名	1月	2月	3月
牛仔裤车间	周尚礼	201	203	200
牛仔裤车间	谢雄东	171	188	194
牛仔裤车间	张建成	168	200	199
牛仔裤车间	顾里霞	165	189	191

图 4-4-13

2. 自定义筛选

①单击列标题右侧的“筛选”按钮，会打开筛选项，我们需要选择“文本筛选”或者“数字筛选”的相关选项，例如，我们对“员工姓名”进行筛选，如图 4-4-14 所示。

②打开“自定义自动筛选方式”对话框，挑选出“林天华”和“何娟”两行数据，如图 4-4-15 所示。

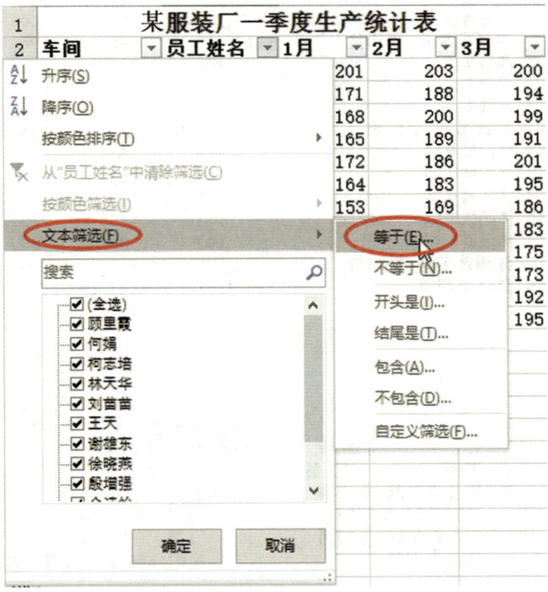

图 4-4-14

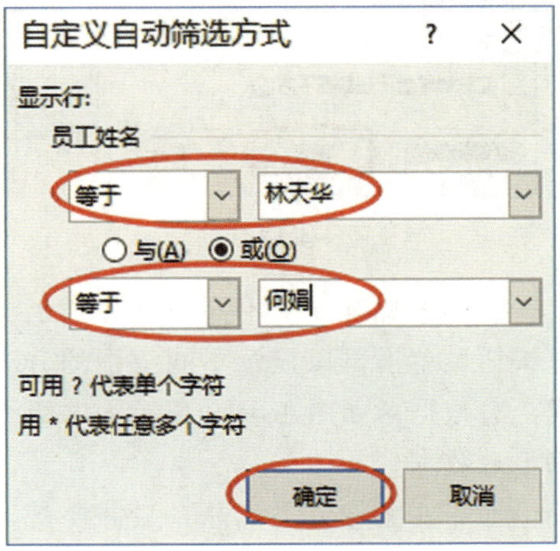

图 4-4-15

③单击“确定”按钮完成筛选，结果如图 4-4-16 所示。

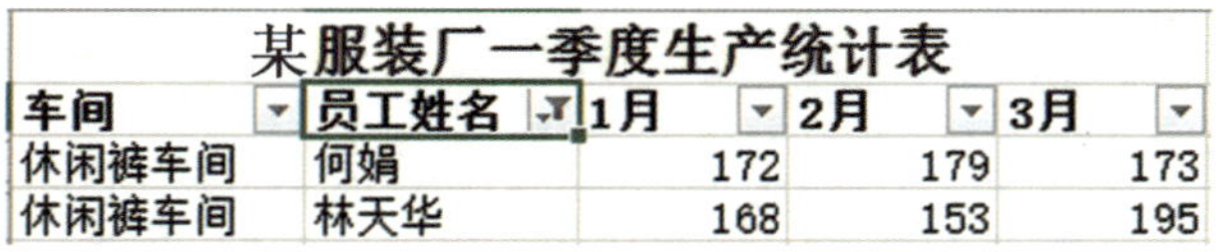

某服装厂一季度生产统计表				
车间	员工姓名	1月	2月	3月
休闲裤车间	何娟	172	179	173
休闲裤车间	林天华	168	153	195

图 4-4-16

三、汇总

汇总的主要目的是对数据进行进一步透视，让用户看得更加直观。分类汇总用来统计所需要的数据，分类汇总前请先按要求排序，否则汇总出的数据就不是所需要的。

①在“数据”选项卡下的“分级显示”功能区中，单击“分类汇总”按钮，打开“分类汇总”对话框，如图 4-4-17 所示。

②设置分类字段、汇总方式、选定汇总项，单击“确定”按钮，完成分类汇总，结果如图 4-4-18 所示。

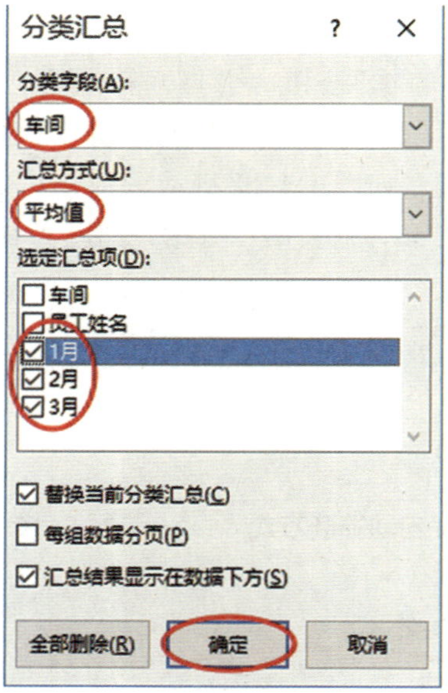

图 4-4-17

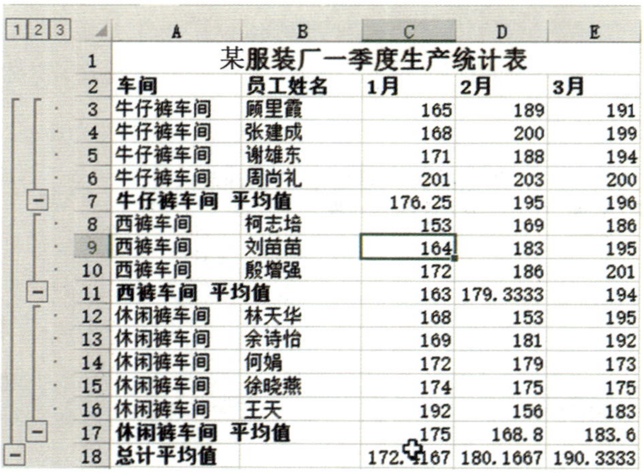

	A	B	C	D	E
1	某服装厂一季度生产统计表				
2	车间	员工姓名	1月	2月	3月
3	牛仔裤车间	顾里霞	165	189	191
4	牛仔裤车间	张建成	168	200	199
5	牛仔裤车间	谢雄东	171	188	194
6	牛仔裤车间	周尚礼	201	203	200
7	牛仔裤车间 平均值		176.25	195	196
8	西裤车间	柯志培	153	169	186
9	西裤车间	刘苗苗	164	183	195
10	西裤车间	殷增强	172	186	201
11	西裤车间 平均值		163	179.3333	194
12	休闲裤车间	林天华	168	153	195
13	休闲裤车间	余诗怡	169	181	192
14	休闲裤车间	何娟	172	179	173
15	休闲裤车间	徐晓燕	174	175	175
16	休闲裤车间	王天	192	156	183
17	休闲裤车间 平均值		175	168.8	183.6
18	总计平均值		172.4167	180.1667	190.3333

图 4-4-18

分类汇总有 3 个不同级别分类汇总按钮，单击可以显示不同级别的分类汇总数据，如图 4-4-19 所示为 2 级别汇总数据。

如需要删除分类汇总，只需要打开“分类汇总”对话框，单击“全部删除”按钮，就可以完成删除了。

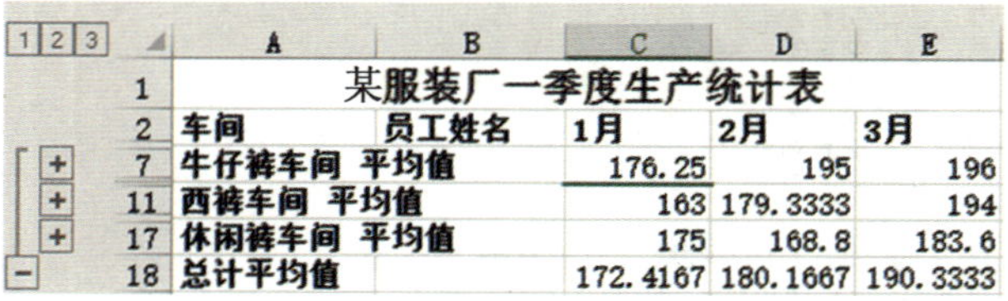

	A	B	C	D	E
1	某服装厂一季度生产统计表				
2	车间	员工姓名	1月	2月	3月
7	牛仔裤车间 平均值		176.25	195	196
11	西裤车间 平均值		163	179.3333	194
17	休闲裤车间 平均值		175	168.8	183.6
18	总计平均值		172.4167	180.1667	190.3333

图 4-4-19

四、页面设置与打印

1. 页面设置

通过页面设置，可以使输出的表格样式按照用户的需要打印出来。Excel 2016 的页面设置和 Word 2016 类似，在“页面布局”选项卡的“页面设置”功能区，可以完成页边距、纸张方向、纸张大小等的设置，如图 4-4-20 所示。

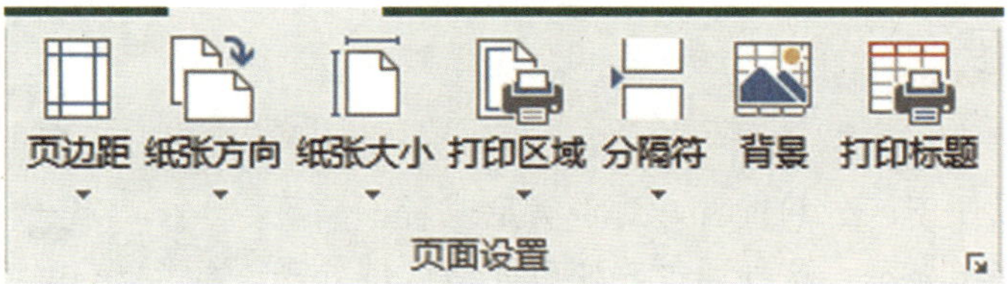

图 4-4-20

如果需要更加细致的设置，可以在“页面布局”选项卡的“页面设置”功能区右下角，单击“页面设置”按钮，打开“页面设置”对话框。

在“页面”选项卡中，可以设置方向、缩放、纸张大小等项目，如图 4-4-21 所示。

在“页边距”选项卡中，主要是对上、下、左、右页边距，页眉、页脚显示位置和居中方式进行设置，如图 4-4-22 所示。

图 4-4-21

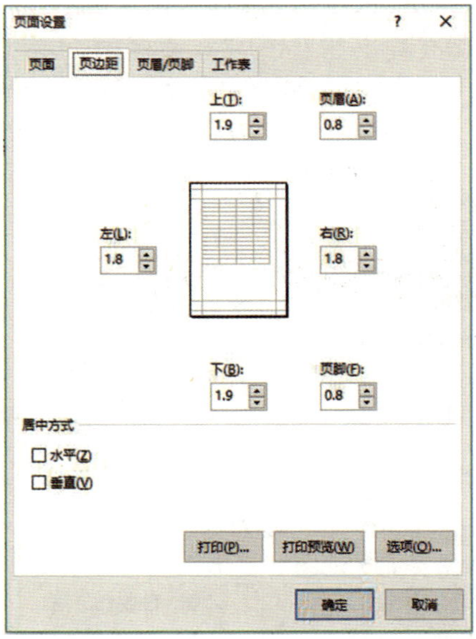

图 4-4-22

此外，还可以在“页眉/页脚”和“工作表”选项卡中进行相关设置。

2. 打印

选择“文件”菜单下的“打印”选项，有和 Word 2016 的打印选项类似的设置，如图 4-4-23 所示。

用户可以对打印份数和打印机进行选择，如果对右边的预览打印效果不满意，还可以进行进一步设置。设置完成，单击“打印”按钮，就可以完成文档的输出了。

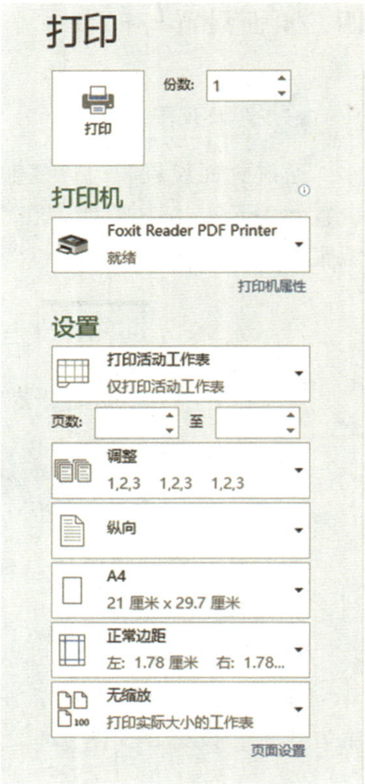

图 4-4-23

知识拓展

条件格式

条件格式可以便于区分和查看，对于满足或者不满足条件的数据进行突出显示，这种通过改变单元格区域外观的方式，可以让用户加深对数据表的阅读。

条件格式有很多种，我们这里介绍 3 种。

1. 突出显示单元格规则

①选中 1 月列的数据，在“开始”选项卡的“样式”功能区中，单击“条件格式”下拉按钮，选择“突出显示单元格规则”里的“大于”，如图 4-4-24 所示。

②在弹出的“大于”对话框中，输入大于“172”，单元格设置成“浅红填充色深红色文本”，如图 4-4-25 所示。

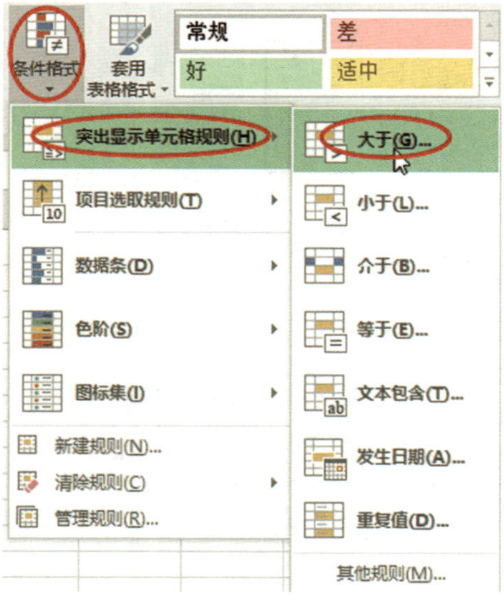

图 4-4-24

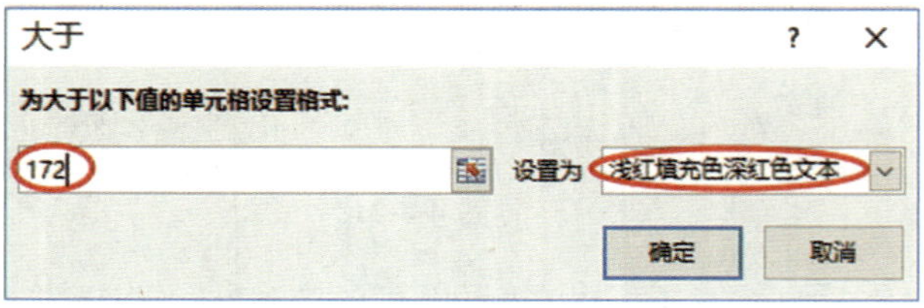

图 4-4-25

③单击“确定”按钮，完成设置，结果如图 4-4-26 所示。

某服装厂一季度生产统计表				
车间	员工姓名	1月	2月	3月
牛仔裤车间	顾里霞	165	189	191
牛仔裤车间	张建成	168	200	199
牛仔裤车间	谢雄东	171	188	194
牛仔裤车间	周尚礼	201	203	200
西裤车间	柯志培	153	169	186
西裤车间	刘苗苗	164	183	195
西裤车间	殷增强	172	186	201
休闲裤车间	林天华	168	153	195
休闲裤车间	余诗怡	169	181	192
休闲裤车间	何娟	172	179	173
休闲裤车间	徐晓燕	174	175	175
休闲裤车间	王天	192	156	183

图 4-4-26

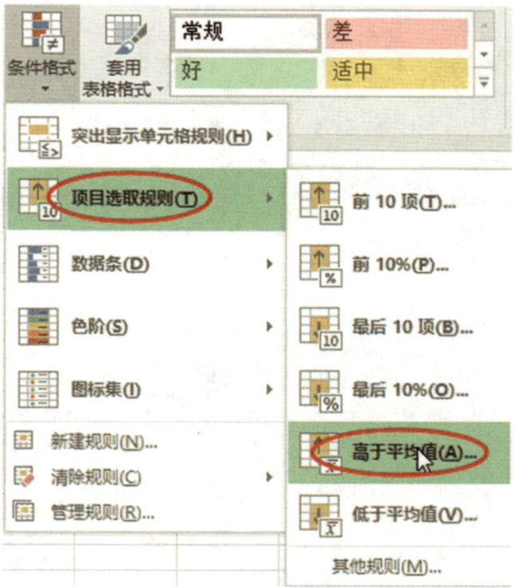

图 4-4-27

2. 项目选取规则

①选中 2 月列的数据，在“开始”选项卡的“样式”功能区中，单击“条件格式”下拉按钮，选择“项目选取规则”里的“高于平均值”，如图 4-4-27 所示。

②在打开的“高于平均值”对话框中，把单元格设置为“绿填充色深绿色文本”，如图 4-4-28 所示。

③单击“确定”按钮，完成设置，结果如图 4-4-29 所示。

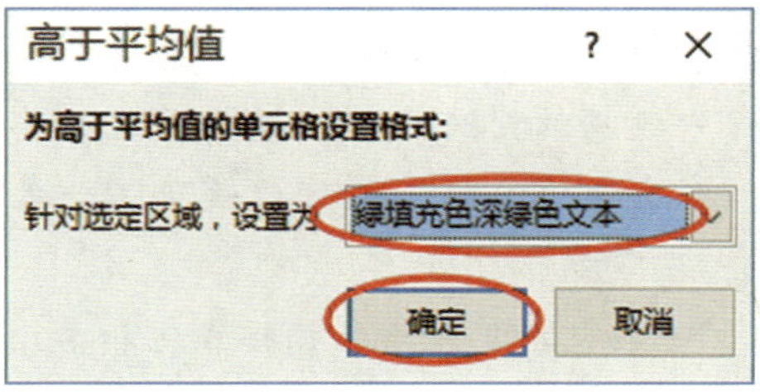

图 4-4-28

某服装厂一季度生产统计表				
车间	员工姓名	1月	2月	3月
牛仔裤车间	顾里霞	165	189	191
牛仔裤车间	张建成	168	200	199
牛仔裤车间	谢雄东	171	188	194
牛仔裤车间	周尚礼	201	203	200
西裤车间	柯志培	153	169	186
西裤车间	刘苗苗	164	183	195
西裤车间	殷增强	172	186	201
休闲裤车间	林天华	168	153	195
休闲裤车间	余诗怡	169	181	192
休闲裤车间	何娟	172	179	173
休闲裤车间	徐晓燕	174	175	175
休闲裤车间	王天	192	156	183

图 4-4-29

3. 图标集

选中 3 月列的数据，在“开始”选项卡的“样式”功能区中，单击“条件格式”下拉按钮，选择“图标集”里的“三向箭头(彩色)”，如图 4-4-30 所示。结果就显示了出来，3 个彩色箭头代表数据的高、中、低，如图 4-4-31 所示。

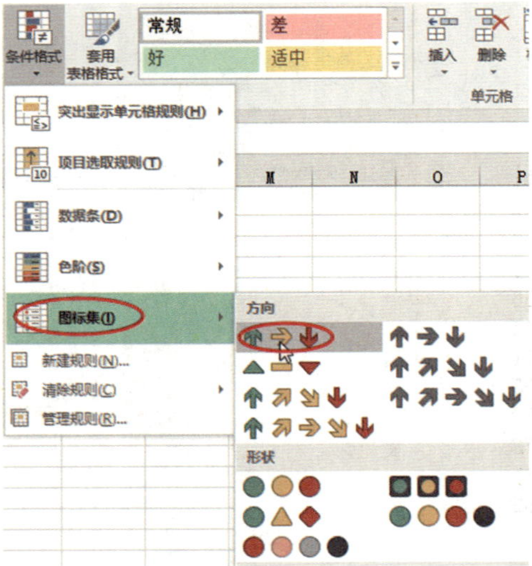

图 4-4-30

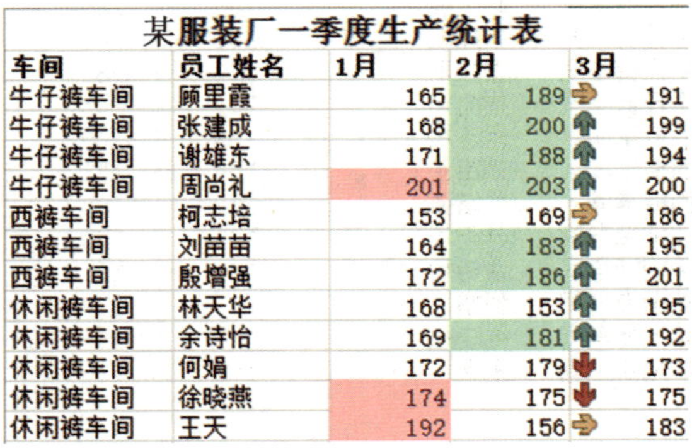

某服装厂一季度生产统计表				
车间	员工姓名	1月	2月	3月
牛仔裤车间	顾里霞	165	189	191
牛仔裤车间	张建成	168	200	199
牛仔裤车间	谢雄东	171	188	194
牛仔裤车间	周尚礼	201	203	200
西裤车间	柯志培	153	169	186
西裤车间	刘苗苗	164	183	195
西裤车间	殷增强	172	186	201
休闲裤车间	林天华	168	153	195
休闲裤车间	余诗怡	169	181	192
休闲裤车间	何娟	172	179	173
休闲裤车间	徐晓燕	174	175	175
休闲裤车间	王天	192	156	183

图 4-4-31

小　结

Excel 2016 是电子表格软件，使用时必须先启动它。Excel 2016 启动后会出现 Excel 2016 窗口，Excel 2016 窗口由应用程序窗口和工作簿窗口两个窗口组成。应用程序窗口包括标题栏、功能区、状态栏、名称框和编辑栏。工作簿窗口主要由行号、列号、单元格等组成。Excel 2016 常用的工作簿操作有新建工作簿、保存工作簿、打开工作簿、关闭工作簿等。Excel 2016 常用的工作表管理操作有插入工作表、删除工作表、重命名工作表、复制工作表、移动工作表、切换工作表等。退出 Excel 2016 前应先保存建立的工作簿，以避免造成不必要的损失。

工作表编辑是 Excel 2016 最基本的操作。工作表编辑离不开激活和选定单元格，用键盘和鼠标都可激活和选定单元格。Excel 2016 的数据类型有多种，在输入时系统会自动识别。向单元格中填充数据时，一定要注意填充过程中数据的变化规律。编辑单元格中内容常用的操作有插入、删除、修改、查找和替换。单元格的编辑不仅可以改变工作表中的单元格，也可以改变单元格中的数据。

Excel 2016 的工作表格式化可使工作表更加美观，一般包括单元格数据格式化和单元格格式化。单元格数据格式化包括设置字符格式、数字格式、对齐、方向和缩进。单元格格式化包括设置行高、列宽、边框以及合并居中等。

公式计算是 Excel 2016 的重要功能，应熟练掌握。使用公式应理解公式的一些基本概念、常用的内部函数、公式的组成规则等。输入与编辑公式的基本方法一定要掌握，特别注意的是，输入公式时应以英文等号“=”开始。通过填充、复制与移动，可以利用已有的公式建立新公式，一定要注意公式中单元格地址的变化规律。

Excel 2016 数据管理与分析是对建立的工作表的应用，包括数据排序、数据筛选、分类汇总、图表表现等操作。数据排序可以对单个关键字段排序，也可对多个关键字段排序，排序时一定要清楚不同类型数据大小的比较规则。数据筛选用来显示用户所关心的数据，但并没有清除那些没显示的数据，数据可进行多次筛选。分类汇总用来统计所需要的数据，分类汇总前请先按要求排序，否则汇总出的数据不是所需要的。图表是 Excel 2016 中的一个很重要的概念，以图表的形式来表现数据。图表可以按默认方式建立，也可用自选方式建立，建立后的图表还可进行总体设置或局部设置。

要打印工作表应先设置页面，打印工作表前可先打印预览，完全满足要求后再打印。

安全与保护可以保护数据误操作，数据有效性能限制数据的输入范围，单元格地址引用分相对引用、绝对引用和混合引用，条件格式可根据条件设置快速定义格式。

思考

1. 工作簿、工作表和单元格之间是什么关系？
2. 工作表管理有哪些操作？
3. 单元格中的数字格式有哪几种？如何使用？
4. 单元格中数据的对齐方式有哪几种？如何设置？
5. 怎样插入图表？一般步骤是什么？

项目 5

演示文稿

当人们进行演讲等活动时，如果把演讲的主题、要点和所引用的数据、图表甚至动画、音频、视频片段组合成一套集多种媒体于一体的演示文稿，既便于讲解，更有利于观众理解，就起到引人入胜、增强活动效果的目的。PowerPoint 2016 具有简单易用、功能完善的优点。使用 PowerPoint 可以方便地制作出图、文、声、画并茂的演示文稿，播放起来也十分方便，配合投影仪效果更好。由于 Office 2016 各种设置类似，所以在本模块有些设置请参考 Word 2016 和 Excel 2016。

主要学习目标

- 掌握 PowerPoint 2016 的基本操作。
- 掌握 PowerPoint 2016 幻灯片的制作方法。
- 掌握 PowerPoint 2016 幻灯片的内容添加。
- 掌握 PowerPoint 2016 幻灯片的动画设置。
- 掌握 PowerPoint 2016 幻灯片的放映设置。

任务 1 PowerPoint 2016 的基本操作

内容导读

PowerPoint 2016 的基本操作是学习 PowerPoint 的基础。本任务主要学习 PowerPoint 2016 的启动和退出、窗口组成、视图方式和幻灯片管理等知识。在知识拓展板块，还将学到应用主题的使用。

实例详解：新建“我的朋友”幻灯片

任务说明

每个人都有很多朋友，创建一个关于我的朋友的幻灯片再容易不过了。通过本例学习，你将学会 PowerPoint 的启动和退出、PowerPoint 的创建和保存、视图浏览方式等内容。

操作步骤

1. 打开 PowerPoint 软件

执行“开始”→“所有程序”→“Microsoft Office”命令，选中“PowerPoint 2016”，如图 5-1-1 所示。

2. 插入幻灯片

选中幻灯片 1，在右键快捷菜单中执行“新建幻灯片”命令，连续插入 4 张幻灯片，如图 5-1-2 所示。

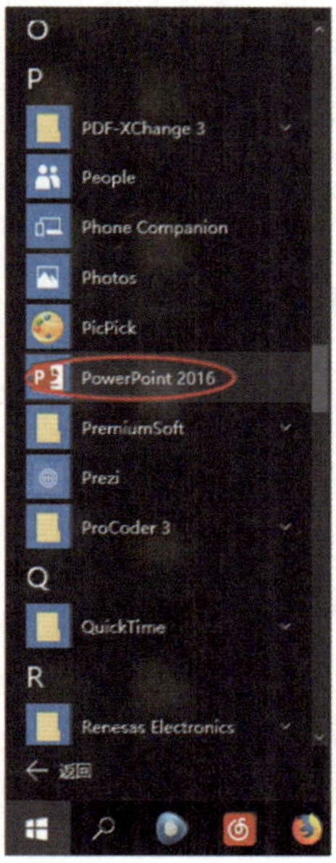

图 5-1-1

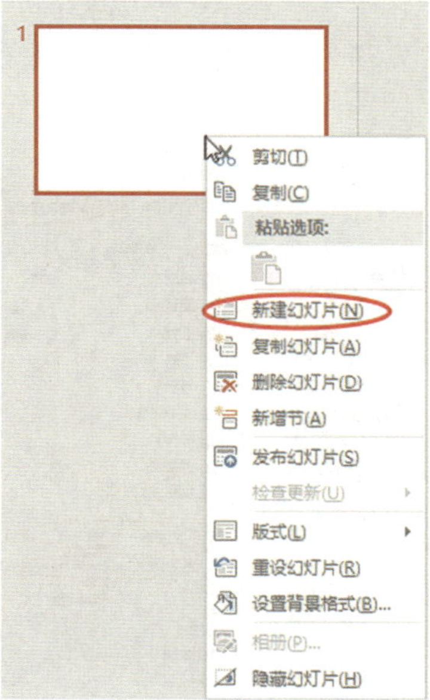

图 5-1-2

3. 输入标题

在第 1 张幻灯片的标题中输入“我的朋友”，第 2～5 张依次输入“周柳秋”“黄春生”“谢玲刚”“张如燕”。

4. 用幻灯片浏览视图查看

执行“视图”→“演示文稿视图”→“幻灯片浏览”命令，如图 5-1-3 所示。

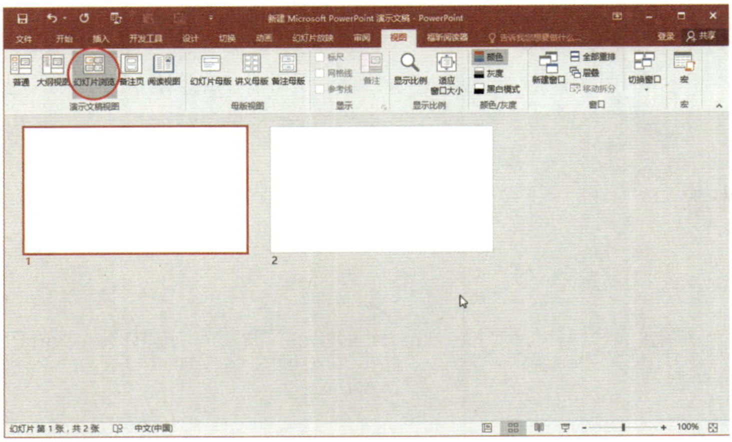

图 5-1-3

5. 保存 PowerPoint 文档

①执行“文件”→“另存为”命令，如图 5-1-4 所示。

②在打开的“另存为”对话框中，选择保存位置，输入文件名，单击“保存”按钮，如图 5-1-5 所示。

图 5-1-4

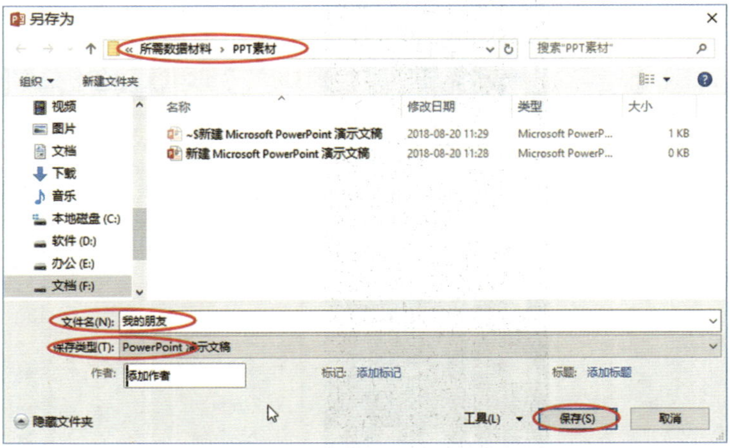

图 5-1-5

6. 退出 PowerPoint 软件

单击 PowerPoint 软件右上角红色的“关闭”按钮，退出软件，如图 5-1-6 所示。

图 5-1-6

要点精讲

一、PowerPoint 2016 的启动与退出

PowerPoint 2016 的启动和退出都有多种方法，用户可以根据习惯选择自己喜欢的一种，以下是 PowerPoint 2016 常用的启动和退出的方法。

1. PowerPoint 2016 的启动

PowerPoint 2016 常用的启动方法有三种。

方法一：执行“开始”→“程序”→“Microsoft Office”命令，选择“PowerPoint 2016”，如图 5-1-7 所示。

方法二：如果建立了 PowerPoint 2016 的快捷方式，双击该快捷方式。

方法三：打开一个 PowerPoint 文档文件。

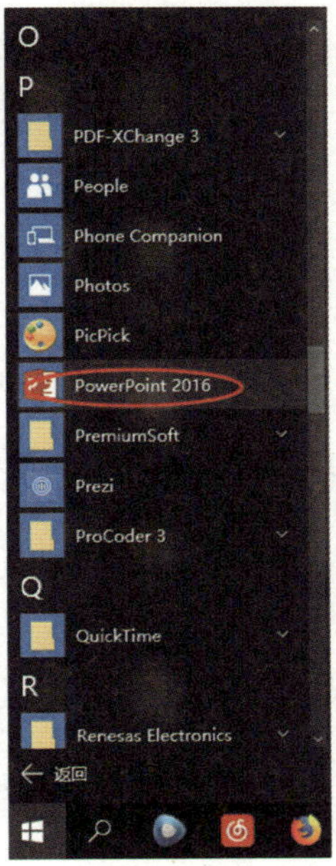

图 5-1-7

2. PowerPoint 2016 的退出

PowerPoint 2016 常用的退出方法有两种。

方法一：单击窗口右上角的“关闭”按钮，如图 5-1-8 所示。

方法二：选择“文件”菜单下的“关闭”或者“退出”命令，如图 5-1-9 所示。

退出时系统会打开如图 5-1-10 所示的对话框，用户可以选择是否保存更改。

图 5-1-8

图 5-1-9

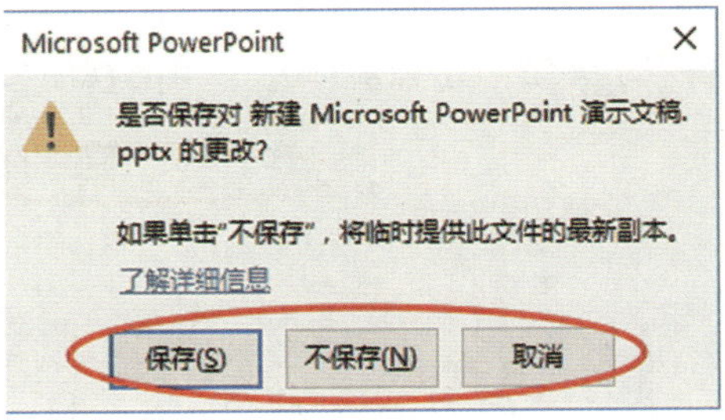

图 5-1-10

二、PowerPoint 2016 的窗口组成

PowerPoint 2016 启动后，将出现如图 5-1-11 所示的窗口。PowerPoint 2016 的窗口主要包括标题栏、菜单选项卡、快速访问工具栏、功能区、视图区、状态栏、工作区和备注网格，基本组成与 Word 2016、Excel 2016 的窗口相似。

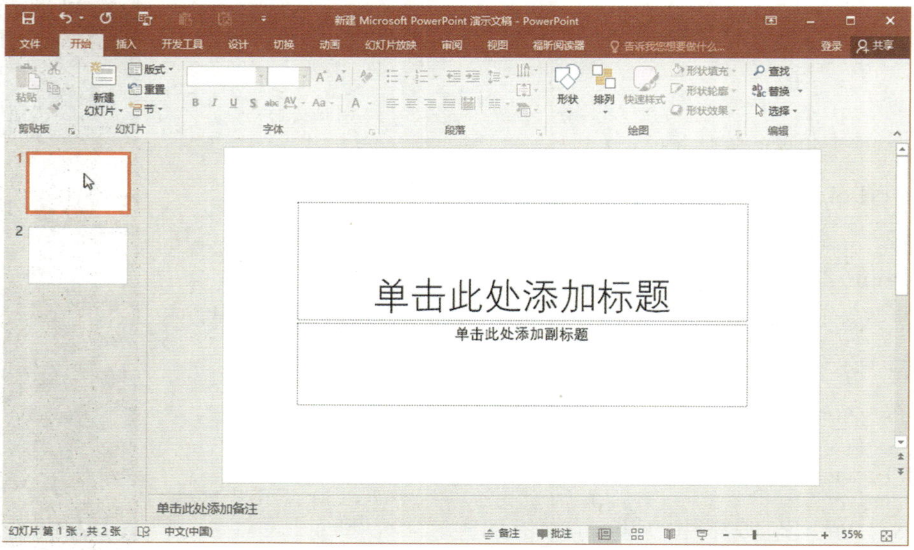

图 5-1-11

三、视图方式

PowerPoint 2016 的视图方式有以下几种，可以通过两种方式设置。

方法一：通过“视图”功能区选择，如图 5-1-12 所示。

图 5-1-12

方法二：通过窗体左下角的视图按钮设置，如图 5-1-13 所示。

图 5-1-13

1. 普通视图

普通视图是 PowerPoint 2016 的默认视图，启动 PowerPoint 2016 后，将直接进入普通视

图，普通视图实际上又分为两种形式，分别是“幻灯片”形式和“大纲”形式，如图 5-1-14、图 5-1-15 所示。

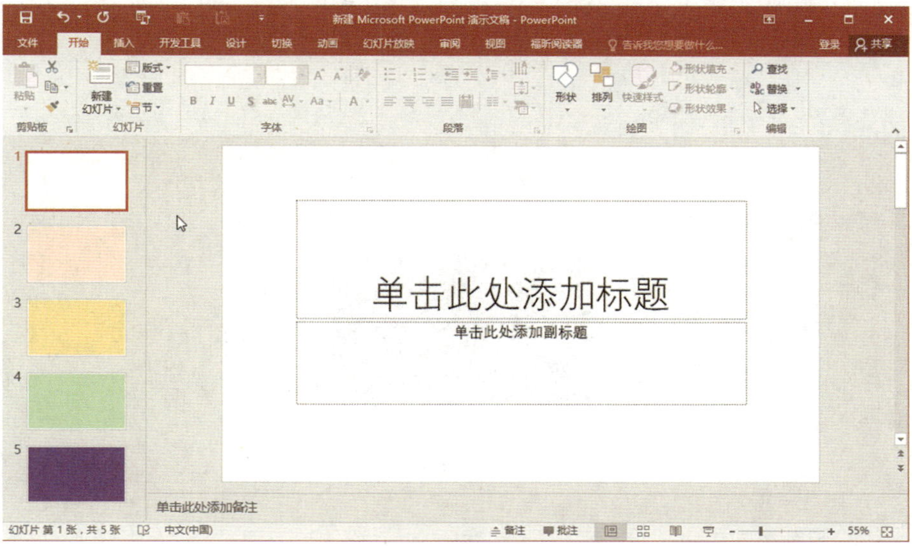

图 5-1-14

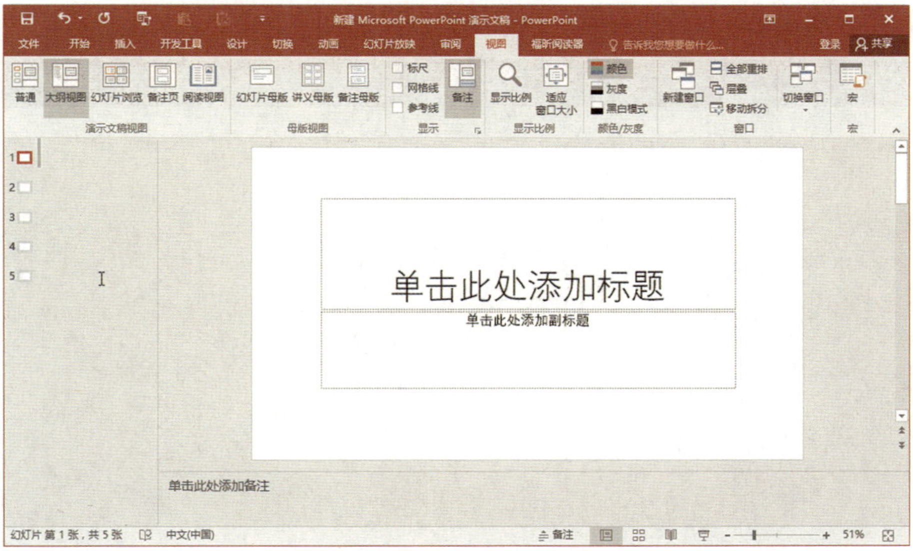

图 5-1-15

2. 幻灯片浏览视图

在幻灯片浏览视图中，列出了演示文稿所有幻灯片的缩略图，按幻灯片序号由小到大排列。在幻灯片浏览视图中，可以完成幻灯片的增加、删除、移动，也可以设置背景和切换效果，但不能编辑里面的具体内容，如图 5-1-16 所示。

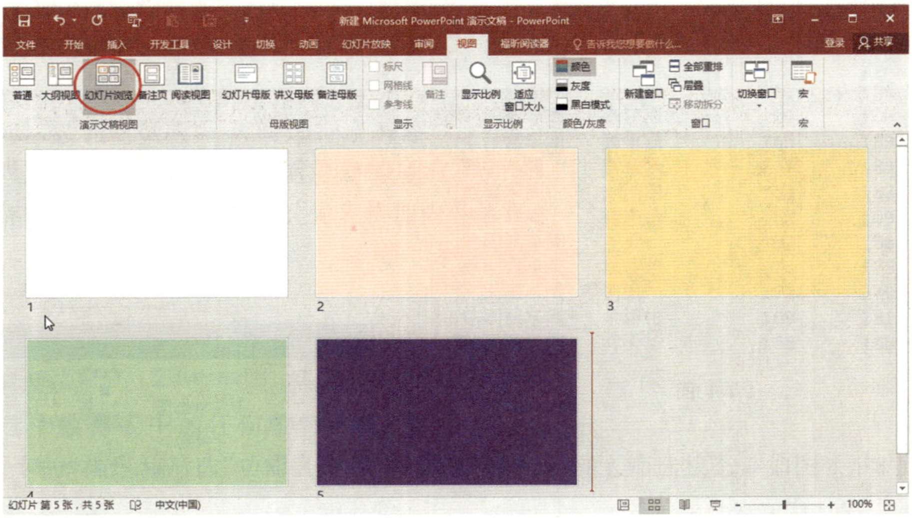

图 5-1-16

3. 备注页视图

备注页视图模式下，用户可以添加或更改备注信息，以便在演示过程中使用，也可以打印一份备注页作为参考，如图 5-1-17 所示。

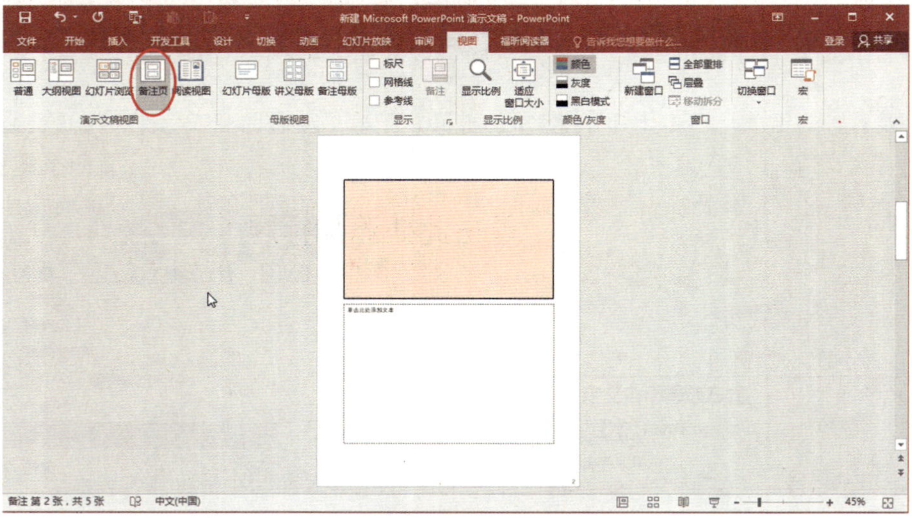

图 5-1-17

4. 阅读视图

幻灯片的阅读视图，像真实的幻灯片播放一样，一幅一幅地动态播放。非全屏播放形式，随时可以切换到其他视图，以便更改，如图 5-1-18 所示。

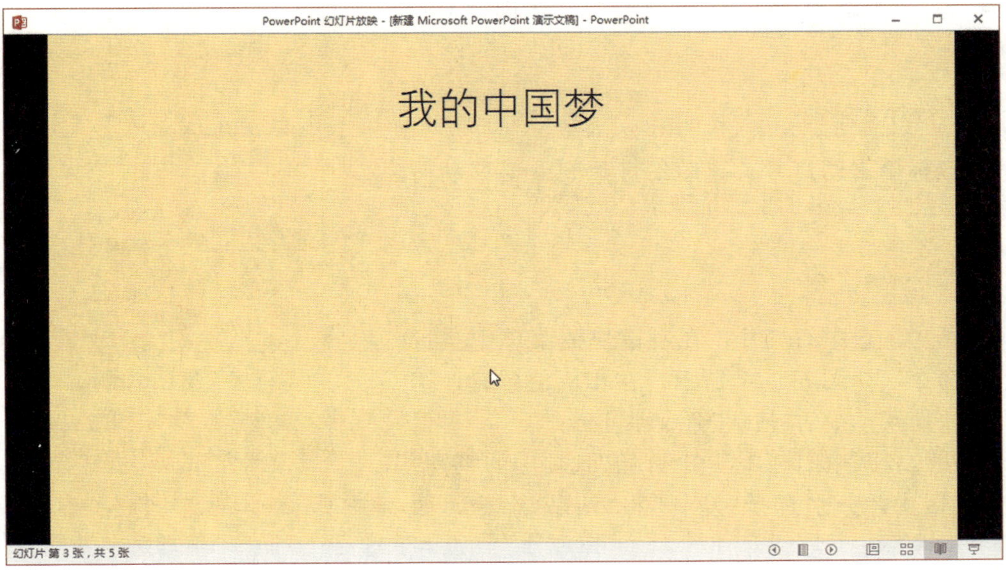

图 5-1-18

四、幻灯片管理

幻灯片的管理一般包括选取、插入、移动、复制和删除等操作。

1. 幻灯片选取

幻灯片的选取方法有三种。

方法一：单击选取。

方法二：用鼠标配合 Ctrl 键选取不相邻的幻灯片。

方法三：用鼠标配合 Shift 键选取连续的幻灯片。

2. 幻灯片插入

方法一：通过功能区中“新建幻灯片”按钮插入。

在“开始”选项卡的“幻灯片”功能区中，单击“新建幻灯片”下拉按钮，选择一种主题样式，单击“插入”按钮即可，如图 5-1-19 所示。

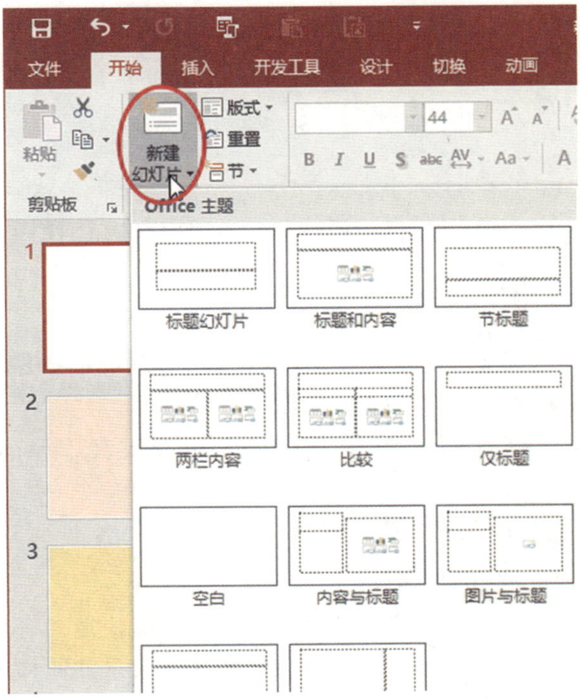

图 5-1-19

方法二：右键快捷菜单插入。

在幻灯片视图中，选择一张幻灯片，在右键快捷菜单中执行“新建幻灯片”命令，可以完成新幻灯片的插入，如图 5-1-20 所示。

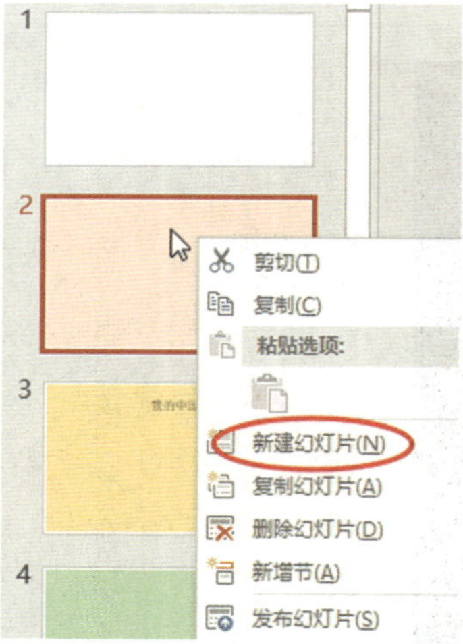

图 5-1-20

3. 幻灯片移动

用鼠标单击幻灯片，拖动幻灯片到需要移动的位置。

4. 幻灯片复制

方法一：选中幻灯片，在右键快捷菜单中执行“复制”命令，如图 5-1-21 所示。在相应的位置，执行右键快捷菜单中的“粘贴”命令即可。

方法二：选中幻灯片，在“开始”选项卡的“剪贴板”功能区中，分别选择“复制”和“粘贴”命令，如图 5-1-22 所示。

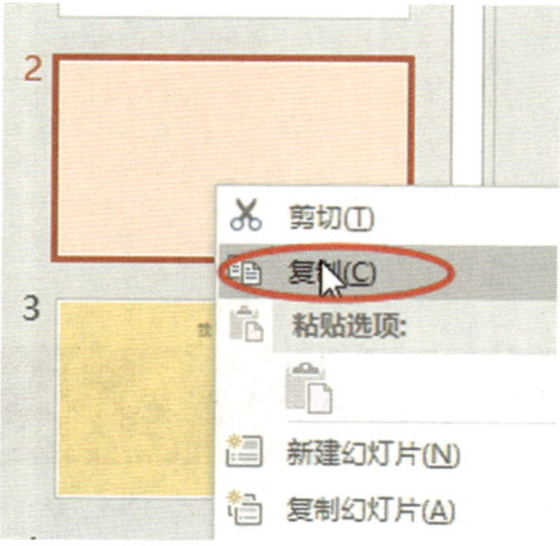

图 5-1-21

图 5-1-22

方法三：选中幻灯片，使用组合键 Ctrl＋C 复制，Ctrl＋V 粘贴。

5. 幻灯片删除

方法一：选中幻灯片，在右键快捷菜单中执行“删除幻灯片”命令，如图 5-1-23 所示。

方法二：选中幻灯片，按 Delete 键或 Backspace 键。

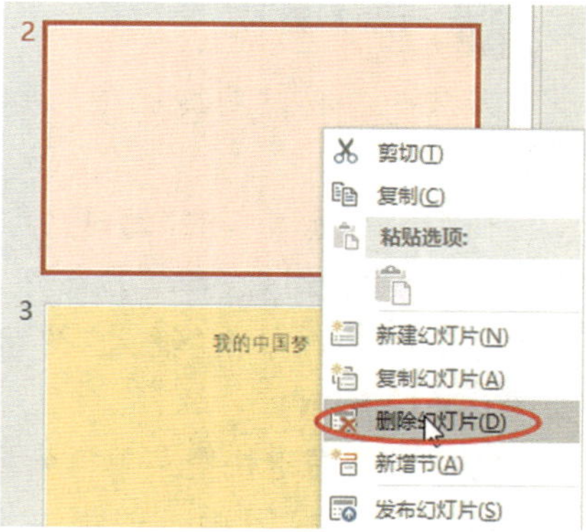

图 5-1-23

知识拓展

应用主题

通过应用主题，可以使演示文稿快速拥有出色的外观。主题颜色、主题字体和主题效果共同构成一个主题，如图 5-1-24 所示。

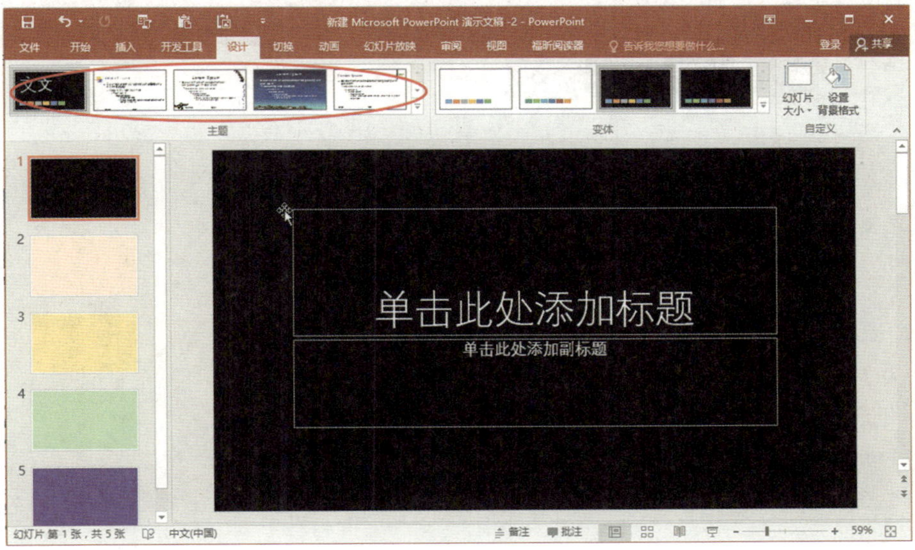

图 5-1-24

1. 选择主题

在“设计”选项卡的“主题”功能区中，有很多主题样式，用户可以选择自己喜欢的主题，如图 5-1-25 所示。

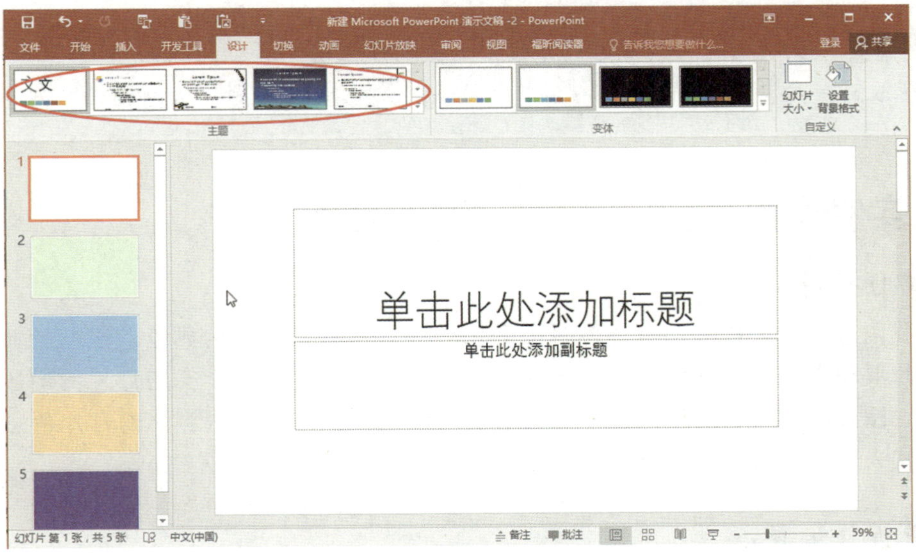

图 5-1-25

2. 更改主题

如果喜欢选中主题的内容，但是对颜色、文字以及效果不满意，可以单击主题旁边的“颜色”“字体”“效果”相关按钮进行调整，如图 5-1-26 所示。

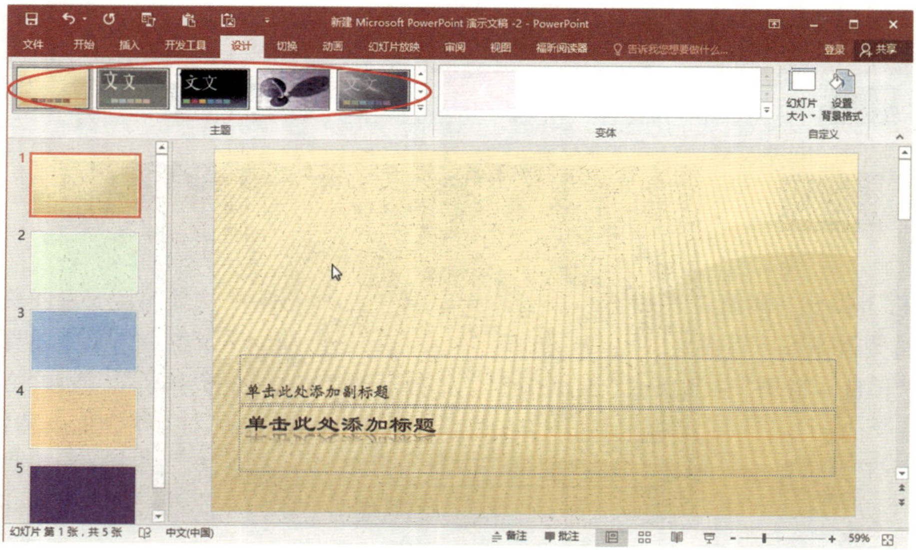

图 5-1-26

任务 2 编辑排版

内容导读

编辑排版是对幻灯片内容进行添加和设置。本任务主要学习幻灯片内容添加、幻灯片超级链接和背景设置等知识。在知识拓展板块，还将学到母版与版式的使用。

实例详解：制作“中华五岳”幻灯片

任务说明

在我国广袤的大地上，有很多名山名水，“五岳”就是其中的典范，把“五岳”的秀美用幻灯片展现出来，是一个不错的想法。通过本例学习，你将学会幻灯片的增删、文字的添加、图片的插入、幻灯片背景的设置、超级链接的应用等内容。幻灯片色彩应该用色彩模式来设置，因考虑知识结构，所以本例设置颜色时将简化操作。

操作步骤

1. 插入幻灯片

打开教学素材下的 PowerPoint 文档“中华五岳”，选中幻灯片 1，插入 4 张幻灯片。

2. 制作如图 5-2-1 所示的标题幻灯片

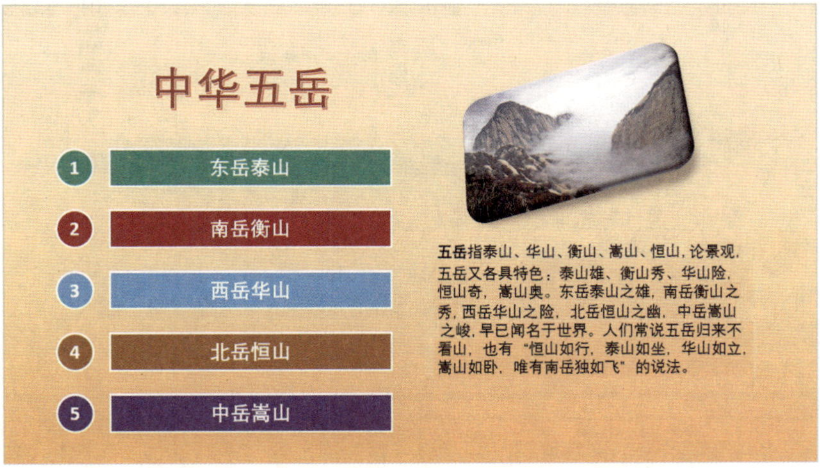

图 5-2-1

(1)添加背景

①选中第一张幻灯片，在右键快捷菜单中执行“设置背景格式”命令，如图 5-2-2 所示。

②在打开的“设置背景格式”对话框中，选择“填充”选项卡，按如图 5-2-3 所示设置填充效果。

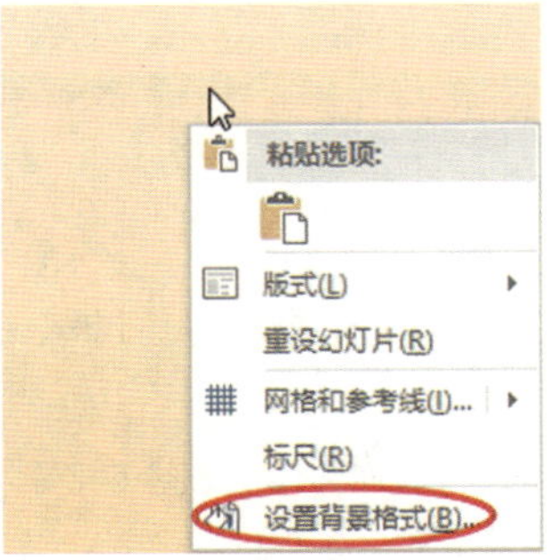

图 5-2-2

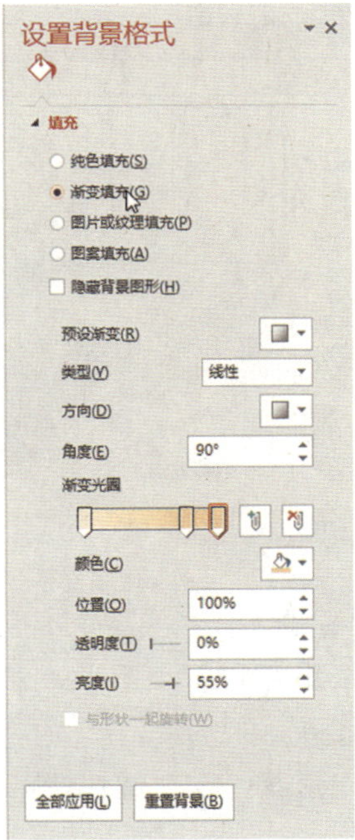

图 5-2-3

③设置完毕后，单击“关闭”按钮，完成背景设置，结果如图 5-2-4 所示。

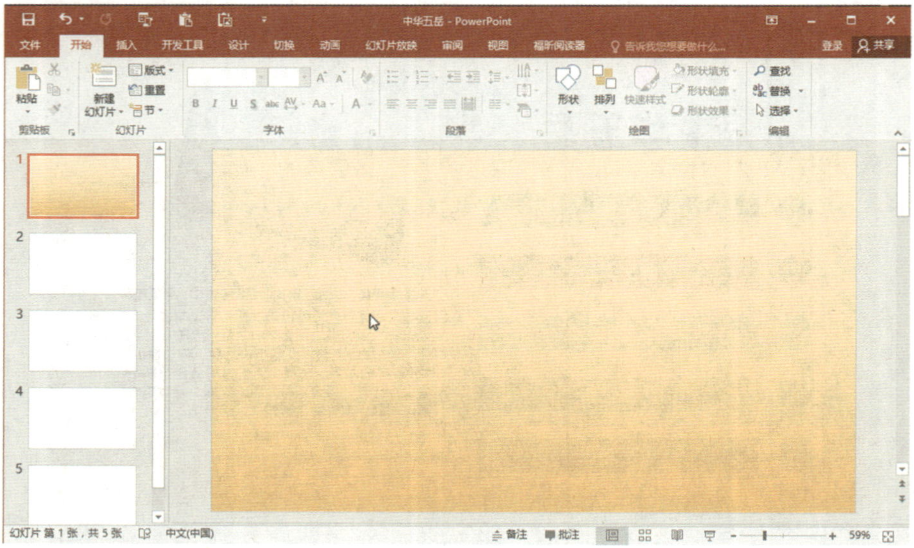

图 5-2-4

(2)输入标题

执行“插入”→“文本”→“艺术字”命令，插入艺术字，更改艺术字样式、填充、轮廓、效果等，结果如图 5-2-5 所示。

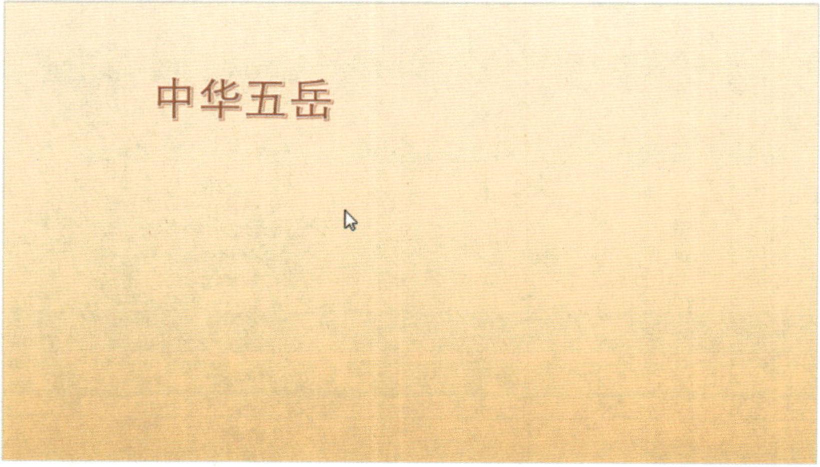

图 5-2-5

(3)制作分标题

①插入一个正圆和一个矩形，对它们的颜色填充、填充渐变、边框、阴影效果进行设置，结果如图 5-2-6 所示。

②分别选中形状，在右键快捷菜单中执行“编辑文字”命令，如图 5-2-7 所示。

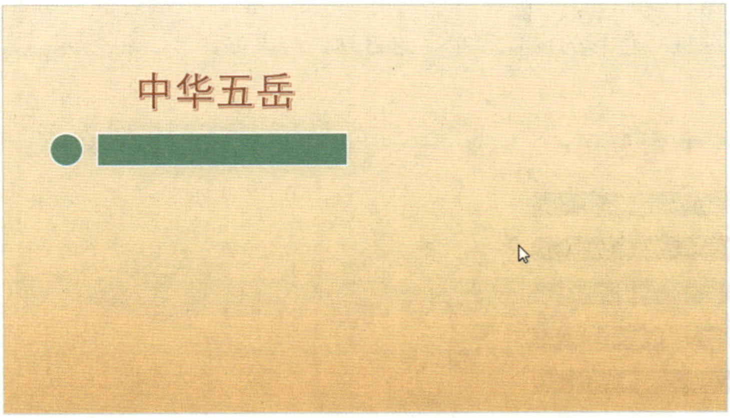

图 5-2-6

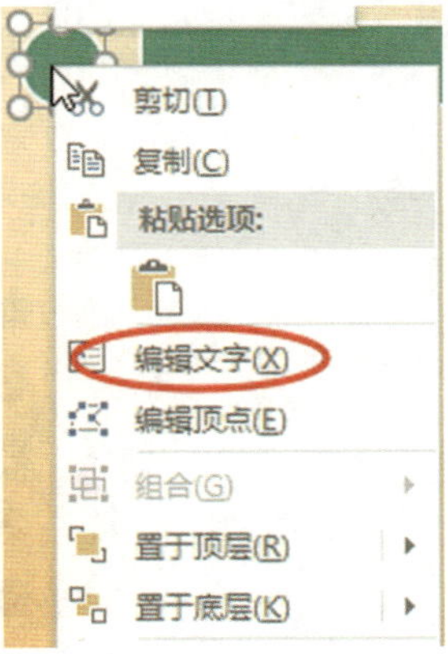

图 5-2-7

③在圆和矩形里面输入文字，选中圆和矩形，执行“格式”→“排列”→“对齐”命令，使它们上下居中对齐，如图 5-2-8 所示。

图 5-2-8

④选中圆和矩形，执行“格式”→“排列”→“组合”命令，把圆和矩形组合起来，并复制 4 个，如图 5-2-9 所示。

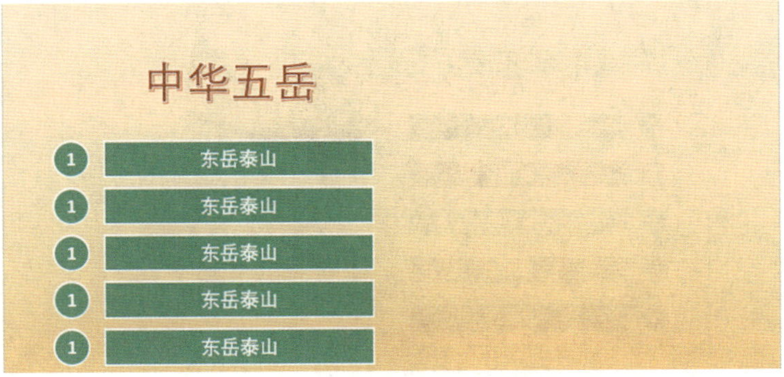

图 5-2-9

⑤选中所有组合对象，执行“格式”→“排列”→“对齐”命令，把 5 个组合纵向分布开来。然后取消组合，对分标题进行色彩的设置和文字的更改，结果如图 5-2-10 所示。

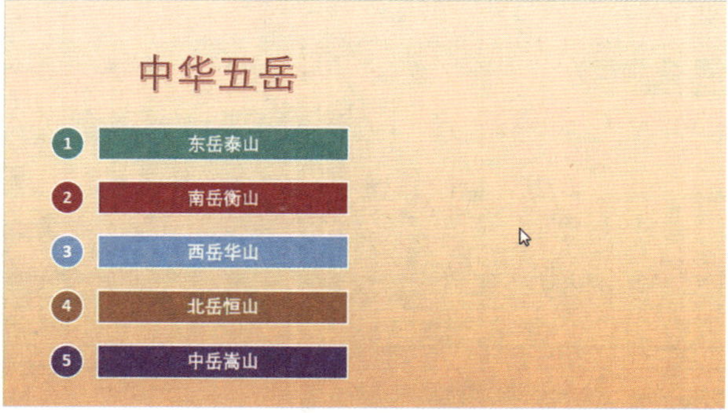

图 5-2-10

(4)插入图片

执行“插入”→“图像”→“图片”命令，插入图片，并设置图片的样式，结果如图 5-2-11 所示。

图 5-2-11

(5)插入五岳简介文字

执行“插入”→“文本”→“文本框”命令，插入文本框，输入文字，并设置文本框和文本的显示样式，结果如图 5-2-12 所示。

图 5-2-12

(6)插入超链接

选中第一个圆对象，执行“格式”→“链接”→“超链接”命令，打开“插入超链接”对话框，让它链接到本文档中的“幻灯片 2”，如图 5-2-13 所示。

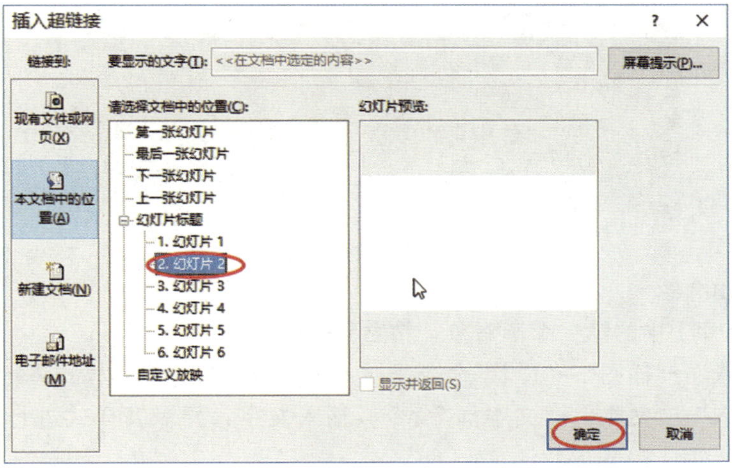

图 5-2-13

其他圆对象分别链接到幻灯片 3、幻灯片 4、幻灯片 5、幻灯片 6。

3. 制作“东岳泰山”幻灯片

“东岳泰山”幻灯片如图 5-2-14 所示。

图 5-2-14

(1)设置背景，添加艺术字

①背景设置。执行“设计”→“背景”→“背景样式”命令，适当调整，完成背景设置。

②标题设置。执行“插入”→“文本”→“艺术字”命令，适当调整，完成标题设置。结果如图 5-2-15 所示。

图 5-2-15

(2)制作泰山介绍

①复制幻灯片 1 中的第一个圆对象，粘贴到幻灯片 2 中。

②执行“插入”→“插图”→“形状”命令，插入圆角矩形，并对其样式进行设置。

③执行“插入”→“文本”→“文本框”命令，输入文字，并对其样式进行设置，结果如图 5-2-16 所示。

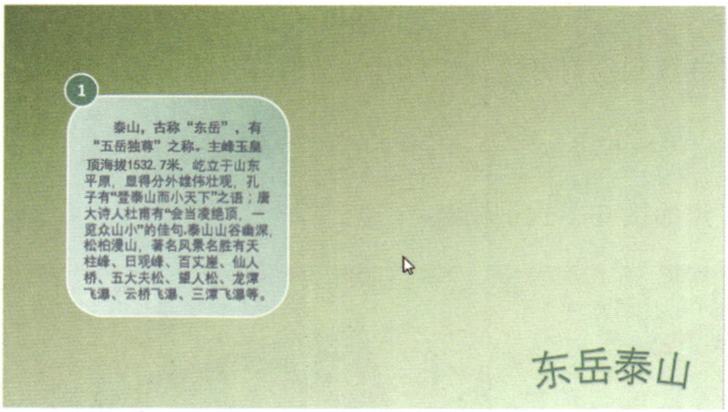

图 5-2-16

(3)插入图片

执行“插入”→“图像”→“图片”命令，插入图片，并对图片样式进行设置，结果如图 5-2-17 所示。

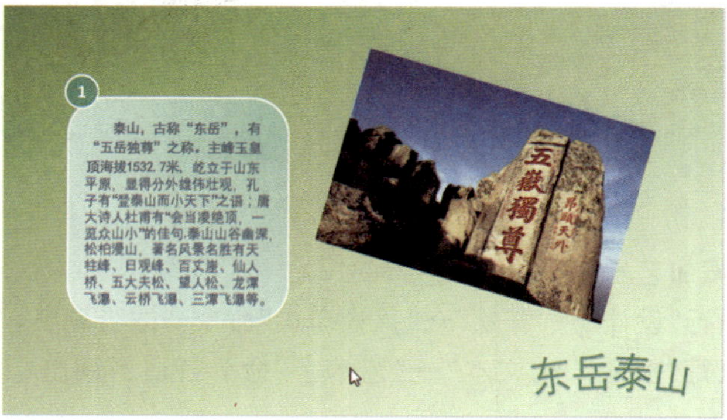

图 5-2-17

(4)设置超链接返回

①选中“东岳泰山”幻灯片的圆对象，执行“插入”→“超链接”→“动作”命令，如图 5-2-18 所示。

图 5-2-18

②在打开的“操作设置”对话框中，设置“单击鼠标时的动作”，链接到第一张幻灯片，如图 5-2-19 所示。

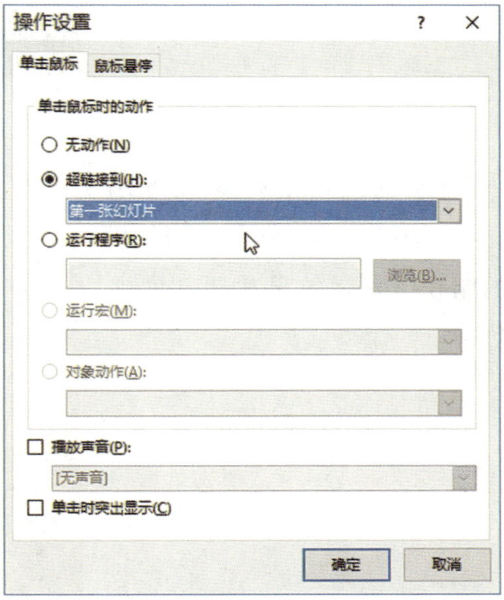

图 5-2-19

4. 制作“南岳衡山”幻灯片

制作方法参照“东岳泰山”的制作方法，效果如图 5-2-20 所示。

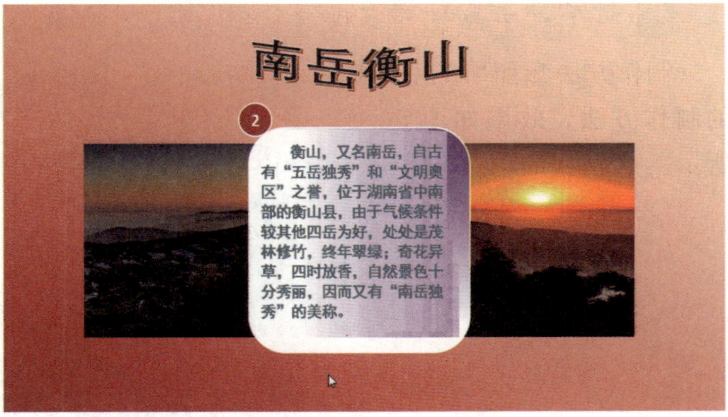

图 5-2-20

5. 制作“西岳华山”幻灯片

制作方法参照“东岳泰山”的制作方法，效果如图 5-2-21 所示。

图 5-2-21

6. 制作“北岳恒山”幻灯片

制作方法参照“东岳泰山”的制作方法，效果如图 5-2-22 所示。

图 5-2-22

7. 制作“中岳嵩山”幻灯片

制作方法参照“东岳泰山”的制作方法，效果如图 5-2-23 所示。

图 5-2-23

8. 保存

制作完成后进行保存。

要点精讲

一、内容添加

1. 文本添加

幻灯片的文字都是在文本框里输入的。一般的幻灯片都有文本框，如果没有，在“插入”选项卡的“文本”功能区中，单击“文本框”下拉按钮，插入需要的文本框，在文本框里输入文本即可，如图 5-2-24 所示。

图 5-2-24

选中要设置的文本，在“开始”选项卡的“字体”功能区中，可对字体进行设置，也可以打开“字体”对话框进行详细设置，如图 5-2-25 所示。

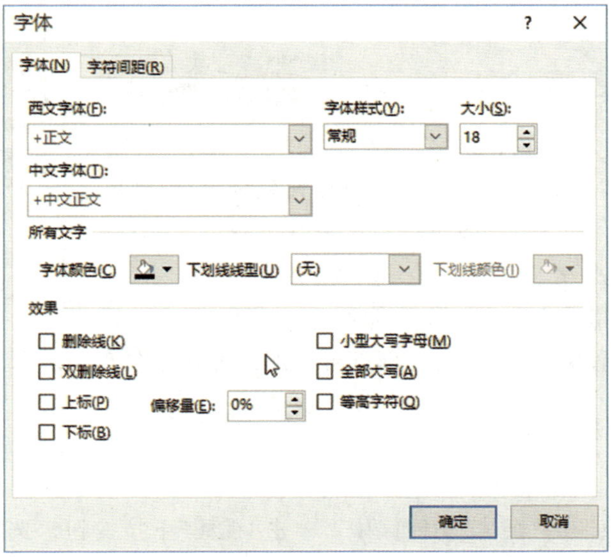

图 5-2-25

2. 图片添加

（1）插入图片

①在“插入”选项卡的“图像”功能区中，单击“图片”按钮，如图 5-2-26 所示。

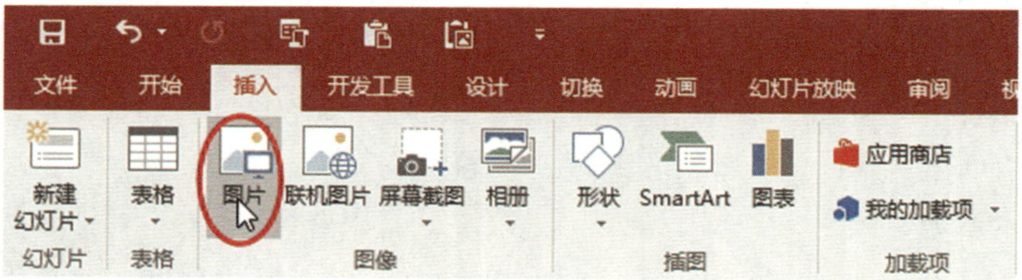

图 5-2-26

②在打开的“插入图片”对话框中，可选择图片的来源，一般使用“此设备”的图片，如图 5-2-27 所示。

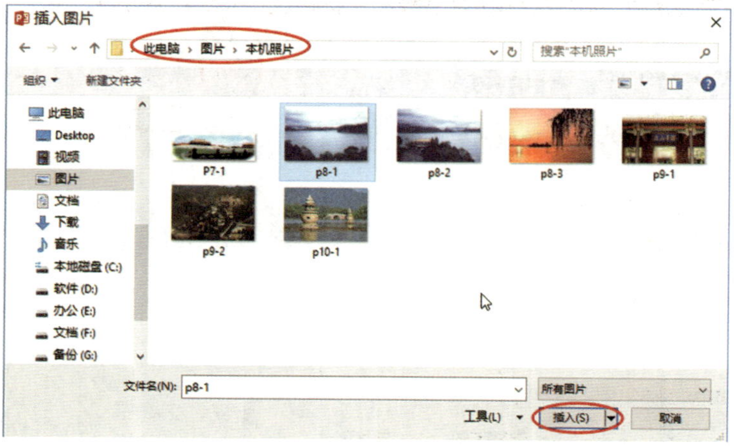

图 5-2-27

③通过查找范围、文件名和文件类型找到要插入的图片，插入即可。

（2）设置图片格式

选中图片，在“格式”选项卡的功能区中，可以对图片设置，也可以打开“设置图片格式”对话框进行详细设置，如图 5-2-28 所示。

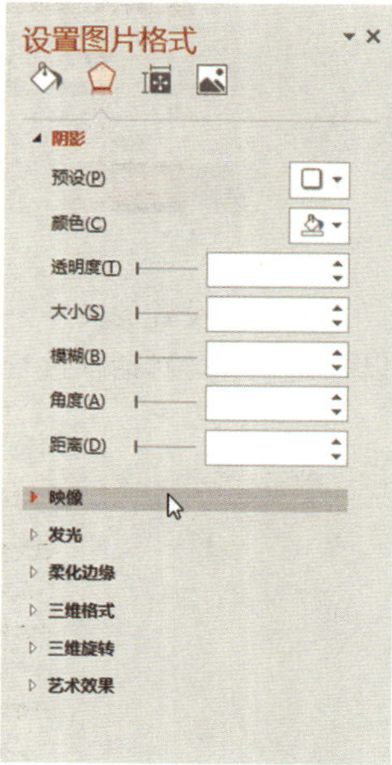

图 5-2-28

3. 影音文件添加

（1）插入视频

①在“插入”选项卡的“媒体”功能区中，单击“视频”下拉按钮，选择“此设备的视频”，如图 5-2-29 所示。

②在打开的“插入视频文件”对话框中，可以选择影片的来源，如图 5-2-30 所示。

图 5-2-29

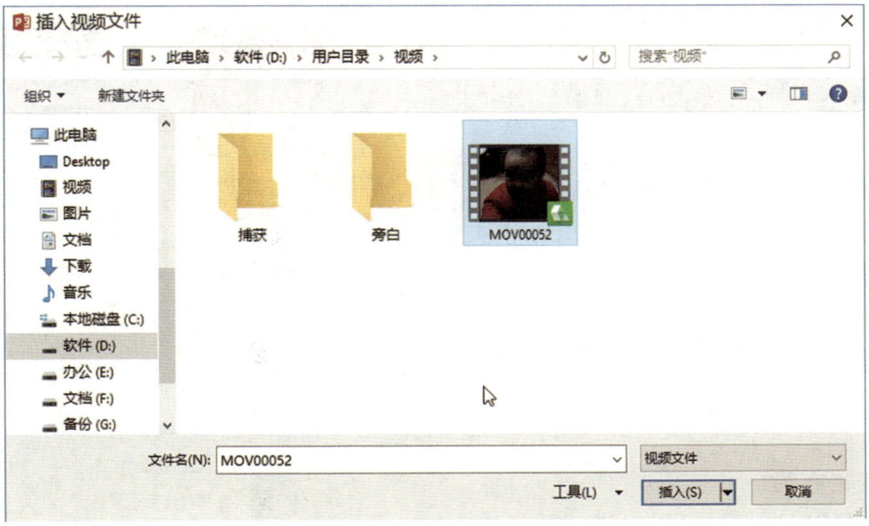

图 5-2-30

③通过查找范围、文件名和文件类型找到要插入的影片或声音，插入即可，如图 5-2-31 所示。

图 5-2-31

(2)设置视频格式

①在“格式”选项卡，可以对视频亮度和对比度、色彩、样式、排列、大小等进行设置，类似图片设置，如图 5-2-32 所示。

图 5-2-32

②在“播放”选项卡，可以对视频进行剪裁、设置视频播放控制等，如图 5-2-33 所示。

图 5-2-33

音频设置和视频设置类似。

4. 插入表格

(1)表格插入

在“插入”选项卡的“表格”功能区中，选择插入表格的行列号，和 Word 2016 中类似，如图 5-2-34 所示。

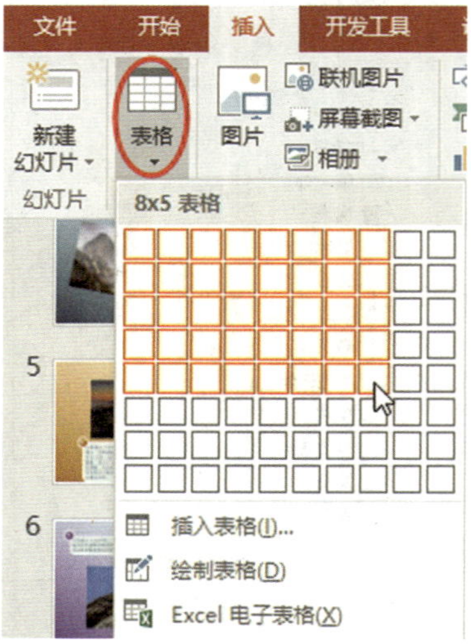

图 5-2-34

(2)表格设计

在“设计”选项卡，可以对表格样式、艺术字样式、绘制边框等进行设置，如图 5-2-35 所示。

(3)表格布局

在“布局”选项卡，可以对表、行和列、合并、单元格大小、对齐方式等进行设置，如图 5-2-36 所示。

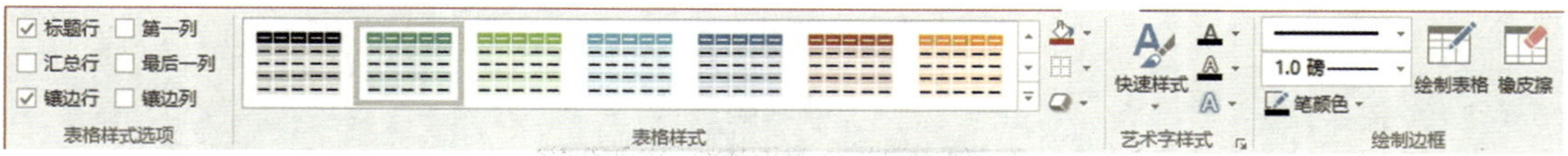

图 5-2-35

图 5-2-36

二、超级链接

1. 建立超链接

超级链接插入有两种方式。

方法一：选中文本或者其他对象，在“插入”选项卡的“链接”功能区中，单击“超链接”按钮，如图 5-2-37 所示。

图 5-2-37

方法二：选中文本或者其他对象，在右键快捷菜单中执行“超链接”命令，如图 5-2-38 所示。

在打开的“插入超链接”对话框中可以进行选择，如图 5-2-39 所示。

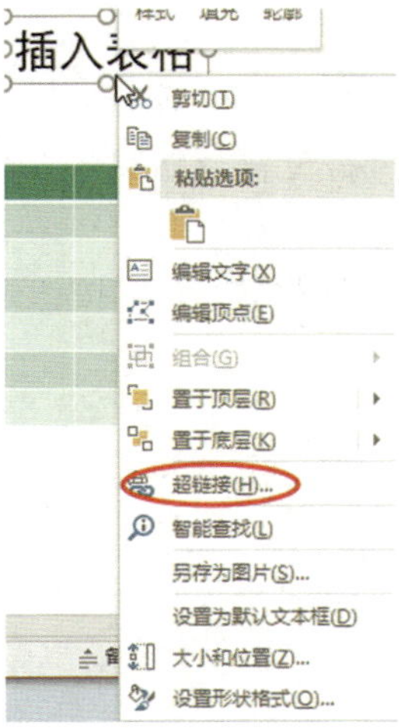

图 5-2-38

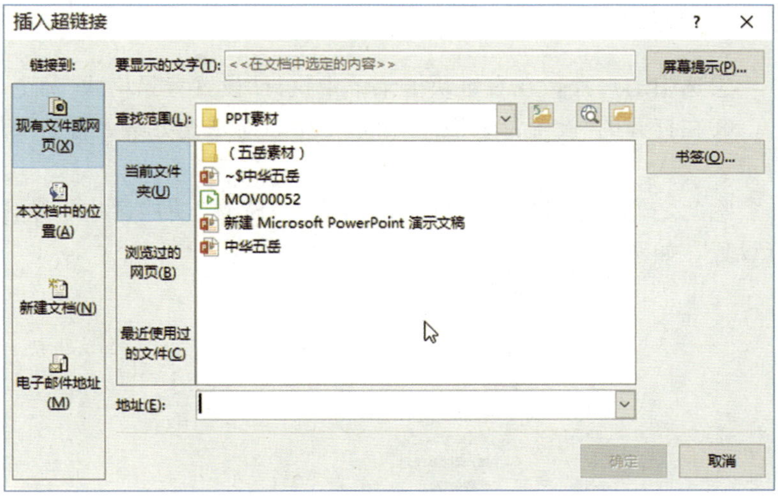

图 5-2-39

“链接到”方式有 4 种：现有文件或网页、本文档中的位置、新建文档和电子邮件地址。一般的超链接是链接到本文档中的位置。

2. 修改超链接

选中超链接对象，在右键快捷菜单中执行“编辑超链接”命令，打开“编辑超链接”对话框，进行修改，如图 5-2-40 所示。

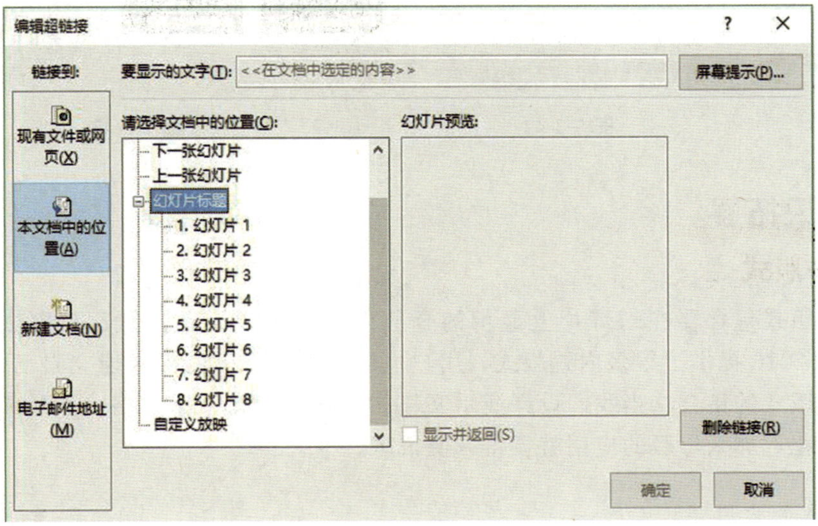

图 5-2-40

3. 删除超链接

选中超链接对象，在右键快捷菜单中执行“删除超链接”命令。

三、背景设置

①选中幻灯片，在右键快捷菜单中执行“设置背景格式”命令，如图 5-2-41 所示。

②在打开的“设置背景格式”对话框中，对填充方案、背景效果进行设置，如图 5-2-42 所示。

除此之外，也可以在“设计”选项卡的“背景”功能区中，单击“背景样式”下拉按钮进行设置，如图 5-2-43 所示。

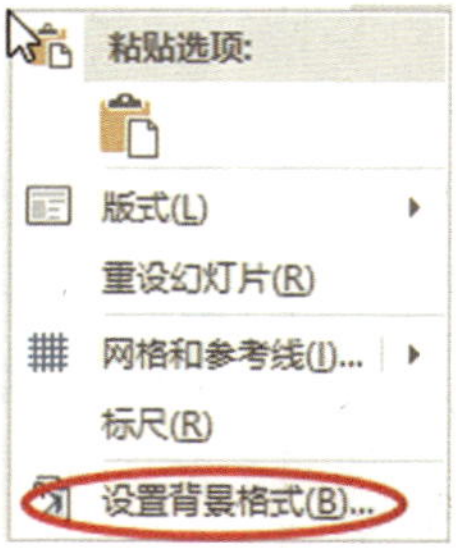

图 5-2-41

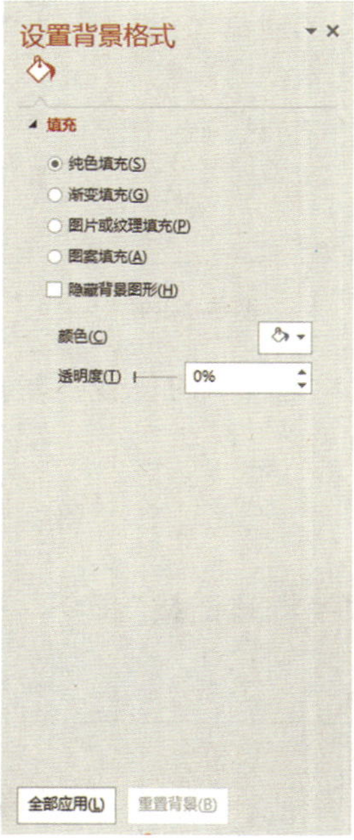

图 5-2-42

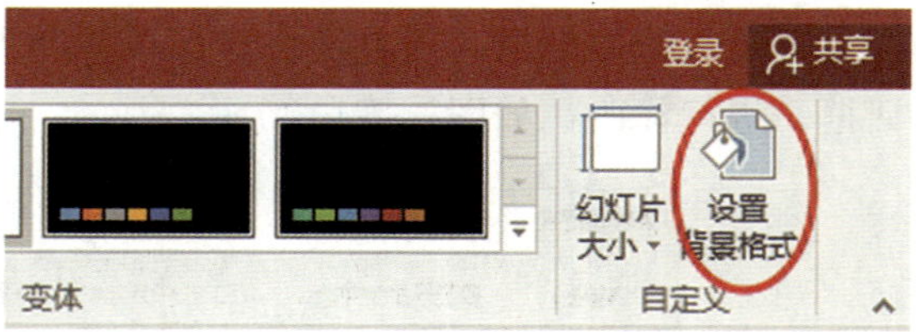

图 5-2-43

知识拓展

母版与版式

幻灯片版式包含要在幻灯片上显示的全部内容的格式设置、位置和占位符等元素。PowerPoint 2016 提供了很多内置版式，用户也可以根据自己的需求建立自己的版式。母版就是一组版式的集合。当我们设计演示文稿时，让其保持一个风格，然后每张 PPT 又有不同的变化，那么母版的应用就显得方便很多。

1. 版式的应用

我们只要为幻灯片应用了一个主题，那么就加载了一个内置母版，这个母版包含了很多版式。

选择要修改版式的幻灯片，在“开始”选项卡的“幻灯片”功能区中，单击“版式”下拉按钮，选择需要的版式更换，如图 5-2-44 所示。

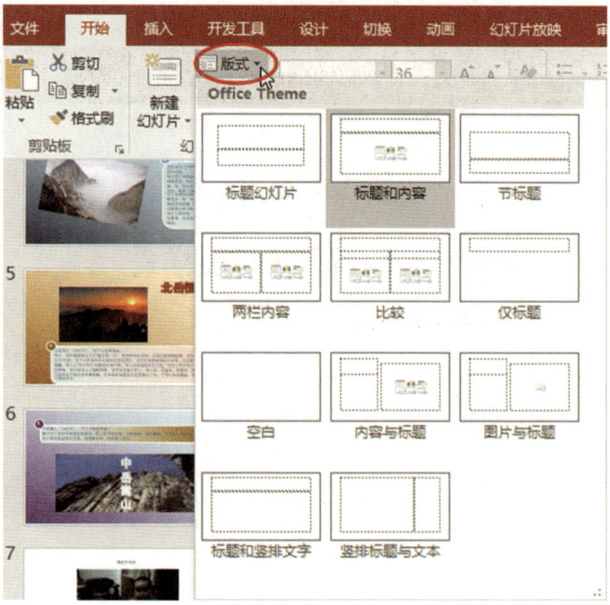

图 5-2-44

2. 母版的修改

在“视图”选项卡的“母版视图”功能区中，单击“幻灯片母版”按钮，打开“幻灯片母版”，如图 5-2-45 所示。

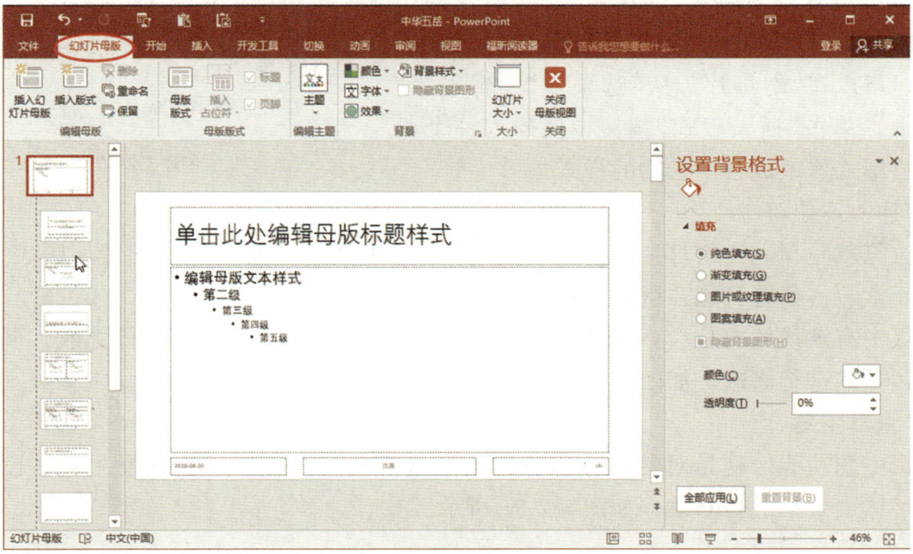

图 5-2-45

（1）插入幻灯片母版

在“幻灯片母版”选项卡下“编辑母版”功能区中，单击“插入幻灯片母版”按钮，就插入了一套母版，如图 5-2-46 所示。用户可以连续操作，插入多套母版，演示文稿中也可以应用不同母版中的版式，使幻灯片变得多样化。

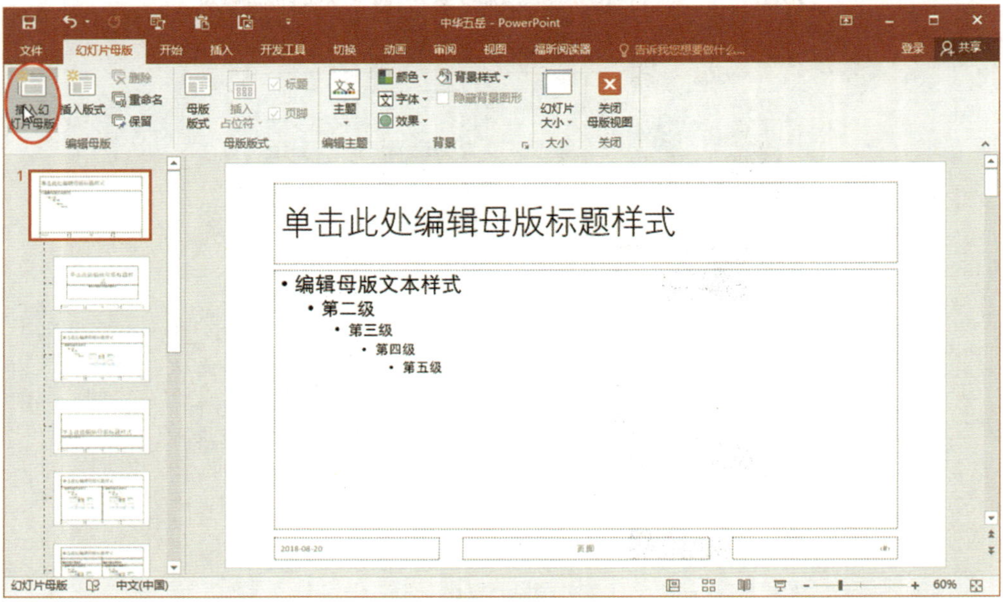

图 5-2-46

插入的母版可以进行删除、重命名、保留等操作，如图 5-2-47 所示。

图 5-2-47

（2）插入版式

每个母版有很多版式，如图 5-2-48 所示的小幻灯片就是母版下的版式。如果对自带的版式不够满意，可以在“幻灯片母版”选项卡“编辑母版”功能区中，单击“插入版式”按钮，就插入一个版式，再将版式修改成自己喜欢的样式。

（3）插入占位符

占位符就是预先在幻灯片中占一个位置，双击时可以添加文本、图片、图表、表格、媒体等元素。占位符只能在版式中插入，如图 5-2-49 所示。

母版中有默认的占位符，选中这些占位符，可以对占位符样式进行更改。例如，可以对标题样式进行修改，如图 5-2-50 所示。

（4）编辑主题

编辑主题功能区就是对幻灯片母版的主题进行编辑，可以重新选择主题，也可以对颜色、字体、效果进行修改，如图 5-2-51 所示。

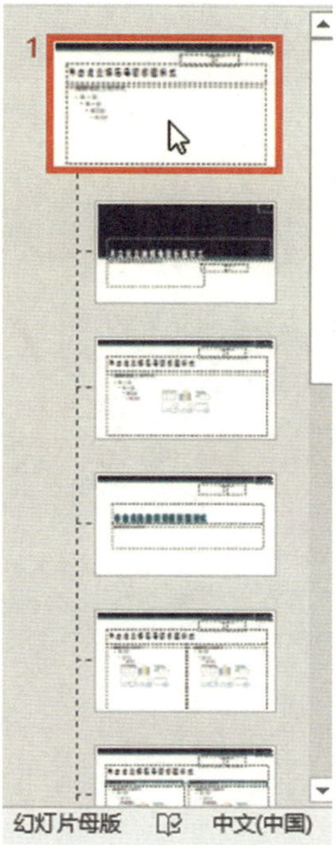

图 5-2-48

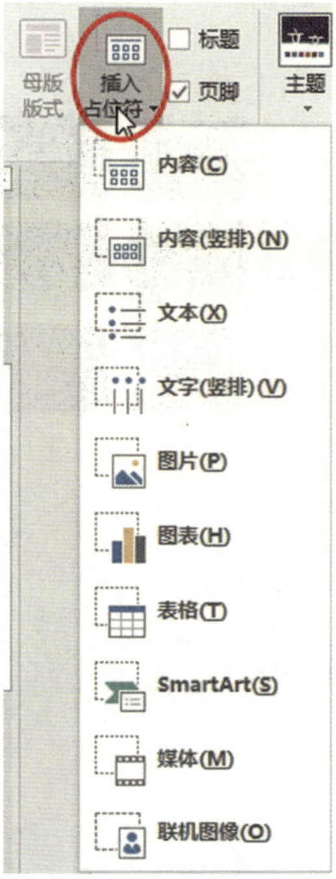

图 5-2-49

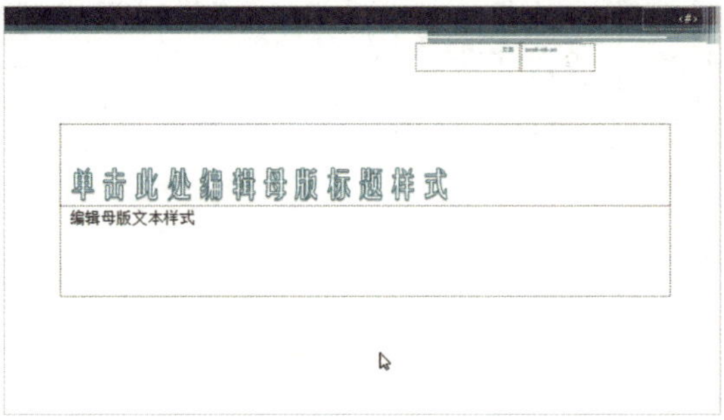

图 5-2-50

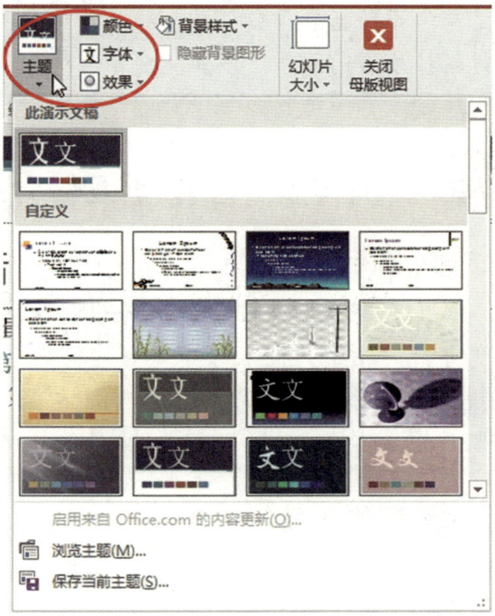

图 5-2-51

(5)背景设置

背景设置就是设置幻灯片的背景颜色、效果等，如图 5-2-52 所示。

设置好母版后，单击“幻灯片母版”选项卡的“关闭母版视图”按钮，可保存并关闭母版，如图 5-2-53 所示。

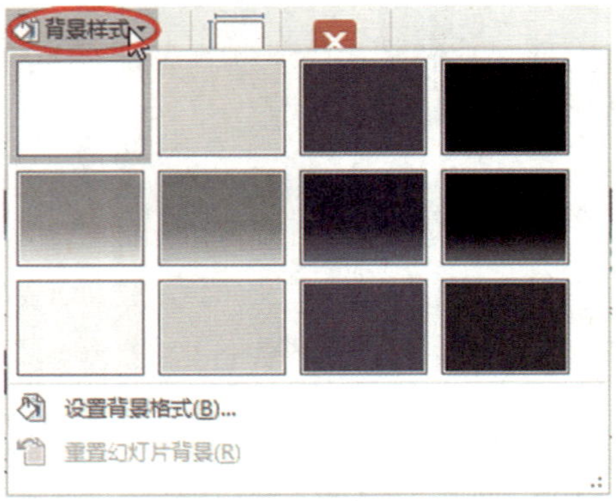

图 5-2-52

图 5-2-53

任务 3 效果与放映

内容导读

通过设置播放动画效果，以动态的、美观的形式将幻灯片呈现给观看者。本任务主要学习动画效果设置、切换效果变换和放映设置等知识。在知识拓展板块，还将学习两种按钮的操作方法。

实例详解：“中华五岳介绍”放映设置

任务说明

我们在旅行中经常会去很多的景点，有山川河流，也有风景名胜。当我们需要把想去的景点介绍给其他人时，幻灯片就是一个很好的选择。幻灯片不但要做得好看，还要通过动画效果放得好看。通过本例学习，你将学会动画效果的设置、切换效果的变换、放映设置等内容。

操作步骤

1. 打开幻灯片文档

打开教学素材下的 PowerPoint 文档“中华五岳介绍”。

2. 幻灯片 1 动画效果设置

①添加动画效果。选中第 1 张幻灯片，依次选中 5 个标题，在“动画”选项卡的“动画”

功能区中，为所有的文字添加动画效果“飞入”，如图 5-3-1 所示。

图 5-3-1

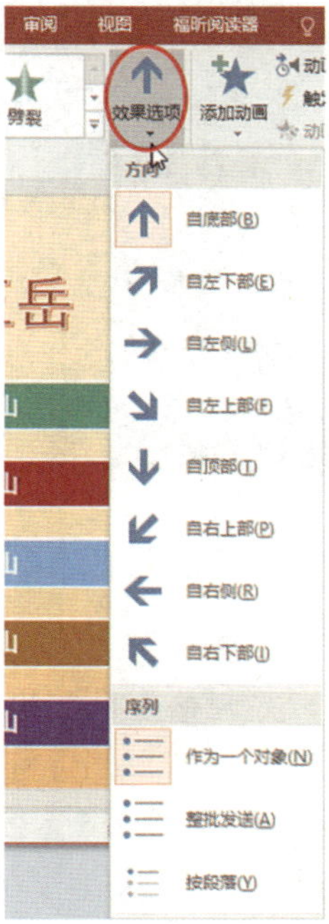

图 5-3-2

②调整效果选项。让 5 个标题从不同方向飞入，按图 5-3-2 所示进行设置。

3. 幻灯片 2 动画效果设置

①添加动画效果。选中第 2 张幻灯片，分别选中山川名字、照片和介绍，在“动画”选项卡的“动画”功能区中，添加动画效果“轮子”，如图 5-3-3 所示。

图 5-3-3

②调整效果选项。让山川名字、照片和介绍产生不同的轮子效果，按图 5-3-4 所示进行设置。

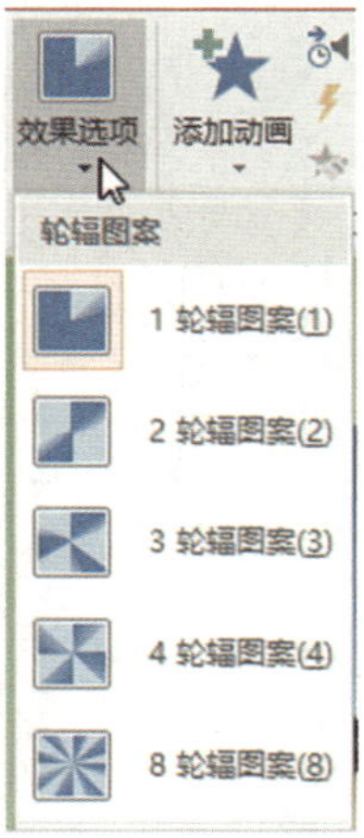

图 5-3-4

4. 幻灯片 3 动画效果设置

①添加动画效果。选中第 3 张幻灯片，分别选中山川名字、照片和介绍，在“动画”选项卡的“动画”功能区中，添加动画效果“浮出”，如图 5-3-5 所示。

图 5-3-5

图 5-3-6

②调整效果选项。让山川名字、照片和介绍产生不同的浮出效果，按图 5-3-6 所示进行设置。

5. 幻灯片 4 动画效果设置

选中第 4 张幻灯片，设置山川名字、照片和介绍为进入“轮子”效果，并调整效果，如图 5-3-7 所示。

图 5-3-7

6. 幻灯片 5 动画效果设置

选中第 5 张幻灯片，设置山川名字、照片和介绍为退出“缩放”效果，并调整效果，如图 5-3-8 所示。

图 5-3-8

7. 设置第一张幻灯片的切换方式

①选中第 1 张幻灯片，在“切换”选项卡的“切换”功能区中，添加切换效果“切出”，如图 5-3-9 所示。

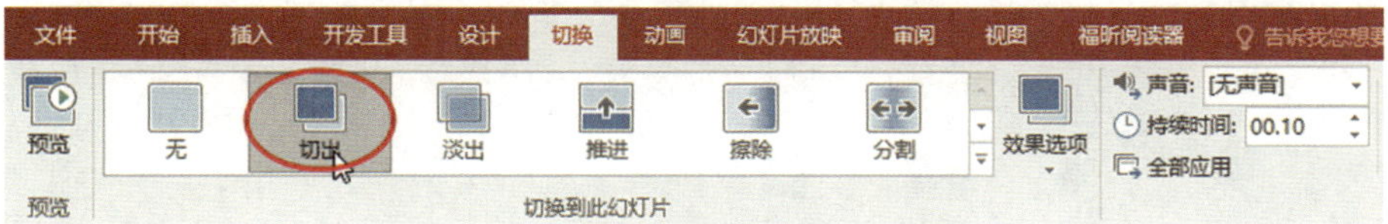

图 5-3-9

②调整效果选项，如图 5-3-10 所示。

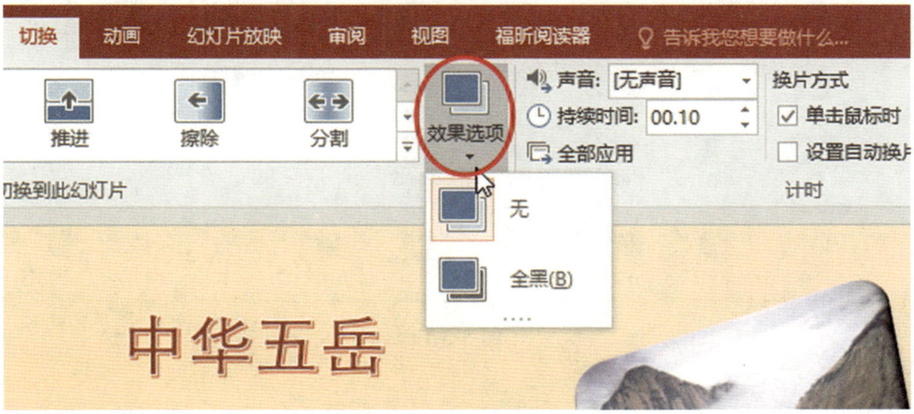

图 5-3-10

8. 设置其他幻灯片切换效果

分别设置后 4 张幻灯片切换效果为“推进”“分割”“溶解”和“棋盘”，并调整效果。

9. 观看效果

执行“幻灯片放映”→“观看放映”命令，观看效果。

10. 保存

放映结束，保存后退出。

要点精讲

一、切换效果

PowerPoint 2016 中，切换效果或动画效果设置更加方便。

1. 切换方式选择

选中幻灯片，在“切换”选项卡“切换到此幻灯片”功能区中，有很多切换方式供用户选择，如图 5-3-11 所示。

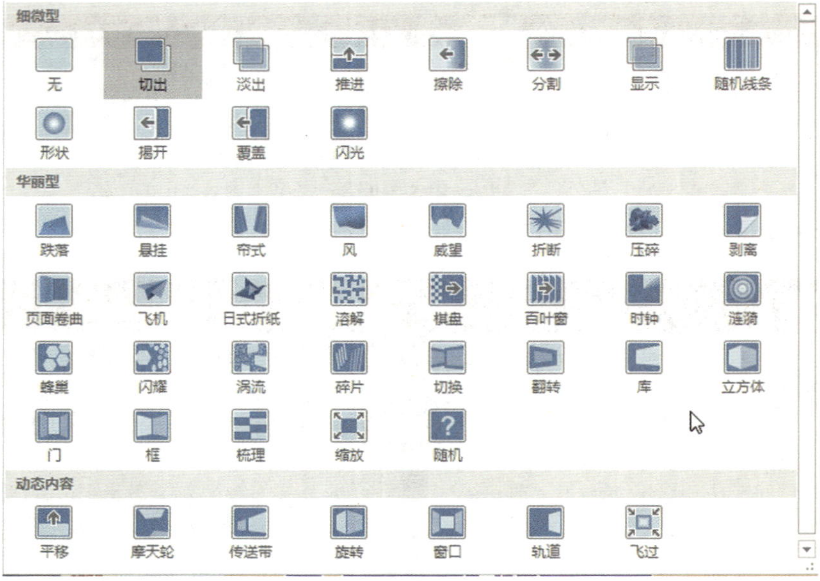

图 5-3-11

2. 切换效果添加

对添加的切换效果，在“切换到此幻灯片”功能区的“效果选项”下拉列表框中，又可以设置效果样式，如图 5-3-12 所示。

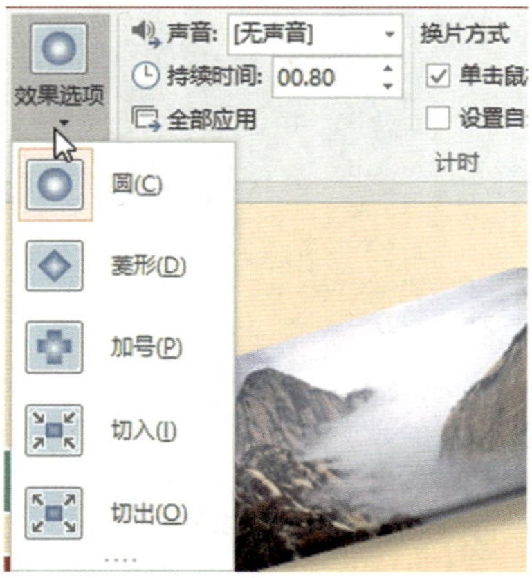

图 5-3-12

3. 其他切换效果设置

在“切换”选项卡“计时”功能区中，可以对声音、切换时间长度、切换方式进行设置，如图 5-3-13 所示。

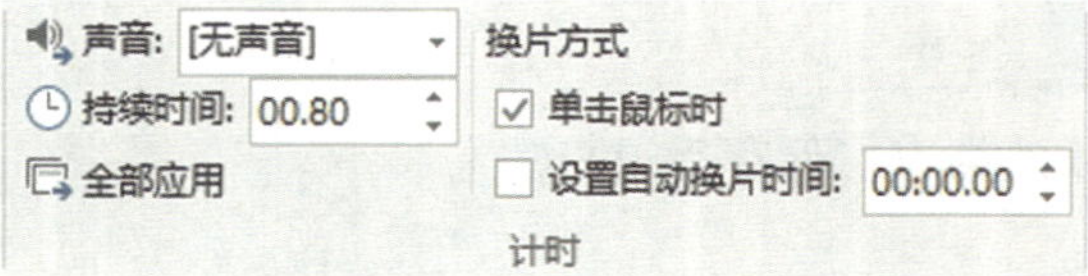

图 5-3-13

如果对切换效果不喜欢，可以选择其他切换效果。

如果不需要切换效果，在“切换”选项卡下“切换到此幻灯片”功能区中单击“无”按钮即可，如图 5-3-14 所示。

图 5-3-14

二、动画效果

幻灯片切换效果是针对整个幻灯片设置的，幻灯片动画效果是针对幻灯片中的对象设置的。

1. 动画效果选择

选中幻灯片中的对象，在“动画”选项卡的“动画”功能区中，有进入、强调和退出三大类很多小类动画样式供用户选择，如图 5-3-15 所示。

2. 动画效果微调

在“动画”选项卡下“动画”功能区的“效果选项”下拉列表框中，有各种效果选项可以对动画效果进行微调，如图 5-3-16 所示。

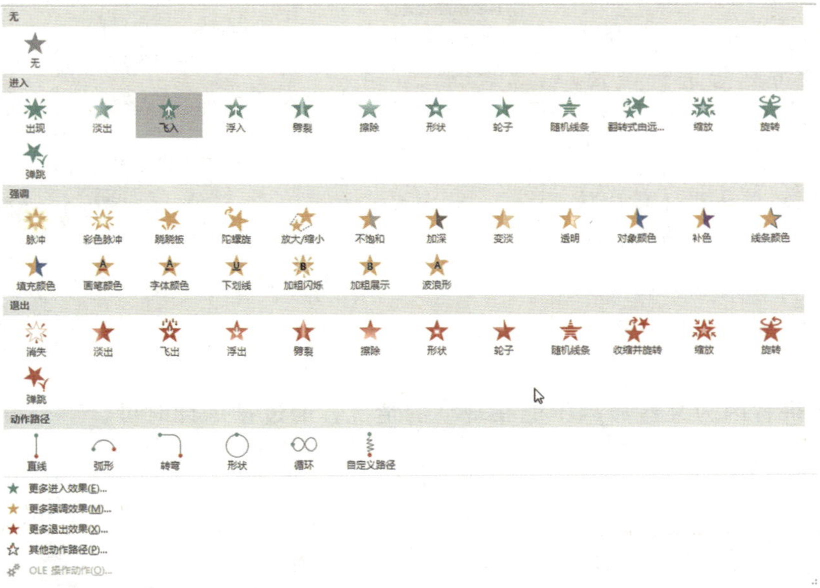

图 5-3-15

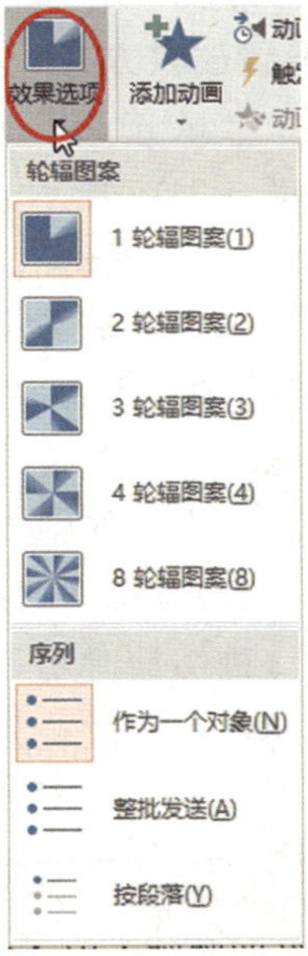

图 5-3-16

3. 其他动画效果设置

在“动画”选项卡下的“高级动画”功能区和“计时”功能区，可以对动画效果进行高级设置，如图 5-3-17 所示。

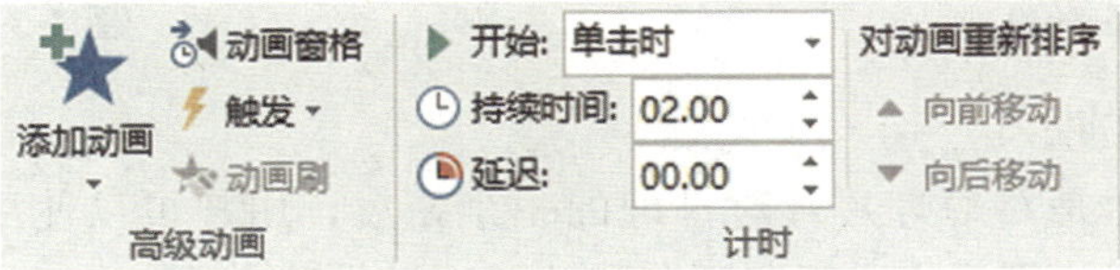

图 5-3-17

如果对动画效果不满意，可以在动画效果功能区另外选择。

如果不要动画效果，可以选择“动画”选项卡的“动画”功能区中的“无”，删除动画效果，如图 5-3-18 所示。

图 5-3-18

三、放映设置

1. 设置放映方式

在“幻灯片放映”选项卡的“设置”功能区中，有如下设置。

（1）设置幻灯片放映

单击“设置幻灯片放映”按钮，打开“设置放映方式”对话框，可以对放映类型、放映选项、换片方式等进行设置，如图 5-3-19 所示。

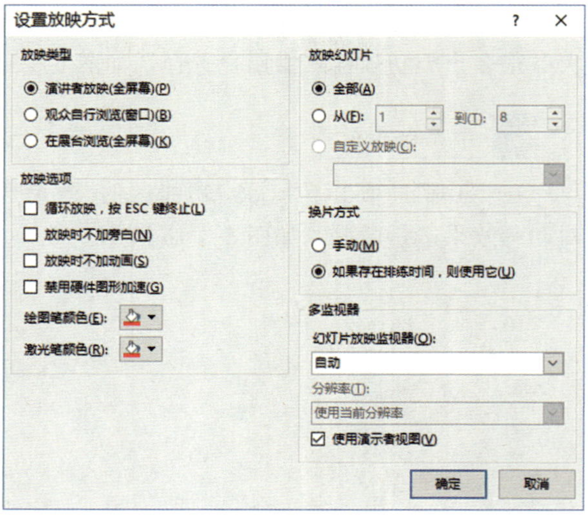

图 5-3-19

（2）隐藏幻灯片

选中某张幻灯片，单击“幻灯片放映”选项卡下的“隐藏幻灯片”按钮后，该张幻灯片变成灰色，在播放时将不会显示出来，如图 5-3-20 所示。

（3）排练计时

排练计时用于演讲者因为某些原因不能在现场的情况，通过排练计时可以事先设置好幻灯片的放映方式，如图 5-3-21 所示。

图 5-3-20

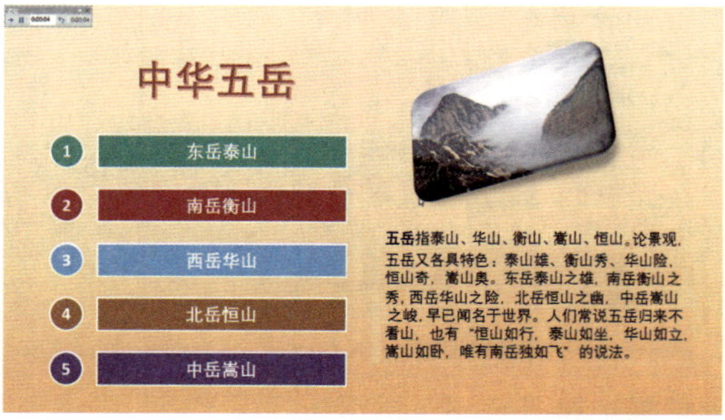

图 5-3-21

（4）录制幻灯片演示

录制幻灯片演示是对幻灯片计时排练的一个拓展，用户可以使用鼠标、激光笔、麦克风等对幻灯片添加注释，大大提高了幻灯片的互动性能。

2. 观看放映

在“幻灯片放映”选项卡下的“开始放映幻灯片”功能区中，有多种观看放映的方式，如图 5-3-22 所示。

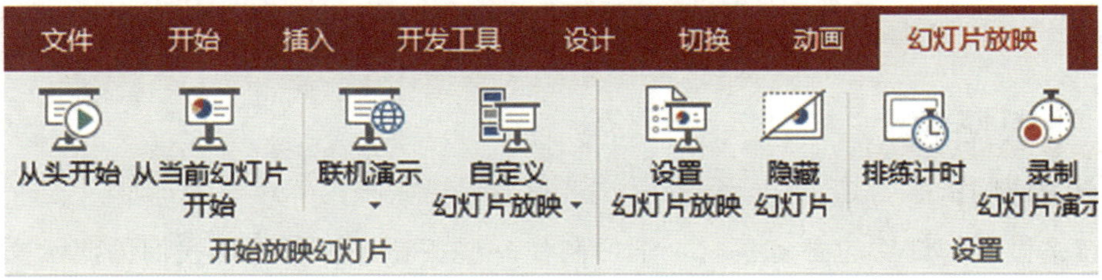

图 5-3-22

(1)从头开始

单击“从头开始”按钮，或者按下 F5 键，幻灯片从头开始播放。

(2)从当前幻灯片开始

单击“从当前幻灯片开始”按钮，或者按下组合键 Shift+F5，幻灯片从当前幻灯片开始播放。

(3)自定义幻灯片放映

①单击“自定义幻灯片放映”按钮，打开“自定义放映”对话框，单击“新建”按钮，如图 5-3-23 所示。

②在打开的“定义自定义放映”对话框中，可以自定义放映幻灯片的方式，如图 5-3-24 所示。

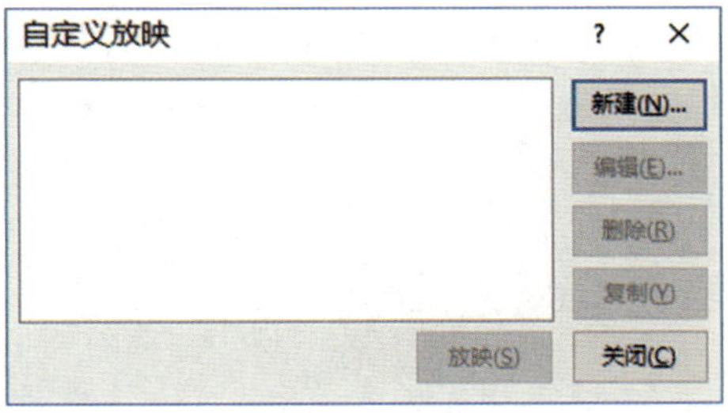

图 5-3-23

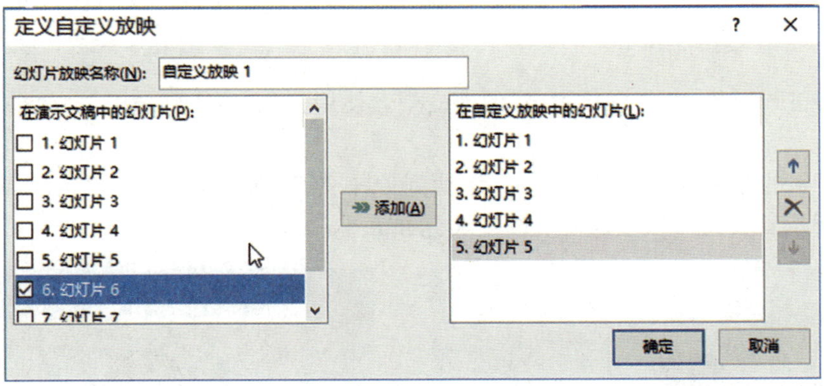

图 5-3-24

例如，在图 5-3-24 中自定义了一个名为“自定义放映 1”的放映方式，单击“确定”按钮完成设置，再次单击“自定义幻灯片放映”下拉按钮，可以看见自定义的放映方式，如图 5-3-25 所示。

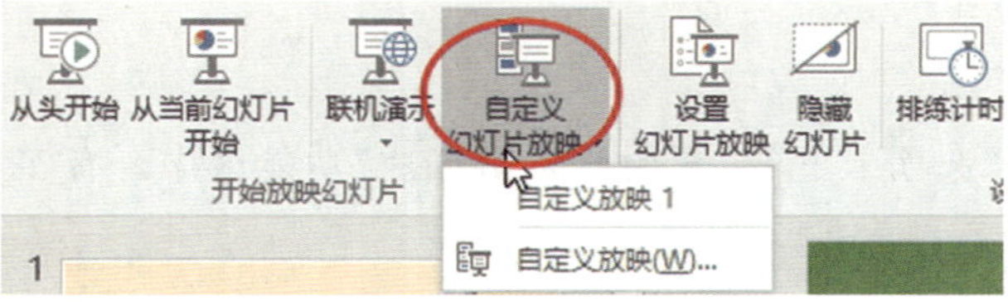

图 5-3-25

知识拓展

按钮的制作

按钮是做好幻灯片的必备素材，学习制作一些按钮，可以使得我们的演示文稿与众不同。下面简单介绍两种按钮的制作方法。

1. 凹形按钮

①在“插入”选项卡的“插图”功能区中，插入一个正圆形状，如图 5-3-26 所示。

②选中正圆形状，在“格式”中设置合适的填充色，“形状轮廓”设置成“无”，在“形状填充”的渐变中，使用深色“左上到右下”，效果如图 5-3-27 所示。

图 5-3-26

图 5-3-27

③复制正圆形状，在“形状填充”的渐变中，使用深色“右下到左上”，效果如图 5-3-28 所示。

④把复制的正圆形状调整大小，移动到原来的正圆形状上方，可以看出效果，如图 5-3-29 所示。按钮可以根据需要改变颜色和大小。

图 5-3-28

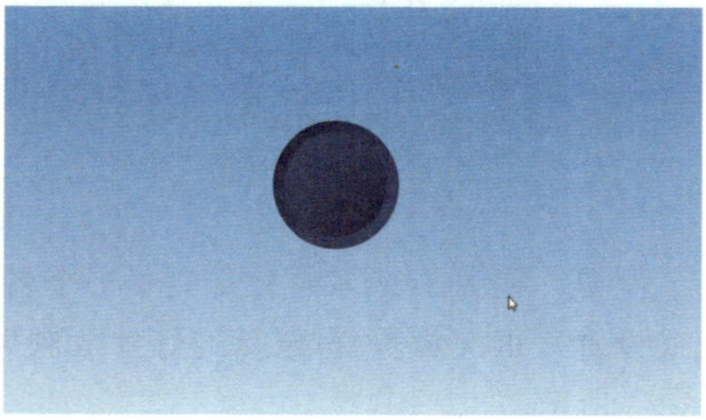

图 5-3-29

2. 纽扣按钮

①在“插入”选项卡的“插图”功能区中，插入一个正圆形状。设置轮廓为“无”，如图 5-3-30 所示。

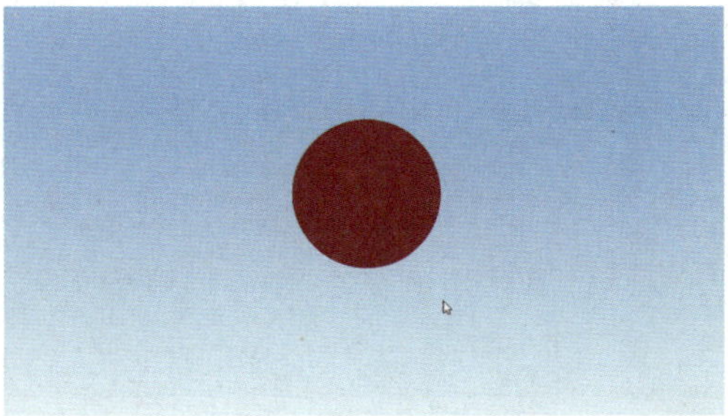

图 5-3-30

②选择线性渐变填充，设置 3 个渐变停止点，左右停止点颜色选择“茶色，背景 2，深色 25%”，中间停止点设置为“白色”，填充角度“45°”，如图 5-3-31 所示。

③复制一个正圆形状，线性填充，和原来相比，除了填充角度为“135°”外，其他设置一样，如图 5-3-32 所示。

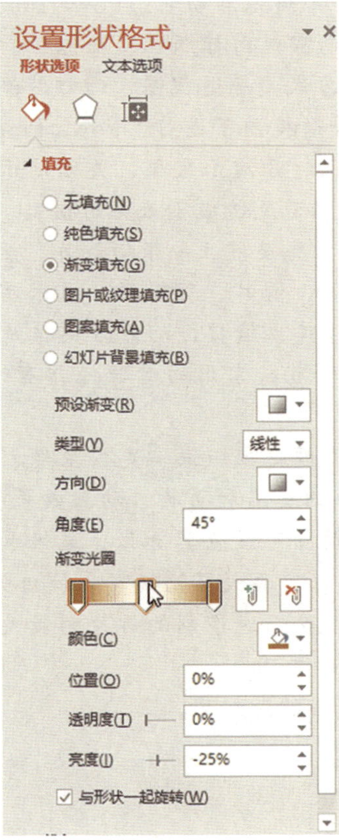

图 5-3-31

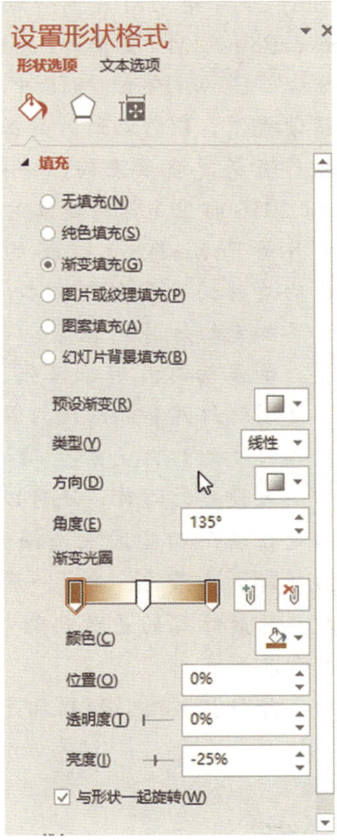

图 5-3-32

④叠加并调整上面正圆形状的大小，如图 5-3-33 所示。

⑤插入一个正圆，设置轮廓“无”，填充一种颜色，在渐变中使用深色“右下到左上”或者深色“左下到右上”，移动到按钮的上方，可以看见效果，如图 5-3-34 所示。纽扣按钮可以根据需要调整大小和颜色。

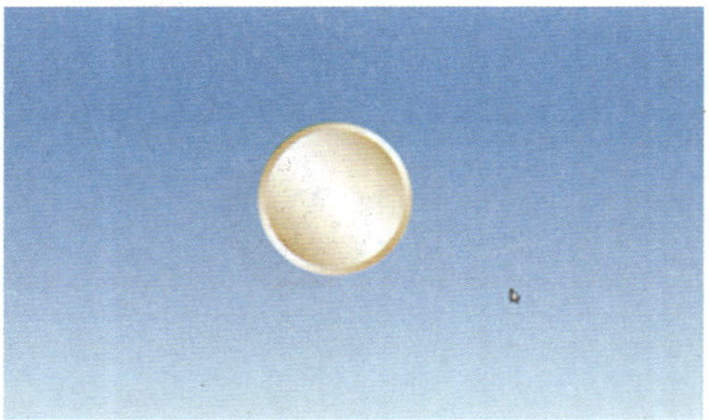

图 5-3-33

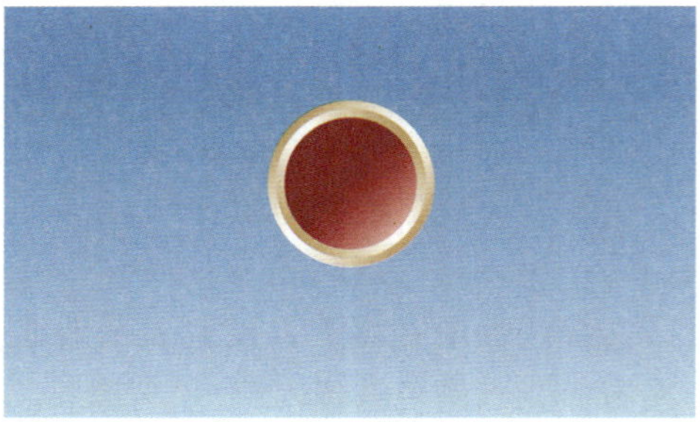

图 5-3-34

小　结

PowerPoint 2016 是幻灯片制作软件，使用前必须先启动它。PowerPoint 2016 启动后会出现 PowerPoint 2016 窗口，PowerPoint 2016 窗口由标题栏、功能区、文档区和状态栏 4 部分组成。PowerPoint 2016 中有 4 种视图方式：普通视图、幻灯片浏览视图、备注页视图、阅读视图，制作幻灯片的工作主要在普通视图下进行。PowerPoint 2016 常用的演示文稿操作有新建演示文稿、保存演示文稿、打开演示文稿、关闭演示文稿等。退出 PowerPoint 2016 前应先保存建立的演示文稿，以避免造成不必要的损失。

制作幻灯片是 PowerPoint 2016 的重要功能。首先要建立一张幻灯片，然后在幻灯片中添加内容，幻灯片的内容包括文本、表格、形状、图片、剪贴画、艺术字、图表、音频、视频等。添加完幻灯片内容后，可以为幻灯片建立链接，幻灯片链接是给幻灯片内容加上超链接。如果幻灯片有很多张，需要进行管理，常用的管理操作有选定幻灯片、移动幻灯片、复制幻灯片和删除幻灯片。

设置幻灯片可使幻灯片更加生动活泼，可以通过更换版式、更换主题、更换背景或更改母版等方法来设置幻灯片，还可以设置幻灯片的页眉和页脚、动画效果和切换效果。应用预置动画是在动画功能区中选择的，每一种动画可设置其开始、属性和速度。切换效果是在切换功能区选择的，对每一种切换效果，还可再设置切换声音和切换速度。

制作幻灯片的最终目的是放映幻灯片，为了能更好地控制幻灯片的放映，还可设置放映时间以及放映方式。

应用主题、母版与版式、按钮都是为了制作美观的幻灯片。

思　考

1. 如何在幻灯片中插入图表、图片和艺术字？

2. 如何建立幻灯片的链接？

3. 管理幻灯片有哪些操作？

4. 在幻灯片放映过程中，如何切换幻灯片？如何定位幻灯片？如何暂停以及结束幻灯片放映？

项目 6

网络基础(扫码学习)

参考文献

[1] 徐宇. Windows 7 宝典 [M]. 北京：电子工业出版社，2010.

[2] 宋翔. 中文版 Office 2010 应用大全 [M]. 北京：兵器工业出版社，2011.

[3] 华诚科技. 新手易学——电脑办公 [M]. 北京：机械工业出版社，2011.

[4] 董小龙，王静，黄晶磊. 新手学电脑办公从入门到精通 [M]. 北京：中国青年出版社，2011.

[5] 杰创文化. 新手学 Excel 2016 [M]. 北京：科学出版社，2011.

[6] 恒盛杰资讯. 新编中文版 Office 五合一教程 [M]. 北京：中国青年出版社，2006.

[7] 高静，王啸飞. Office 2010 高效办公新手指南针 [M]. 北京：印刷工业出版社，2012.

[8] 吴民，韩立凡. 计算机操作与应用(Windows XP＋Office 2007)[M]. 北京：人民邮电出版社，2009.